Kliche

Industrielles Innovationsmarketing

Mario Kliche

Industrielles Innovationsmarketing

Eine ganzheitliche Perspektive

GABLER

Die Deutsche Bibliothek – CIP-Einheitsaufnahme

Kliche, Mario:
Industrielles Innovationsmarketing : eine ganzheitliche
Perspektive / Mario Kliche. – Wiesbaden : Gabler, 1991
    ISBN 978-3-409-13653-2   ISBN 978-3-322-87978-3 (eBook)
    DOI 10.1007/978-3-322-87978-3

Der Gabler Verlag ist ein Unternehmen der Verlagsgruppe Bertelsmann International.

© Betriebswirtschaftlicher Verlag Dr. Th. Gabler GmbH, Wiesbaden 1991
Lektorat: Jutta Hauser-Fahr

Höchste inhaltliche und technische Qualität unserer Produkte ist unser Ziel. Bei der Produktion und Verbreitung unserer Bücher wollen wir die Umwelt schonen: Dieses Buch ist auf säurefreiem und chlorarm gebleichtem Papier gedruckt. Die Einschweißfolie besteht aus Polyäthylen und damit aus organischen Grundstoffen, die weder bei der Herstellung noch bei der Verbrennung Schadstoffe freisetzen.

Die Wiedergabe von Gebrauchsnamen, Handelsnamen, Warenbezeichnungen usw. in diesem Werk berechtigt auch ohne besondere Kennzeichnung nicht zu der Annahme, daß solche Namen im Sinne der Warenzeichen- und Markenschutz-Gesetzgebung als frei zu betrachten wären und daher von jedermann benutzt werden dürften.

ISBN 978-3-409-13653-2

Vorwort

Marketing für Investitionsgüter hat sich in den letzten drei Jahrzehnten zu einer eigenständigen Disziplin der Betriebswirtschaftslehre entwickelt. War die erste Phase dieses Prozesses noch von Anleihen an das Konsumgütermarketing bestimmt, so kann heute auf ein in der Folge entstandenes Theoriegebäude zurückgegriffen werden, das an den Besonderheiten von Investitionsgütern und Investitionsgütermärkten orientiert ist. Dabei ist allerdings nicht zu übersehen, daß die damit befaßte Forschung weitgehend Einzelphänomene als Erkenntnisobjekt gewählt hat und dementsprechende Erklärungsmodelle zu entwickeln versuchte. Dies führt zwangsläufig zu einer begrüßenswerten Erkenntnistiefe, birgt jedoch die Gefahr in sich, daß eine ganzheitliche Betrachtung von Zusammenhängen vernachlässigt wird. Erst mit den neueren mesoökonomischen Theorien – als Beispiel kann der Netzwerkansatz angeführt werden – wird der Versuch gemacht, über partialtheoretische Bemühungen hinauszugelangen. Hier ist allerdings der Nachteil zu sehen, daß derartige übergreifende Theoriegebilde nur mit einem immensen empirischen Forschungsaufwand in Realitätsnähe gebracht werden können.

Die vorliegende Arbeit ist als der geglückte Versuch zu bezeichnen, die auf dem Gebiet des Investitionsgütermarketing existierenden Theorieelemente in eine Übersicht zu bringen, sie kritisch zu würdigen, sie aus der Isolierung herausführend in ein Gesamtsystem einzubringen. Es liegt auf der Hand, daß damit ein extrem schwieriges Unterfangen angesprochen ist. Dies verdeutlicht sich an dem hehren Ziel der mit Investitionsgütermarketing befaßten Fachleute, eine Theorie der Geschäftsbeziehungen zu schaffen, die als ein tragfähiges Gesamtkonstrukt zur Aufnahme von partiellen Theorieelementen gedacht ist. Mit der vorliegenden Arbeit ist unter diesem Bemühen Wegweisendes geleistet, sie führt im Ergebnis zu einem Grundmuster einer derartig übergreifenden Theorie.

Investitionsgütermarketing hat sich den permanenten Herausforderungen zu stellen, die sich aus dem – seit dem Entstehen der Mikroelektronik – rasant verlaufenden technischen Entwicklungsprozeß ergeben. Diesem aktuellen Geschehen schenkt der Autor volle Beachtung, wenn er seine Arbeit auf die aktuellen Gegebenheiten ausrichtet, die von dem Innovationsgeschehen auf dem Gebiet der komplexen Systemtechnik geprägt sind. Entsprechend vollzieht sich seine Auswahl der zu besprechenden Theorieelemente sowie der Prüfgang, inwieweit Theoriebestände des traditionellen Investitionsgütermarketing den Erfordernissen eines Innovationsmarketing genügen.

Des weiteren werden mit dieser Abhandlung entscheidende Theoriedefizite aufgedeckt. So die mangelnde Wettbewerborientierung in den bislang publizierten Partialtheorien. Es werden insbesondere mit einer erweiterten Segmentierungslehre Vorschläge unterbreitet, diesen Rückstand gegenüber der Praxis des Investitionsgütermarketing im wissenschaftlichen Bereich zu beseitigen.

V

Mit dem vorliegenden Buch ist eine erkenntnisträchtige Grundlage für diejenigen Wissenschaftler des Investitionsgütermarketing geschaffen worden, die sich unter einer ganzheitlichen Sicht um eine aussagekräftige Theorie des Investitionsgütermarketing bemühen. Zu empfehlen ist das Buch auch den Studierenden, die sich Überblick über das Gebiet des Investitionsgütermarketing verschaffen und Einblick in den aktuellen Forschungsgang gewinnen wollen. Nicht zuletzt ist es für den Praktiker von Gewinn, der unter dem Bemühen steht, sein Marketing unter Nutzung operationalisierbarer Theorien auf eine höhere Effizienzstufe zu bringen.

Damit ist ein relativ großer Interessentenkreis angesprochen. Ich wünsche dem Autor, daß seine Arbeit im wissenschaftlichem Bereich wie in der Praxis die verdiente Beachtung findet.

KARL-HEINZ STROTHMANN

Anmerkungen des Verfassers

In diesem Buch, bei dem es sich um eine leicht geänderte und erweiterte Version meiner Dissertation zum Thema »Innovation, Wettbewerb und Marketing« handelt, wird in ganzheitlicher Orientierung ein integrierter Ansatz für das industrielle Innovations-Marketing-Management entwickelt. Dabei wird sowohl auf Erkenntnisse der Innovations- und Wettbewerbsforschung als auch auf Ansätze des Investitionsgütermarketing zurückgegriffen. Theoretische und empirische Ergebnisse münden in ein gemeinsames Konzept, das als Ausgangspunkt für die Gestaltung eines betrieblichen Innovations-Marketing-Management dienen kann.

Wichtige Grundlagen dieser Arbeit stammen insbesondere aus der Zeit meiner Mitarbeit am Institut für Markt- und Verbrauchsforschung – heute Institut für Marketing – der Freien Universität Berlin. Einige Anregungen sind aber auch früheren Ursprungs und das Ergebnis meiner damaligen Tätigkeit beim Verein Deutscher Ingenieure (VDI)-Technologiezentrum Informationstechnik Berlin.

Mein besonderer Dank gilt meinem akademischen Lehrer KARL-HEINZ STROTHMANN, Professor am Institut für Marketing der Freien Universität Berlin, der die Betreuung meiner Dissertation übernahm und mich im Wege zahlreicher konstruktiver Diskussionen stets gefördert hat. Gleichzeitig sei GÜNTHER HAEDRICH, Professor am gleichnamigen Institut, gedankt, der die Mühe des Korreferats auf sich nahm. Ich danke auch dem Betriebswirtschaftlichen Verlag Dr. Th. Gabler für die Unterstützung bei dieser Publikation.

MARIO KLICHE

Inhaltsverzeichnis

Abkürzungsverzeichnis

AMA	American Marketing Association
AMH	Automated Materials Handling
BC	Buying Center
BM	Business Marketing
CAD	Computer Aided Design
CAE	Computer Aided Engineering
CAM	Computer Aided Manufacturing
CAP	Computer Aided Planning
CAQ	Computer Aided Quality Assurance
CIB	Computer Integrated Business
CIC	Computer Integrated Communication
CIM	Computer Integrated Manufacturing
CNC	Computerized Numerical Control
DBW	Die Betriebswirtschaft
DNC	Direct Numerical Control
EJoM	European Journal of Marketing
etz	Elektrotechnische Zeitschrift
FfH	Forschungsstelle für den Handel Berlin e.V.
HBR	Harvard Business Review
HIP	Unternehmen mit hohem Innovationspotential
HM	Harvard Manager
HWO	Handwörterbuch der Organisation
IC	Integral Micro-Circuit
IJoRM	International Journal of Research in Marketing
IMM	Industrial Marketing Management
IMP	International Marketing and Purchasing Group
IO	Industrielle Organisation
ISDN	Integrated Services Digital Network

ISO	International Standards Organization
JbAV	Jahrbuch der Absatz- und Verbrauchsforschung
JoAR	Journal of Advertising Research
JoB	Journal of Business
JoM	Journal of Marketing
JoMR	Journal of Marketing Research
KKV	Komparativer Konkurrenzvorteil
LAN	Local Area Network
LSI	Large Scale Integration
MAP	Manufacturing Automation Protocol
MIP	Unternehmen mit mittlerem Innovationspotential
NC	Numerical Control
NIP	Unternehmen mit niedrigem Innovationspotential
OSI	Open Systems Interconnect
PPS	Produktionsplanungs- und -steuerungssystem
SEL	Standard Elektrik Lorenz AG
SFB	Sonderforschungsbereich
SMR	Sloan Management Review
TechR	Technology Review
TOP	Technical and Office Protocol
VDI	Verein Deutscher Ingenieure
VDI-Z	VDI-Zeitschrift
VLSI	Very Large Scale Integration
zfo	Zeitschrift für Organisation
ZfB	Zeitschrift für Betriebswirtschaft
ZfbF	Zeitschrift für betriebswirtschaftliche Forschung

Einleitung

Seitdem die Mikroelektronik in den 70er Jahren in einem rasanten Prozeß verstärkt der industriellen Anwendung zugeführt wurde, werden neben technikbezogenen Fragestellungen immer wieder die Auswirkungen des durch Mikroelektronik induzierten informationstechnologischen Wandels[1] auf der Ebene vieler wirtschafts- und sozialwissenschaftlicher Disziplinen diskutiert. Im Bereich der Betriebswirtschaftslehre lassen sich beispielsweise die Organisations- und Managementlehre sowie das Investitionsgütermarketing erwähnen, deren Vertreter sich in zunehmenden Maße den Folgen des informationstechnologischen Wandels auf ihren Untersuchungsbereich widmen.

Das Investitionsgütermarketing, das als Teildisziplin der Marketinglehre anzusehen ist, wurde aufgrund seiner speziellen Aufgabenstellung schon frühzeitig im Hinblick auf die Anforderungen des informationstechnologischen Wandels an dieses Fachgebiet untersucht.[2] Allgemein kann hierzu zunächst festgehalten werden, daß es Aufgabe des Investitionsgütermarketing ist, den Marketing- und Vermarktungsbesonderheiten von Investitionsgütern gerecht zu werden.[3] Von wissenschaftlicher Seite sind Vorschläge und realitätsfundierte Ansätze zu entwickeln, die in der Praxis als Entscheidungs- und Konzeptionshilfen beim Marketing für Investitionsgüter genutzt werden können. Vor dem Hintergrund des informationstechnologischen Wandels erfährt die gezeichnete Aufgabenstellung eine besondere Bedeutung: In diesem Zusammenhang ist es wichtig, den Marketingbesonderheiten der im Zuge des technologischen Entwicklungsprozesses enstandenen innovativen Produkte und Systeme voll zu entsprechen.[4]

Diese neuen Anforderungen an das Investitionsgütermarketing werden bereits deutlich, wenn beispielsweise nur die speziellen, der Marktdurchsetzung dienenden Aufgaben der Kommunikationspolitik für innovative Investitionsgüter überdacht werden. Darüber hinaus ist von einem für innovative Investitionsgüter entwickelten Marketingkonzept zu erwarten, daß Vorschläge für die marktorientierte Entwicklung der innovativen Produkte und Systeme sowie für die Abgrenzung neuer Märkte bzw. Marktsegmente unterbreitet werden.

---

1 Vgl. zum Begriff des *informationstechnologischen Wandels*: I. Kapitel, Abschnitt 1.4.

2 Vgl. hierzu beispielsweise: STROTHMANN, K.-H./CLEMENS, B./ZIEGLER, R.: Auswirkung der Mikroelektronik auf das Investitionsgüter-Marketing, eine Untersuchung bei Marketing-Leitern mit Mikroelektronik-Erfahrung, Berlin 1981; STREBEL, H./STROTHMANN, K.-H./BAAKEN, Th.: Auswirkungen der Mikroelektronik auf die industrielle Fertigung, Untersuchungsbericht im Rahmen des Forschungsprojektschwerpunkts: Die Auswirkungen der Mikroelektronik auf Industriebetrieb und Investitionsgütermarketing, Freie Universität Berlin 1981; STROTHMANN, K.-H./STREBEL, H./BAAKEN, Th./BÖHME, J.: Auswirkungen der Mikroelektronik auf den Export von Investitionsgütern, eine empirische Untersuchung, Würzburg 1983; STROTHMANN, K.-H./STREBEL, H./BÖHME, J.: Anwendung der Mikroelektronik in kleinen und mittleren Unternehmen, Ergebnisse einer Primärerhebung, Würzburg 1984.

3 Vgl. zum Begriff des *Investitionsgütermarketing*: II. Kapitel, Abschnitt 1.1.

4 Vgl. zum *Innovationsbegriff*: I. Kapitel, Abschnitt 1.1.

Der gegenwärtig noch stark voranschreitende technologische Entwicklungsprozeß erschwert jedoch nicht nur diese Aufgaben. Auch die Situation in der direkten Interaktion zwischen Herstellern und Abnehmern innovativer Produkte und Systeme unterliegt besonderen Anforderungen: Zunehmende Komplexität und Erklärungsbedürftigkeit innovativer Erzeugnisse sowie der mit dem Einsatz dieser Innovationen in den Abnehmer-Unternehmen verbundene organisatorische Wandel setzen einen Kommunikations- und Verhandlungsrahmen, dessen Umfang in der Mehrzahl der Fälle über die bislang als wichtig erachteten Marketingnotwendigkeiten im Interaktionsgeschehen hinausgeht.

Zur Bewältigung der hier zunächst nur skizzierten Aufgabenbereiche eines Investitionsgütermarketing für innovative Produkte und Systeme, das mit dem Näherungsbegriff Innovationsmarketing belegt wird,[5] liegen in der Literatur bereits partialanalytische Lösungsvorschläge vor. Zu erwähnen sind insbesondere die Schriften von GEMÜNDEN[6] sowie die Arbeiten um STROTHMANN[7]. Letztere münden im Rahmen einer kürzlich erschienenen Veröffentlichung in ein Marketingkonzept für innovative, unternehmens-integrierende Systeme.[8] Dieser Ansatz umfaßt neben einem partialanalytischen Bezugsrahmen zum innovativen Kaufverhalten von Organisationen auch schon handlungsempfehlende bzw. managementorientierte Vorschläge für das Innovationsmarketing. Hervorzuheben ist der neue Instrumentarbereich *Integrationspolitik*, dessen Instrumente eine möglichst reibungsfreie Transaktion innovativer Systeme vom Hersteller zum Abnehmer gewährleisten sollen.[9]

Allerdings handelt es sich bei diesen und den anderenorts vorgestellten Konzeptionen zum Innovationsmarketing im Investitionsgüterbereich um Ansätze, die einer theoretischen Weiterentwicklung bedürfen, um – unter längerfristiger Zielsetzung – die Herausbildung eines umfassenden Ansatzes zum Innovationsmarketing zu ermöglichen. Fraglich ist in diesem Zusammenhang, ob es einen eigenständigen Ansatz zum Innovationsmarketing

---

5 Vgl. STROTHMANN; K.-H./KLICHE, M.: Innovationsmarketing, Markterschließung für Systeme der Bürokommunikation und Fertigungsautomation, Wiesbaden 1989, S. VI.

6 Vgl. hierzu beispielsweise GEMÜNDEN, H.G.: Innovationsmarketing, Interaktionsbeziehungen zwischen Hersteller und Verwender innovativer Investitionsgüter, Tübingen 1981.

7 Vgl. neben den auf Seite 1 dieser Arbeit erwähnten Studien auch: STROTHMANN, K.-H./BAAKEN, Th./KLICHE, M./PÖRNER, R.: Der Einsatz von CAD/CAM-Systemen in der Investitionsgüter-Industrie, Ergebnisse einer Primärerhebung, Würzburg 1987; STROTHMANN, K.-H./BAAKEN, Th./ KLICHE, M./PÖRNER, R./STIEFEL-RECHENMACHER, R.: Merkmale innovativer Unternehmen der Investitionsgüter-Industrie, Ergebnisse einer Primärerhebung, Würzburg 1987; dieselben: Integrationspolitik und Technologie-Beobachtung im Innovationsmarketing, Ergebnisse einer Primärerhebung, Würzburg 1988.

8 Vgl. STROTHMANN; K.-H./KLICHE, M.: Innovationsmarketing, a.a.O.

9 Vgl. hierzu: ebenda, S. 95 ff.; und: KLICHE, M./PÖRNER, R.: Qualifizierung und Personalschulung als Instrumente des Technologie-Marketing, in: BAAKEN, Th./SIMON, D. (Hrsg.): Abnehmerqualifizierung als Instrument des Technologie-Marketing, Personalentwicklung beim Kunden - eine Herausforderung für Anbieter innovativer Technologien, Berlin 1987, S. 237 ff.; STROTHMANN, K.-H.: Innovationsmarketing - Herausforderung für Theorie und Praxis, in: BAAKEN, Th./SIMON, D. (Hrsg.): Abnehmerqualifizierung als Instrument des Technologie-Marketing, a.a.O., S. 194 f.

geben kann und muß. Diese Frage kann letztlich an dieser Stelle der Arbeit noch nicht geklärt werden. Innovationsmarketing sei hier zunächst als Spezialrichtung des Investitionsgütermarketing verstanden: Neben den Gemeinsamkeiten zwischen Investitionsgütermarketing und Innovationsmarketing, die grundsätzlich in einem marktorientierten Denken, in der konzeptionellen Ähnlichkeit des Marketinginstrumentariums sowie in der Tatsache liegen, daß Organisationen auf der Nachfrageseite auftreten und zumeist mehrere Personen am Einkaufsentscheid beteiligt sind, gibt es allerdings auch Unterschiede; sie sind in einem differierenden Aufgabenspektrum begründet.[10] So sind im Innovationsmarketing – neben den oben bereits erwähnten Faktoren (erhöhte Erklärungsbedürftigkeit innovativer Produkte und Systeme, höhere Anforderungen an Produkt-, Entwicklungs- und Kommunikationspolitik etc.) – auch Aspekte zu berücksichtigen, die in starkem Maße aus den Besonderheiten von »New-Tech-Märkten« resultieren. Diese Märkte zeichnen sich im Gegensatz zu »konventionellen« Märkten beispielsweise durch geringere Markttransparenz, stärkere Wettbewerbsintensität, technologieinduzierte Wachstumsdynamik und durch hohe Risiken/Unsicherheiten, aber auch Chancen, für Hersteller und Nachfrager aus.[11]

Für eine Weiterentwicklung des Innovationsmarketing geben diese Besonderheiten schon wichtige Hinweise. So werden beispielsweise wettbewerbstheoretische Überlegungen in den existierenden Modellen[12] zum Innovationsmarketing bislang nur unzureichend berücksichtigt. Darüber hinaus handelt es sich bei den vorliegenden Ansätzen zum Teil um konkurrierende Modelle, die allerdings bei Entwicklung eines übergeordneten theoretischen Bezugsrahmens Möglichkeiten zur Integration aufweisen könnten. Die hiermit schon angesprochene, gewisse Unzufriedenheit des Verfassers über den theoretischen Erkenntnisstand des Innovationsmarketing hat ihren Ursprung aber auch in weiteren Aspekten, die sich anhand des nachstehenden Fragenkatalogs verdeutlichen lassen. Insgesamt kann im Rahmen dieser Arbeit folgenden Fragen nachgegangen werden, deren Klärung zu einer Weiterentwicklung des Innovationsmarketing beitragen kann:

- Läßt sich ein übergeordneter theoretischer Bezugsrahmen entwickeln, der es erlaubt, die vorhandenen Teiltheorien in das Innovationsmarketing zu integrieren?

- In welcher Form sind wettbewerbsorientierte Aspekte im Innovationsmarketing zu berücksichtigen?

- Welche Relevanz weisen Ergebnisse der Innovationsforschung aus dem Bereich der Meso- und Industrieökonomik für das Innovationsmarketing auf?

---

10 Vgl. zu dieser Argumentationslinie auch: BACKHAUS, K.: Investitionsgüter-Marketing, München 1982, S. 1 f., der allerdings dabei die Unterschiede zwischen Konsumgütermarketing und Investitionsgütermarketing herausarbeitet.

11 Vgl. hierzu auch: BAAKEN, Th.: Besonderheiten des Technologiemarketing - Veränderungen im Marketing durch technologische Entwicklungen, in: BAAKEN, Th./SIMON, D. (Hrsg.): Abnehmerqualifizierung als Instrument des Technologie-Marketing, a.a.O., S. 12; MEFFERT, H./REMMERBACH, K.-U.: Marketingstrategien in jungen Märkten - Wettbewerbsorientiertes High-Tech-Marketing, in: DBW, 48 (1988), 3, S. 331 f. und S. 345.

12 Vgl. zum Begriff *Modell*: II. Kapitel, Abschnitt 1.2.

- Welche innovativen Produktkategorien sollten neben systemtechnischen Innovationen im Innovationsmarketing behandelt werden?

- Gibt es die Notwendigkeit einer Kopplung und integrativen Sichtweise von Maßnahmen des Innovationsmarketing und des Innovationsmanagements?

- Wie gestalten sich Geschäfts- und Interaktionsbeziehungen zwischen Herstellern und Abnehmern innovativer Produkte und Systeme?

- Und nicht zuletzt: Inwieweit sind dynamische Aspekte der Technologie-, Markt-, Industrie- und Unternehmensentwicklung im Innovationsmarketing von Bedeutung?

Zur theoretischen Weiterentwicklung des Innovationsmarketing und zur Erreichung der damit verbundenen Zielsetzung dieser Arbeit ist allerdings der bisherige Erkenntnisrahmen des Innovationsmarketing zu eng. Begründet in seiner »Abstammung« vom Investitionsgütermarketing werden in den Modellen bislang vorrangig abnehmerspezifische Faktoren bzw. Hersteller-Abnehmer-Beziehungen zum Gegenstand des Erkenntnisinteresses gemacht, um aus diesen Ergebnissen Hinweise für ein adäquates Innovationsmarketing gewinnen zu können. Wettbewerbliche und dynamische Gesichtspunkte des technologischen Wandels kommen beispielsweise dadurch zu kurz. In dieser Arbeit soll deshalb ein erweiterter Bezugsrahmen und damit eine breiter angelegte Analyse des technologischen Wandels sowie seiner Bestimmungsfaktoren und marketingrelevanten Wirkungen verwendet werden.

Hierzu werden im ersten Kapitel – nach einer Abgrenzung innovationstheoretischer Grundbegriffe – der technologische Wandel in seinem Zusammenhang mit Markt- und Industrieentwicklung und zugleich die Situationen der Hersteller und Abnehmer von Innovationen analysiert. Der dafür notwendige Erkenntnisraum soll mit Hilfe von Theorien der Innovationsforschung volkswirtschaftlichen Ursprungs geschaffen werden. Eine besondere Bedeutung werden dabei auch meso- und industrieökonomische Ansätze der Innovationsforschung erlangen, die in ihren Modellen, neben anderen Aspekten, auch verstärkt wettbewerbstheoretische Überlegungen einbeziehen. Verwiesen sei an dieser Stelle auf die Lehre SCHUMPETERs sowie auf die darauf aufbauenden Ansätze der Neo-Schumpeterianer. Der damit geschaffene erweiterte Rahmen, der auf deskriptiver Ebene die interdependenten und evolutionären Entwicklungen von Technologie, Markt, Industrie und Unternehmen berücksichtigt, soll um Ergebnisse der empirischen Forschung zum Innovationsmarketing ergänzt werden. Insgesamt wird damit das Anliegen verfolgt, bezogen auf die hier vorliegende Fragestellung eine möglichst umfassende Grundlage für die angestrebte Weiterentwicklung des Innovationsmarketing zu schaffen.

Im weiteren Verlauf der Arbeit ist dann der Frage nachzugehen, inwieweit die vorhandenen Ansätze des Innovationsmarketing vor dem Hintergrund der im ersten Kapitel ermittelten Ergebnisse zu erweitern sind. Darüber hinaus ist zu hinterfragen, ob sich nicht für eine Weiterentwicklung auch Erkenntnisse der generalisierenden Ansätze des Investitionsgütermarketing in eine mögliche Modellkonzeption integrieren lassen. Zur Klärung dieser übergeordneten Fragestellungen werden zunächst im zweiten Kapitel wesentliche vom Verfasser ausgewählte Ansätze des Investitionsgütermarketing generalisierenden und innovationsorientierten Charakters diskutiert. Sie werden anschließend im Übergang zum dritten Kapitel vor dem Hintergrund der durch den technologischen Entwicklungsprozeß gesetzten Anforderungen kritisch gewürdigt.

Im dritten Kapitel erfolgt schließlich auf der Grundlage der vorangegangenen Argumentation eine konstruktive Zusammenführung der gewonnenen Erkenntnisse zu einem integrierten Modell für das Innovationsmarketing. In diesem hier entwickelten Ansatz werden die Erkenntnisse, die aus der Diskussion des informationstechnologischen Wandels sowie aus der kritischen Würdigung generalisierender und innovationsorientierter Ansätze des Investitionsgütermarketing resultieren, verwendet. Anspruch dieses Modells wird es nicht nur sein, künftige Forschungsmöglichkeiten aufzuzeigen, sondern auch Marketingmaßnahmen ableiten zu können, die den Unternehmen Unterstützung beim Operieren auf innovationsgetriebenen Märkten bieten können.

I. Kapitel

Informationstechnologischer Wandel: Herausforderung an das Investitionsgütermarketing

Wie der Einleitung bereits zu entnehmen ist, soll in diesem Kapitel der technologische Wandel in seinem »Zusammenspiel« mit Markt-, Industrie- und Wettbewerbsstrukturen untersucht werden. Neben diesen eher generellen und »makroskopisch« ausgerichteten Aspekten werden darüber hinaus die Situationen der Hersteller und Abnehmer innovativer Erzeugnisse vor dem Hintergrund des durch die Mikroelektronik hervorgerufenen *informationstechnologischen* Wandels, der als eine geschichtliche Phase des gesamten technologischen Entwicklungsprozesses anzusehen ist, analysiert. Ziel dieser Betrachtungen ist letztlich, Hinweise für einen erweiterten Ansatz des Innovationsmarketing zu erhalten und Anforderungen an das Marketing formulieren zu können.

Zur Beschreibung der gegenwärtigen Entwicklung kann zunächst allgemein ausgesagt werden, daß als »Innovationsmotor« des rasant fortschreitenden informationstechnologischen Wandels noch immer die Mikroelektronik angesehen werden kann. Sie ist technologische Basis für eine Fülle von Produkt- und Prozeßinnovationen. Ihre wirtschaftliche Anwendung scheint auch weiterhin das Innovationsgeschehen auf den Märkten zu begünstigen. Neben der Mikroelektronik lassen sich beispielsweise aber auch die Glasfaser- und Lasertechnologie sowie künftig unter Umständen die Technologie der Supraleiter nennen, die von Einfluß auf die wettbewerbliche Innovationsdynamik sind. Veränderungen im Markt und auch in industriellen Strukturen sind letztlich Folgen des interdependenten »Zusammenspiels« von neuen Technologien, Wettbewerbsprozessen und unternehmerischem Handeln. Bevor näher auf diese Aspekte eingegangen wird, ist es Aufgabe, wesentliche Begriffe der industriellen Innovations- und Diffusionsforschung zu klären.

1. Grundlegende Ausführungen zum technologischen Wandel

Wichtige Begriffe, die zur Analyse des technologischen Wandels notwendig sind, werden in der Literatur teilweise unterschiedlich verwendet und abgegrenzt. Hierzu zählen Begriffe wie *Invention*, *Innovation*, *Imitation*, *Adoption*, *Diffusion* sowie *Technologie* und *Technik*. In diesem Zusammenhang stellt sich grundsätzlich die Frage, ob es möglich und notwendig ist, zentrale Begriffe der Innovationstheorie zeitlos und mit genereller Gültigkeit zu definieren. Der Autor GERYBADZE, auf dessen Arbeiten[1] in den nachstehenden Ausführungen verstärkt Bezug genommen wird, argumentiert in Anlehnung an JEWKES,

---

[1]   Vgl. GERYBADZE, A.: Innovation, Wettbewerb und Evolution, eine mikro- und mesoökonomische Untersuchung des Anpassungsprozesses von Herstellern und Anwendern neuer Produzentengüter, Tübingen 1982.

SAWERS und STILLERMAN[2], daß es – begründet in der Vielfältigkeit und Komplexität des Innovationsphänomens – nur sinnvoll ist, »... für das jeweils untersuchte Gebiet gesondert operationale Begriffe zu formulieren«[3]. Die nachfolgend vorgenommenen Abgrenzungen erfolgen deshalb vor dem Hintergrund der in dieser Arbeit vorliegenden Fragestellung.

Wenig hilfreich sind allerdings abstrakte und vom übrigen Erkenntnisziel losgelöste Begriffsdiskussionen. Es wird deshalb der Versuch unternommen, im Zuge der begrifflichen Erörterungen einen näheren Einblick in den generellen Verlauf und in die Merkmale des technologischen Wandels zu gewinnen. Hierfür bietet es sich an, in Anlehnung an die mikro- und mesoökonomisch-orientierten[4] Ausführungen von GERYBADZE zwischen einer *Stromgrößenanalyse* und einer *Bestandsgrößenanalyse* des technologischen Wandels zu unterscheiden:[5] Eine Stromgrößenanalyse stellt darauf ab, den technologischen Wandel in seinen »flow«-Dimensionen zu beschreiben.[6] Es handelt sich um »... eine Theorie, die erklärt, wie die Gesamtheit der Handlungen von Wirtschaftssubjekten sich im Zeitverlauf ergänzt und insgesamt Umstrukturierungen des Wissensbestandes und des Wirtschaftsprozesses hervorruft.«[7] Die Bestandsgrößenanalyse richtet sich auf »Momentaufnahmen« des Wandels.[8]

Diese Unterteilung, die eine Erhellung der mit dem technologischen Wandel einhergehenden Dynamik und des evolutionären Technologiezuwachses ermöglicht, wird auf die nachstehenden Ausführungen übertragen. Als *Stromgrößen* werden Invention, Innovation und Adoption identifiziert. Eine ableitbare Größe stellt die Diffusion dar. Im Rahmen der Beschreibung des zu einem jeweiligen Zeitpunkt vorherrschenden Technologie*bestandes*, der im wesentlichen durch Inventions- und Innovationshandlungen im Zeitverlauf ergänzt wird, werden anschließend die Begriffe Technologie und Technik erläutert.

---

[2] Vgl. JEWKES, J./SAWERS, D./STILLERMAN, R.: The Sources of Invention, 1. Ed. 1958, 2. Ed. London 1969.

[3] GERYBADZE, A.: Innovation, Wettbewerb und Evolution, a.a.O., S. 21.

[4] Das Bestimmungswort *Meso* (griechisch) weist in Zusammensetzung mit anderen Wörtern auf »Mitte bzw. in der Mitte zwischen...« hin. Die Mesoökonomie kann zwischen den traditionellen Richtungen der Volkswirtschaftslehre (Mikro- und Makroökonomie) angesiedelt werden. Auf einem mittleren volkswirtschaftlichen Aggregationsniveau (z.B. Betrachtung von Branchen, Industrien) werden ökonomisch-strukturelle Sachverhalte erforscht. Auch für das Investitionsgütermarketing läßt sich eine mesoökonomische Perspektive entwickeln, die die Ermittlung von Industriestrukturen unter Einbezug einer Analyse der Beziehungen zwischen Unternehmen zum Ziel hat. Vgl. hierzu: HEINLEIN, M.: Die mesoökonomische Perspektive des Investitionsgütermarketing als Grundlage für einen Segmentierungsansatz, Diplomarbeit am Institut für Marketing der Freien Universität Berlin, 1990; vgl. auch: PETERS, H.-R.: Grundlagen der Mesoökonomie und Strukturpolitik, Stuttgart 1981, S. 31.

[5] Vgl. GERYBADZE, A.: Innovation, Wettbewerb und Evolution, a.a.O., S. 21 ff.

[6] Vgl. ebenda, S. 26.

[7] Ebenda, S. 21.

[8] Vgl. ebenda, S. 26.

12

1.1 Invention, Innovation und Adoption als Stromgrößen im technologischen Wandel

Zentraler Begriff der industriellen Innovationsforschung ist der Terminus »Innovation«. Er wurde in den 30er Jahren von SCHUMPETER in die Wirtschaftswissenschaften eingeführt.[9] Der Begriff »Innovation«, der grundsätzlich Sachverhalte der Erneuerung kennzeichnet, wird in Literatur und Praxis unterschiedlich abgegrenzt und definiert.[10] Der Grund für die differierenden Auffassungen ist – wie schon angedeutet – darin zu sehen, daß die Vielseitigkeit und Komplexität der mit Innovationen verbundenen Zuammenhänge zu einer Operationalisierung des Innovationsbegriffs auffordert, um die jeweilig relevanten wissenschaftlichen Fragestellungen verschiedener Disziplinen gezielt untersuchen zu können.[11]

Allgemein kann zunächst festgehalten werden, daß »Innovation« in der Literatur sowohl *objekt-*, als auch *prozeßbezogen* definiert und abgegrenzt wird. Die objektbezogene Sichtweise beschreibt Innovation als das Resultat eines Erneuerungsprozesses und die prozessuale Interpretation Innovation als Prozeß der Erneuerung.[12]

In den vorliegenden Ausführungen sei eine klare Trennung zwischen objektbezogener und prozessualer Betrachtungsmöglichkeit vorgenommen. Wie SCHULTE feststellt, charakterisiert der Innovationsbegriff zunächst die Notwendigkeit, daß der Tatbestand der *Neuartigkeit* erfüllt sein muß.[13] Objektbezogen lassen sich *technische Innovationen* abgrenzen, die sich in ihrer technisch-konstruktiven Zusammensetzung durch grundlegende technische Neuartigkeit auszeichnen.[14] Bei ihnen ist durch ingenieurwissenschaftlich-konstruktive

---

9 Vgl. MOHR, H.-W.: Bestimmungsgründe für die Verbreitung von neuen Technologien, Berlin 1977, S. 22; WERNER, J.: Das Verhältnis von Theorie und Geschichte bei J. Schumpeter, in: MONTANER, A. (Hrsg.): Geschichte der Volkswirtschaftslehre, Köln-Berlin 1967, S. 282.

10 Vgl. zu einem Überblick über den Begriffsumfang: BROSE, P.: Planung, Bewertung und Kontrolle technologischer Innovationen, Berlin 1982, S. 29; ZALTMAN, G./DUNCAN, R./HOLBEK, J.: Innovations and Organizations, New York-Chichester-Brisbane-Toronto 1973, S. 7 ff.; AREGGER, K.: Innovation in sozialen Systemen, Bd. 1, Einführung in die Organisationstheorie der Organisation, Bern-Stuttgart 1976, S. 101 ff.

11 Vgl. hierzu auch: GERYBADZE, A.: Innovation, Wettbewerb und Evolution, a.a.O., S. 21; KNETSCH, W.: Organisations- und Qualifizierungskonzepte bei CAD/CAM-Einführung, Voraussetzungen erfolgreicher Anwendung flexibler Automatisierungssysteme, Berlin 1987, S. 43 f.

12 Vgl. hierzu auch: MARR, R.: Innovation, in: GROCHLA, E. (Hrsg.): HWO, 2. Aufl., Stuttgart 1980, Sp. 948; KNETSCH, W.: Organisations- und Qualifizierungskonzepte bei CAD/CAM-Einführung, a.a.O., S. 43; und beispielsweise zum prozessualen Innovationsbegriff: UHLMANN, L.: Der Innovationsprozeß in westeuropäischen Industrieländern, Bd. 2: Der Ablauf industrieller Innovationsprozesse, aus: Schriftenreihe des IFO-Instituts für Wirtschaftsforschung, Nr. 98, Berlin-München 1978, S. 15 ff.

13 Vgl. SCHULTE, D.: Die Bedeutung des F&E-Prozesses und dessen Beeinflussbarkeit hinsichtlich technologischer Innovationen, Bochum 1978, S. 8.

14 Hinsichtlich des Neuartigkeitsgrades differenziert MENSCH zwischen *Basis-, Verbesserungs-* und *Scheininnovationen,* womit sich ein Kontinuum von völlig neuartigen Lösungen, über Weiterentwicklungen

Implementierung bzw. Kombination neuer und/oder bereits vorhandener Technologien[15] eine Neuerung entstanden, die sich durch eine neuartige Verknüpfung in der technischen Zusammensetzung auszeichnet.[16] Technische Innovationen können grundsätzlich in Form von Produkt- oder Prozeßinnovationen vorliegen. Von *Produktinnovationen* kann gesprochen werden, wenn es sich um im Sachleistungsprogramm eines Unternehmens bereitgestellte Neuerungen handelt.[17] *Prozeßinnovationen* lassen sich abgrenzen als wirtschaftlich angewandte Neuerungen im Produktionsprozeß eines Unternehmens.

Viele Innovationen werden »... in Form von *Produktinnovationen* realisiert, indem die innovierende Unternehmung z.B. neue Produktionsanlagen oder Konsumgüter entwickelt, die für einen bereits vorhandenen 'alten' Markt bestimmt sind, oder mit deren Hilfe ein 'neuer' Markt erschlossen werden soll«[18]. Technische Innovationen können aber auch zuerst als Prozeßinnovationen vorliegen, wenn ein Unternehmen erstmalig Neuerungen, beispielsweise neue Produktionsanlagen, im eigenen Produktions- bzw. Leistungserstellungsprozeß einsetzt. Diese können dann später durch eine mögliche Aufnahme in das Sachleistungsprogramm Produktinnovationen bilden.

Wird die aus der Sicht des Investitionsgütermarketing relevante Unterscheidung zwischen Hersteller- und Abnehmer-Unternehmen in die Betrachtung einbezogen, so läßt sich feststellen, daß Produktinnovationen eines Herstellers nach Übergang auf die Abnehmerseite den Charakter von Prozeßinnovationen erhalten. Prozeßinnovationen können strukturelle und Sozialinnovationen in den Abnehmer-Unternehmen zur Folge haben, »... da neue organisatorische Lösungen zur Integration der implementierten neuen Technologien gefunden werden müssen und die Benutzung der neuen Technologien oft neue soziale Formen erfordert«[19].

Neben dem Innovationsbegriff liegen in der industriellen Innovationsforschung die Begriffe Invention, Adoption und Diffusion vor. Sie sind vom ersteren Begriff abzugrenzen. Die *Invention* beschreibt GERYBADZE plastisch als »unreife Idee«[20]. Sie hat die

---

bis hin zu unwesentlich veränderten Produkten ergibt. Vgl. MENSCH, G.: Basisinnovation und Verbesserungsinnovation, in: ZfB, 42 (1972), 4, S. 291; vgl. hierzu auch: PÖRNER, R.: Strategisches Management für innovative technologieorientierte Gründerunternehmen, Diss., Frankfurt a.M.-Bern-New York-Paris 1989, S. 36 f. STROTHMANN unterscheidet zwischen *absoluten* und *relativen* Neuheiten. Absolute Neuheiten sind Erzeugnisse, die direkt nach der Entwicklungsphase durch einen Anbieter in den Markt eingeführt werden; relative Neuheiten stellen demgegenüber nur für den Abnehmer Neuerungen dar *(subjektiv* orientierte Sichtweise) und befinden sich bereits seit längerer Zeit am Markt. Vgl. STROTHMANN, K.-H.: Investitionsgütermarketing, München 1979, S. 103.

[15] Vgl. zum Begriff *Technologie:* Abschnitt 1.2 dieses Kapitels.

[16] Vgl. hierzu auch: KLICHE, M.: Marktsegmentierung für technische Innovationen, dargestellt am Beispiel des Industrieroboters, VDI Fortschritt-Berichte Reihe 16, Nr. 28, Düsseldorf 1985, S. 6.

[17] Vgl. hierzu auch: MARR, R.: Innovation, a.a.O., Sp. 950.

[18] GROCHLA, E.: Betriebswirtschaftlich-organisatorische Voraussetzungen technologischer Innovationen, in: ZfbF-Sonderheft 11/80, Neue Technologien - neue Märkte, Wiesbaden 1980, S. 31.

[19] Ebenda.

[20] Vgl. GERYBADZE, A.: Innovation, Wettbewerb und Evolution, a.a.O., S. 24.

14

Produktentwicklungsphase noch nicht durchlaufen und ist zeitlich vor der Innovation anzusiedeln.[21] Eine nähere Betrachtung des *Innovationsprozesses* verdeutlicht diesen zeitlichen Zusammenhang zwischen Invention und Innovation. Bevor hierauf näher eingegangen wird, sei grundsätzlich angemerkt, daß nicht nur der Innovationsbegriff verschiedenen Auffassungen unterliegt, auch prozessuale Sichtweisen des Innovationsgeschehens sind – begründet in der Vielseitigkeit des Innovationsphänomens – unterschiedlich. Die folgenden Ausführungen geben ein etwas vereinfachtes Phasenmodell wieder:

Innovationen, insbesondere wenn es sich um Basisinnovationen handelt, leiten oft bedeutende Entwicklungen ein, sie sind jedoch auch selbst das Ergebnis eines vielschichtigen und komplizierten Entwicklungsprozesses, der beispielsweise innerhalb und zwischen Unternehmen ablaufen kann.[22] Grundlage für Innovationen sind Anregungen, z.B. Kundenwünsche, Techniker-Ideen, Vorschläge von Beratern etc.,[23] die in eine Invention münden. Alle Handlungen, Entscheidungen und Prozesse, die zur Innovation führen, seien in Anlehnung an GERYBADZE im Bereich der *Innovationsentstehung* angesiedelt.[24] Die Innovationsentstehung führt zu einem neuen Produkt oder Produktionsprozeß und wird vom Teilprozeß der *Innovationsverbreitung* abgegrenzt[25] (vgl. Abbildung 1).

Der Teilprozeß *Innovationsentstehung* verdeutlicht bereits einige »flow«-Dimensionen des technologischen Wandels.[26] Er ist hier durch die drei Stadien Anregung, Invention und Innovation gekennzeichnet, zwischen denen die Selektions- und die Produktentwicklungsphase angesiedelt sind. In einem vorgelagerten Stadium des Innovationsprozesses befinden sich nach diesem Modell mögliche Anregungsquellen für die Hervorbringung von Innovationen, die unterschiedlichsten Ursprungs sein können. Quellen für einen »Start« von Innovationsprozessen können, neben den bereits erwähnten Kundenwünschen, Techniker-Ideen etc., auch Ergebnisse der Forschung sein, die von einem Unternehmen selbst hervorgebracht wurden oder extern, z.B. in Forschungsinstituten, entstanden sind.

Mit der Selektionsphase wird die Innovationsentstehung eingeleitet. Hier wird unter Gesichtspunkten der wirtschaftlichen Verwertbarkeit und der technischen Machbarkeit aus den einzelnen Anregungsquellen ausgewählt. Selektierte Anregungen liegen dann nach weiterer konzipierender und/oder rückgekoppelter Forschungstätigkeit als »unreife Idee« bzw. Invention vor. Der erfolgreiche Abschluß der Produktentwicklungsphase würde dann zu einer Innovation führen, die als Produkt- oder Prozeßinnovation realisiert sein kann.

---

21 Vgl. KLICHE, M.: Marktsegmentierung für technische Innovationen, a.a.O., S. 7.

22 Vgl. GERYBADZE, A.: Innovation, Wettbewerb und Evolution, a.a.O., S. 22.

23 Vgl. hierzu auch: STROTHMANN, K.-H./KUß, A./ZIEGLER, R.: Marktorientierte Konstruktions- und Entwicklungspolitik in der Investitionsgüter-Industrie, Berlin 1979, S. 18.

24 Vgl. GERYBADZE, A.: Innovation, Wettbewerb und Evolution, a.a.O., S. 22.

25 Vgl. zur Abgrenzung zwischen den beiden Teilprozessen Innovationsentstehung und Innovationsverbreitung: ebenda, S. 22 f.

26 Vgl. zu diesen und den nachfolgenden Ausführungen zum Innovationsprozeß auch: ebenda, S. 23 ff.; KLICHE, M.: Marktsegmentierung für technische Innovationen, a.a.O., S. 7 ff.

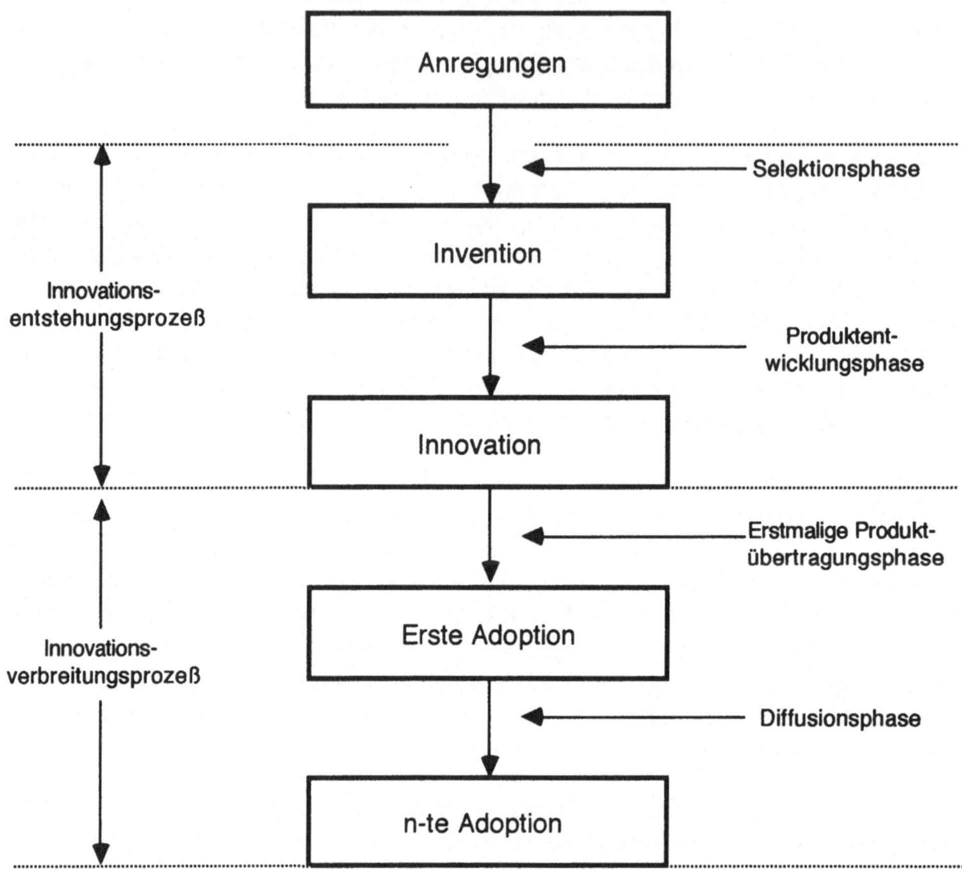

Abb. 1: Der Innovationsprozeß[27]

Der zweite Teilprozeß *Innovationsverbreitung* beschreibt die marktliche Diffusion von Innovationen. Er zeigt, wie Innovationen sukzessive von einzelnen Unternehmen übernommen werden und sich damit in einer Wirtschaft »ausbreiten«. Die Diffusion von Innovationen entwickelt sich mit der mehrmaligen Adoption der Innovation durch die industriellen Abnehmer. Eine *Adoption* durch ein Abnehmer-Unternehmen liegt dann vor, wenn sich dieses Unternehmen in seiner spezifischen Bedarfssituation für die Übernahme einer neuartigen Leistung entscheidet.[28] Mit der Adoption technischer Innovationen, beispiels-

---

[27] Quelle: KLICHE, M.: Marktsegmentierung für technische Innovationen, a.a.O., S. 8.

[28] Vgl. STEFFENHAGEN, H.: Industrielle Adoptionsprozesse als Problem der Marketingforschung, in: MEFFERT, H. (Hrsg.): Marketing heute und morgen, Wiesbaden 1975, S. 111.

weise in Form von neuen Produktionsanlagen, werden bei den Abnehmern die erwähnten Prozeßinnovationen realisiert.

Allerdings unterliegen Innovationen im Rahmen der Adoption durch einen Abnehmer häufig dem Erfordernis der *Re-Invention*. Diese Re-Invention, die beispielsweise auf eine Applikationsanpassung der Innovation an die spezifischen Abnehmerbelange abstellt und die Hinzufügung neuer Funktionen beinhalten kann,[29] macht erneute Entwicklungsarbeiten erforderlich. Sie führt zu einem »Wechselspiel« zwischen Herstellern und Abnehmern innovativer Erzeugnisse und ordnet dem Abnehmer nicht unbedingt eine passive Rolle im Implementierungsprozeß zu. ROGERS führt hierzu aus:

> »... in the 1970s, diffusion scholars began to pay more attention to the concept of *re-invention,* defined as the degree to which an innovation is changed or modified by a user in the process of its adoption and implementation. [...] We should remember [...] that an innovation is not necessarily invariant during the process of its diffusion. And adopting an innovation is not necessarily a passive role of just implementing a standard template of the new idea.«[30]

In den vorstehenden Ausführungen zum Innovationsprozeß wurden bereits die Begriffe Adoption und Diffusion charakterisiert. Der Adoptionsbegriff wird im Investitionsgütermarketing auch für die Bezeichnung der Kaufentscheidung einer technischen Innovation verwendet. Dieser Kaufakt, ist wiederum selbst das Ergebnis eines Prozesses, der nach Modellen des Investitionsgütermarketing vor der eigentlichen Kaufentscheidung innerhalb der jeweiligen Abnehmer-Unternehmen abläuft. Hierauf wird an späterer Stelle noch näher eingegangen.[31]

Der Begriff *Diffusion* entstammt einer als eigenständig bezeichneten Forschungsrichtung: der Diffusionsforschung.[32] Diese wissenschaftliche Disziplin, die ihre Wurzeln in der

---

29 Vgl. STROTHMANN; K.-H./KLICHE, M.: Innovationsmarketing, a.a.O., S. 57.

30 ROGERS, E.M.: Diffusion of Innovations, 3. Edition, New York 1983, S. 16 f.; vgl. zur Re-Invention beispielsweise auch: SCHMALEN, H./PECHTL, H.: Erweiterungen des dichotomen Adoptionsbegriffes in der Diffusionsforschung, ein Fallbeispiel aus dem Bereich der kommerziellen PC-Software-Anwendung, in: JbAV, 35 (1989), 1, S. 95.

31 Vgl. hierzu: II. Kapitel, Abschnitt 2.1.

32 Vgl. zu einem Überblick über die Diffusionsforschung beispielsweise: LUTSCHEWITZ, H./ KUTSCHKER, M.: Die Diffusion von innovativen Investitionsgütern, München 1977; MAHAJAN, V./ WIND, Y.: Innovation Diffusion Models of New Product Acceptance: A Reexamination, in: MAHAJAN, V./WIND, Y. (Eds.): Innovation Diffusion Models of New Product Acceptance, Cambridge, Mass. 1986, S. 3-25; MOHR, H.-W.: Bestimmungsgründe für die Verbreitung von neuen Technologien, a.a.O.; ROGERS, E.M.: Diffusion of Innovations, a.a.O.; vgl. auch die Studien von: BROWN, L.A.: Innovation Diffusion, A New Perspektive, London-New York, 1981; TILTON, J.E.: International Diffusion of Technology: The Case of Semiconductors, Washington, D.C. 1971.

anthropologischen und der agrarsoziologischen Diffusionsforschung hat,[33] zielt darauf ab, den zeitlichen Verlauf und die bestimmenden Faktoren der wirtschaftlichen Durchdringung innovativer Erzeugnisse zu beschreiben und zu erklären[34]. In der Diffusionsforschung werden – allerdings mit starkem Bezug auf die Verbreitung innovativer Konsumgüter – modellhaft fünf Kategorien bzw. Klassen von Adoptern (neben Nicht-Adoptern) abgegrenzt, die sich in ihrer »innovativeness« unterscheiden sollen:[35]

(1)   Innovatoren (innovators)

(2)   Frühe Adoptoren (early adopters)

(3)   Frühe Mehrheit (early majority)

(4)   Späte Mehrheit (late majority)

(5)   Nachzügler (laggards)

Aus analytischer Sicht verläuft die Diffusion von Innovationen bei kumulierter Betrachtung der einzelnen Adoptionshandlungen idealtypisch in einer S-förmigen Diffusionskurve. Diese Betrachtung kann auch mit Hilfe einer Verteilungsfunktion durchgeführt werden, wobei sich idealtypisch eine glockenförmige Kurve ergibt (vgl. Abbildung 2):

Insgesamt ist anzumerken, daß Innovationsprozesse nicht notwendigerweise zum Erfolg führen müssen. Sie können aufgrund verschiedener Einflüsse (z.B. durch andere Unternehmen) im Bereich der Innovationsentstehung und -verbreitung so gestört werden, daß sie entweder unter anderer Zielverfolgung weitergeführt oder sogar abgebrochen werden. Zu diesen Störeinflüssen gehören beispielsweise Imitationshandlungen oder Substitutionsentwicklungen von Wettbewerbern. Auch werden nicht unbedingt auf der Grundlage einzelner Entwicklungsprozesse Ergebnisse erzielt, die entscheidende Neuerungen bzw. Basisinnovationen hervorbringen. Aus eher »makroskopischer« Sicht kann festgestellt werden, daß sich viele Innovationsprozesse einzelner Unternehmen gegenseitig ergänzen. Sie können zum Teil parallel oder im Verlauf der Technikgeschichte[36] nacheinander verlaufen und führen oft erst in ihrer »Summe« zu Innovationsprozessen, die Basisinnovationen hervorbringen.[37] Ein mögliches Beispiel für das Ergebnis einer solchen komplexen

---

[33]   Vgl. ROGERS, E.M.: Diffusion of Innovations, a.a.O., S. 46 ff., S. 51 ff.; LUTSCHEWITZ, H./ KUTSCHKER, M.: Die Diffusion von innovativen Investitionsgütern, a.a.O., S. 5.

[34]   Vgl. hierzu beispielsweise auch: KLEINALTENKAMP, M.: Der Einfluß der Normung und Standardisierung auf die Diffusion technischer Innovationen, Arbeitspapier und Ergebnisbericht, Ruhr-Universität Bochum, SFB 187, Teilprojekt K-2, Bochum 1990, S. 32 f.

[35]   Vgl. ROGERS, E.M.: Diffusion of Innovations, a.a.O., S. 245 ff.; vgl. hierzu beispielsweise auch: MEFFERT, H.: Marketing, Grundlagen der Absatzpolitik, 7. Aufl., Wiesbaden 1986, Nachdruck 1989, S. 168 f.

[36]   Vgl. zu einem kurzen Überblick über die *Geschichte der technologischen Entwicklung*: McKELVEY, J.P.: Science and Technology: The Driven and the Driver, in: TechR, 88 (1985), 1, S. 38 ff.

[37]   Vgl. hierzu auch: GERYBADZE, A.: Innovation, Wettbewerb und Evolution, a.a.O., S. 26.

18

»kumulativen Verkettung«[38] von Innovationsprozessen ist die Mikroelektronik, die im Wege ihrer marktlichen Verbreitung gravierende ökonomische, technologische und auch gesellschaftliche Veränderungen auslöst.[39]

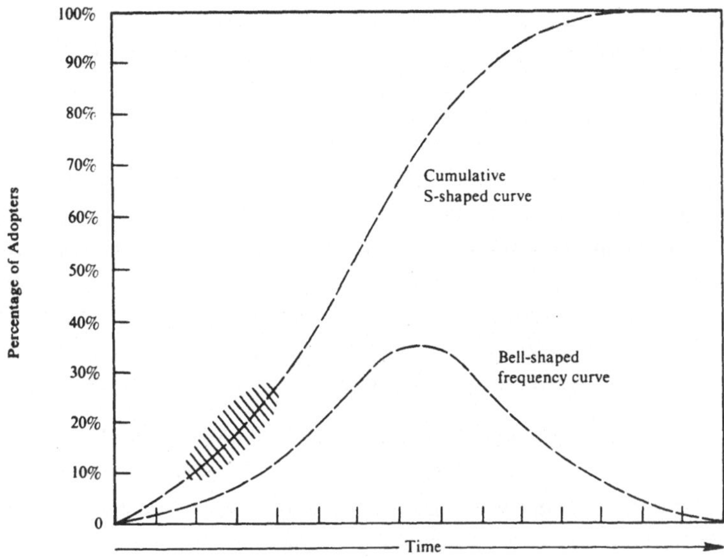

Abb. 2: Diffusion von Innovationen[40]

Bevor näher auf die durch die Mikroelektronik eingeleiteten Veränderungsprozesse eingegangen wird, sollen im Rahmen einer Bestandsgrößenanalyse des technologischen Wandels die Grundbegriffe Technologie und Technik abgegrenzt werden.

1.2 Technologie und Technik als Bestandsgrößen im technologischen Wandel

Ebenso uneinheitlich wie der Innovationsbegriff wird auch der Technologiebegriff verwendet. Seltener jedoch als beim Innovationsbegriff lassen sich beim Begriff »Technologie« eindeutige Definitionen vorfinden. Er wird vielmehr in weiten Bereichen als ein aktuelles Schlagwort genutzt, ohne daß seine Inhalte näher spezifiziert werden. Darüber

---

[38] USHER benutzt in ähnlichem Zusammenhang den Begriff der *»kumulativen Synthesis«*; vgl. USHER, A.P.: A History of Mechanical Inventions, revised edition, Cambridge, Mass. 1954, zitiert nach: GERYBADZE, A.: Innovation, Wettbewerb und Evolution, a.a.O., S. 26.

[39] Vgl. zur *Mikroelektronik*: Abschnitt 1.4 dieses Kapitels.

[40] Quelle: ROGERS, E.M.: Diffusion of Innovations, a.a.O., S. 243.

hinaus ist oft auch eine inhaltliche Gleichsetzung mit dem Begriff »Technik« zu beobachten. Technologie und Technik lassen sich jedoch näher bestimmen:

MITTAG grenzt im Rahmen seiner Schrift zum Technologiemarketing – in Anlehnung an UHLMANN – *Technologie* als Problemlösungswissen ab, das über die Eigenschaften und Einsatzbedingungen einer Technik vorliegt.[41] Im weiteren weist er darauf hin, daß unter dem Technologiebegriff teilweise auch das in Maschinen und sonstigen technischen Erzeugnissen verkörperte Wissen verstanden wird (Embodiment-Hypothese), was jedoch zu einer Ausweitung dieses Begriffs führt.[42]

Vor diesem Hintergrund kann mit GERYBADZE *Technologie* definiert werden als »... die geordnete Menge des in einem Zeitpunkt bekannten und anwendbaren, jedoch nicht notwendig angewandten technischen Wissens«[43]. Dieses Wissen setzt sich aus naturwissenschaftlich-technischen und ingenieurwissenschaftlichen Erfahrungen und Grundsätzen zusammen, wobei mögliche Schritte zur Erweiterung der Technologie beispielsweise in der Forschung liegen (z.B. Inventionen),[44] aber auch in ingenieurwissenschaftlichen Erfahrungen, die aus der praktischen Anwendung technischer Erzeugnisse herrühren können.

Abzugrenzen ist der Technologiebegriff von dem der Technik. *Technik* sei definiert als umgesetzte Technologie mit finalem Charakter. Bei dieser Umsetzung werden naturwissenschaftlich-technische und ingenieurwissenschaftliche Erfahrungen und Grundsätze in einer eindeutigen Merkmalskombination[45] konzipiert. Grundsätzlich kann es sich dabei um Techniken handeln, die beispielsweise aus ökonomischen Gründen noch niemals angewendet wurden (z.B. nicht marktfähige Inventionen bzw. Erfindungen), oder um Techniken, die bereits wirtschaftlich angewendet werden. *Technische Innovationen* sind danach wirtschaftlich angewandte Neuerungen in Form von Produkten oder Verfahren mit einer eindeutigen, neu konzipierten Merkmalskombination. Die Hervorbringung von Techniken erweitert den Erfahrungs- und Grundsätzebestand einer Technologie, und insgesamt mag nach SCHUMPETER gelten: »Technische Möglichkeiten sind ein unerforschtes Meer«[46].

Zu jedem Zeitpunkt des technologischen Entwicklungsprozesses liegen Technologien in einem bestimmten Anwendungs- und Verfügbarkeitsgrad vor. Die Gesamtmenge der in einem Zeitpunkt vorhandenen Technologie beinhaltet bekannte, jedoch nicht notwendigerweise angewandte Technologien, aber auch angewandte Technologien. Technologien,

---

[41] Vgl. MITTAG, H.: Technologiemarketing, die Vermarktung von industriellem Wissen unter besonderer Berücksichtigung des Einsatzes von Lizenzen, Bochum 1985, S. 1, S. 17; vgl. hierzu auch: UHLMANN, L.: Der Innovationsprozeß in westeuropäischen Industrieländern, a.a.O., S. 41.

[42] Vgl. MITTAG, H.: Technologiemarketing, a.a.O., S. 17.

[43] GERYBADZE, A.: Innovation, Wettbewerb und Evolution, a.a.O., S. 27.

[44] Vgl. ebenda.

[45] Vgl. hierzu auch: ebenda, S. 28 ff.

[46] SCHUMPETER, J.: Kapitalismus, Sozialismus und Demokratie, dt. 2. erw. Aufl., München 1950, S. 193.

die bereits genutzt werden, lassen sich wiederum danach unterscheiden, ob sie schon in Verbreitung, oder noch nicht verbreitet eingesetzt werden.

In diesem Zusammenhang kann auf drei Technologiebegriffe hingewiesen werden, die im Bereich des Management- und Technologie-Consulting genutzt werden. Dort wird unterschieden zwischen *Schrittmacher-, Schlüssel-* und *Basistechnologien.*[47] Schrittmachertechnologien unterliegen noch nicht der praktischen Anwendung, lassen aber Nutzungspotentiale für die einzelnen Unternehmen erkennen. Die Anwendung von Schlüsseltechnologien erschließt den jeweiligen Unternehmen Vorteilspositionen, und Basistechnologien werden von vielen Unternehmen beherrscht.[48]

Diese Unterteilung ist an ein Konzept gekoppelt, das – ähnlich dem Modell des Produktlebenszyklus – von einem diskussionswürdigen Lebenszyklus für Technologien ausgeht.[49] Von FORD und RYAN wurde ebenfalls ein Modell des Technologie-Lebenszyklus vorgestellt, auf das hier jedoch nicht näher eingegangen werden soll.[50]

Neue Technologien tragen im Zuge ihrer Anwendung zu weitreichenden Veränderungen in Wirtschaft, Technik und Gesellschaft bei. Ob diese Wandlungsprozesse kontinuierlich oder diskontinuierlich verlaufen, ist eine in der Literatur diskutierte Frage.

1.3 Kontinuität und Diskontinuität des technologischen Wandels

Um technologischen Wandel beschreiben und in seinem Zusammenspiel mit Wirtschafts-, Unternehmens- und Wettbewerbsentwicklung analysieren zu können, ist es notwendig, ihn in seiner prozessualen Dimension zu erfassen. Die Berücksichtigung des technologischen Entwicklungsprozesses ist nicht nur Voraussetzung dafür, die dynamischen Aspekte des Wettbewerbsgeschehens zwischen Unternehmen besser zu verstehen, sie ist darüber hinaus Bedingung, um Handlungsmöglichkeiten und -notwendigkeiten für Unternehmen aufzeigen zu können.

---

[47] Vgl. SOMMERLATTE, T./DESCHAMPS, J.-P.: Der strategische Einsatz von Technologien, Konzepte und Methoden zur Einbeziehung von Technologien in die Strategieentwicklung des Unternehmens, in: ARTHUR D. LITTLE INT. (Hrsg.): Management im Zeitalter der strategischen Führung, 2. Aufl., Wiesbaden 1986, S. 50 f.

[48] »Ein und dieselbe Technologie kann Schlüsseltechnologie in einer Industrie und Basistechnologie in einer anderen Industrie sein. Wettbewerber aus der zweiten Industrie, die diese Technologie bereits als ihre Basistechnologie beherrschen, können daher aus einer starken technologischen Position in die erste Industrie vordringen, da sie die Schlüsseltechnologie dieser Industrie bereits besitzen.« Ebenda, S. 53.

[49] Vgl. ebenda, S. 52 ff.; ARTHUR D. LITTLE INT. (Hrsg.): Der strategische Einsatz von Technologien, Konzepte und Methoden zur Einbeziehung von Technologien in die Strategieentwicklung des Unternehmens, Wiesbaden o.J., S. 24 ff.

[50] Vgl. FORD, D./RYAN, C.: Taking technology to market, in: HBR, 59 (1981), 2, S. 119 ff.

Mikro- und mesoökonomisch-orientierte Innovationsforscher der Österreichischen Schule haben sich aufbauend auf SCHUMPETERs Theorie des Wettbewerbs und der Innovation in besonderer Weise auch dem prozessualen Geschehen des technologischen Wandels in seiner Verbindung mit der wirtschaftlichen Entwicklung gewidmet. Zu diesen innovations-orientierten Vertretern der »Austrian Economics« lassen sich nach BIERFELDER[51] neben dem Begründer SCHUMPETER die Neo-Schumpeterianer GERYBADZE, MENSCH, NELSON und WINTER zählen[52]. BIERFELDER führt in diesem Zusammenhang aus:

> »Die Ökonomen, die heute die durch Schumpeter begründete Denktradi-tion fortsetzen, befassen sich ausnahmslos mit dem evolutionären Charakter des kapitalistischen Prozesses. Während der Naturforscher die Evolution über lange Zeiträume studieren kann, überblicken die Innova-tionsforscher knappe 200 Jahre. Das evolutionäre Wechselspiel erhält dadurch eine verkürzte Perspektive, nicht zuletzt deshalb, weil die Zeit-genossen dazu neigen, ihre Probleme zu überschätzen.«[53]

Im weiteren weist der Autor darauf hin, daß von Innovationsforschern in der Tradition SCHUMPETERs zwei Ansichten über die Dynamik des technologischen Entwicklungspro-zesses vertreten werden. Zum Beleg dieser Aussage beruft er sich auf die unterschiedlich erscheinenden Ausführungen von KAUFER und MENSCH.[54] Danach kann KAUFER als ein Vertreter der Kontinuitätshypothese angesehen werden. Er beschreibt den technologi-schen Wandel als ein Kontinuum vieler kleiner, diskreter Schritte, die in ihrer Gesamtheit ein ähnliches Gewicht erlangen wie manche grundsätzliche Neuerung.[55]

MENSCH vertritt hingegen nach BIERFELDER die Diskontinuitätshypothese, wonach Basisinnovationen im Wechsel von Stagnation und Erholung stehen.[56] »Deshalb fließe der Neuerungsstrom nicht gleichmäßig, sondern in einem Rhythmus von Ebbe und Flut«[57], zwischen denen nach MENSCH eine Umschaltpause des technologischen Fortschritts – das technologische Patt – liegt. Innovationsschübe tragen dazu bei, das technologische Patt zu überwinden.

Kontinuität und Diskontinuität des technologischen Wandels werden damit auch hinsicht-lich ihres Zusammenhangs mit der wirtschaftlichen Entwicklung diskutiert. In einem Inter-

---

[51] Vgl. BIERFELDER, W.H.: Innovationsmanagement, München-Wien 1987, S. 7, S. 10.

[52] Auf einige Erkenntnisse dieser Autoren wird in Abschnitt 2. dieses Kapitels noch näher eingegangen.

[53] BIERFELDER, W.H.: Innovationsmanagement, a.a.O., S. 11.

[54] Vgl. ebenda.

[55] Vgl. KAUFER, E.: Industrieökonomik, eine Einführung in die Wettbewerbstheorie, München 1980, S. 605.

[56] Vgl. MENSCH, G.: Das technologische Patt, Innovationen überwinden die Depression, Frankfurt a.M. 1975, Taschenbuchausg. Frankfurt a.M. 1977, S. 15, S. 144 f.

[57] BIERFELDER, W.H.: Innovationsmanagement, a.a.O., S. 12.

view nimmt MENSCH zur »KONDRATJEW-Theorie der langen Wellen«[58] in der Entwicklungsgeschichte Stellung, nach der ein nahezu konjunkturzyklisch vorherbestimmter Zusammenhang zur Inventionstätigkeit gegeben sein soll. MENSCH bezweifelt die Praktikabilität der »Theorie der langen Wellen«, führt aber aus, daß dieses Konzept einen hohen didaktischen Wert besitze, um einen näheren Einblick in den langfristigen Wirtschaftswandel gewinnen zu können. Hinsichtlich der Ursachen erwecke dieses Modell allerdings unzutreffende Vorstellungen. Es gäbe keine regelmäßigen, vom Schicksal verordneten »Wellen«. Deshalb wird MENSCH auch nicht müde zu betonen, daß im innovativen unternehmerischen Handeln Möglichkeiten zur Gestaltung von Trendumbrüchen lägen und es Innovationsschübe seien, die die Gestaltung der Wellen verursachen, nicht umgekehrt. Dafür sei eine grundsätzliche Analyse des Verlaufs der technisch-wirtschaftlichen Entwicklung allerdings Voraussetzung.[59]

Die Frage, ob technologischer Wandel letztlich kontinuierlich oder diskontinuierlich abläuft, ist nicht eindeutig zu klären. Es kann aber in Interpretation von SCHUMPETER argumentiert werden,[60] daß technologischer Wandel und die damit verbundene wirtschaftliche Entwicklung das Ergebnis vieler kleinerer Neuerungshandlungen der Unternehmen sind, die zu gewissen Zeiten jedoch im Wege der »kumulativen Verkettung«[61] in Basisinnovationen münden.[62] Die Mikroelektronik ist Beispiel dafür.

---

[58] Dem russischen Nationalökonomen KONDRATJEW ist die »Theorie der langen Wellen« zugeschrieben worden. Dieses Modell erweckt den Eindruck, daß durch lange Wellen des Konjunkturzyklusses (sinusförmig) wesentliche Neuerungsaktivitäten hervorgerufen werden. Es ist nicht nur zweifelhaft, ob die Annahmen von KONDRATJEW nicht willkürlich sind, es ist auch umstritten, ob dieses Modell dem russischen Ökonomen zuzuschreiben ist. U. a. weist FREEMAN darauf hin, daß KONDRATJEW nicht unbedingt der Erfinder der »Theorie der langen Wellen« war. Der Holländer van GELDEREN kann nach FREEMAN wohl eher als der Urheber dieses Konzepts angesehen werden, obwohl KONDRATJEW in den 20er Jahren im Rahmen seiner Tätigkeit am Moskauer Institut für Konjunkturforschung dieses Konzept mehr ausgearbeitet und verbreitet hat, als andere Ökonomen. Vgl. FREEMAN, Chr.: The Economics of Industrial Innovation, 2. Edition, London 1982, S. 207 f., KONDRATJEW, N.: The Major Economic Cycles, in: Voprosy Konjunktury, 1 (1925), S. 28-79, englische Übersetzung nachgedruckt in: Lloyd's Bank Review, (1978), No. 129; vgl. zum KONDRATJEW-Zyklus auch: MARCHETTI, C.: Die magische Entwicklungskurve, in: bild der wissenschaft, (1985), 10, S. 115 ff.; NEFIODOW, L.A.: Der fünfte Kondratieff, Strategien zum Strukturwandel in Wirtschaft und Gesellschaft, Frankfurt a.M.-Wiesbaden 1990, S. 22 ff.

[59] Vgl. o.V.: Phasen des Wirtschaftswandels, Interview mit Prof. Gerhard O. Mensch, in: bild der wissenschaft, (1985), 1, S. 66.

[60] Vgl. SCHUMPETER, J.: Kapitalismus, Sozialismus und Demokratie, a.a.O., S. 137, und vgl. hierzu: Abschnitt 2.1 dieses Kapitels, in dem auf den Zusammenhang zwischen technologischem Wandel und wirtschaftlicher Entwicklung etwas näher eingegangen wird.

[61] Vgl. Abschnitt 1.1 dieses Kapitels.

[62] Vgl. hierzu auch: CHAKRABARTI, A.K./RUBENSTEIN, A.H.: Interorganizational Transfer of Technology, a Study of Adoption of NASA Innovations, Evanston, Ill. 1975, S. 23.

1.4 Mikroelektronik als Impulsgeber des technologischen Wandels

Die Mikroelektronik kann zum gegenwärtigen Zeitpunkt als Basistechnologie angesehen werden. Sie ist aber auch selbst das Ergebnis zahlreicher Innovationsschritte von Unternehmen und Forschungsinstitutionen[63] und als Basisinnovation bzw. »major innovation«[64] zu bezeichnen. Im Zusammenhang mit dem durch die Hervorbringung der Mikroelektronik ausgelösten informationstechnologischen Wandel wird häufig auch von der *zweiten* oder *dritten industriellen Revolution* gesprochen.[65] Wenn Mikroelektronik hier als Basistechnologie beschrieben wird, so ist damit charakterisiert, daß sie als Grundlage zahlreicher Innovationen in der Industrie diente und sich hinsichtlich ihrer industriellen Anwendung derzeit bereits in einem breiten Nutzungsstadium befindet. Insgesamt hat die industrielle Anwendung der Mikroelektronik in den letzten Jahren stark zugenommen.[66]

Die Entwicklung der Mikroelektronik ist im wesentlichen mit der Erfindung des Transistors in den US-amerikanischen Bell-Telephon-Laboratorien eingeleitet worden. Nachdem das Physikerteam SHOCKLEY, BARDEEN und BRATTAIN 1947 den ersten Transistor vorstellten, im Jahre 1948 ein Patent anmeldeten und KILBY 1958 die erste integrierte Schaltung entwickelte,[67] bahnte sich eine rasante technologische Entwicklung an (Transistor, IC, LSI, VLSI etc). Ihr gegenwärtiges Stadium ist durch hochintegrierte

---

[63] Vgl. hierzu beispielsweise: FREEMAN, Chr.: The Economics of industrial Innovation, a.a.O., S. 93.

[64] Vgl. zu diesem Begriff beispielsweise: ROSENBERG, N.: Perspectives on Technology, Cambridge-London-New York-Melbourne 1976, S. 77.

[65] Vgl. zur Auffassung der *zweiten* industriellen Revolution: RUMPF, H./REMPP, H./WIESINGER, M.: Technologische Entwicklung, Bd. 2, Göttingen 1976, S. 117; und vgl. zur Auffassung der *dritten* industriellen Revolution: BALKHAUSEN, D.: Die dritte industrielle Revolution - Wie die Mikrolektronik unser Leben verändert, 1. Aufl., Düsseldorf-Wien 1978, S. 13 f.

[66] Vgl. zum industriellen Anwendungsstand der Mikroelektronik: KNETSCH, W./KLICHE, M.: Die industrielle Mikroelektronik-Anwendung im Verarbeitenden Gewerbe der Bundesrepublik Deutschland, VDI-Technologiezentrum Informationstechnik (Hrsg.) Berlin, Haar bei München 1986, S. 31 ff.; INDU-STRIE- UND HANDELSKAMMER ZU KOBLENZ (Hrsg.): Mikroelektronik, ein Buch mit sieben Siegeln, Die Anwendung der Mikroelektronik in kleinen und mittleren Unternehmen, Koblenz 1984; und zum internationalen Einsatzstand vgl. beispielsweise: KNETSCH, W./LESTAPIS, B./NORTHCOTT, J.: Die industrielle Anwendung der Mikroelektronik in der Bundesrepublik Deutschland, Frankreich, Großbritannien - Ein internationaler Vergleich, Haar bei München 1985, S. 29 ff.; NORTHCOTT, J.: Microelectronics in Industry, Promise and Performance, PSI - POLICY STUDIES INSTITUTE (Ed.), London 1986; BUNDESMINISTERIUM FÜR WISSENSCHAFT UND FORSCHUNG in Österreich (Hrsg.): Mikroelektronik, Anwendungen, Verbreitung und Auswirkungen am Beispiel Österreichs, Wien-New York 1981.

[67] Vgl. GABEL, J.: Vom Transistor zu Gate Array - Vor 35 Jahren begann die Mikroelektronik, in: etz, Bd. 104 (1983), 2, S. 59 f.; HALFMANN, J.: Die Entstehung der Mikroelektronik zur Produktion technischen Fortschritts, Frankfurt 1984, S. 101 ff.

Mikroprozessoren, Mikrocomputer und mikroelektronische Speichereinheiten[68] gekennzeichnet. Hierbei handelt es sich um Elektronikkomponenten, die komplexe Schalt- und Speicheroperationen durchführen können. Auf einem Chip kann das hunderttausendfache einer Transistorschaltfunktion integriert sein.[69] Auch nach der Hervorbringung des Mega-Bit-Chip wird an einer weiteren Erhöhung der Integrationsdichte geforscht.

Der gegenwärtig erreichte Entwicklungsstand in der Miniaturisierung sowie die im Zeitverlauf ebenfalls eingetretene Verbilligung von Mikroprozessoren und mikroelektronischen Speichereinheiten[70] ermöglichen es, diese hochintegrierten Bauelemente für eine nahezu unbegrenzte Bandbreite industrieller Anwendungen einzusetzen. Als funktionsgewährleistende Komponenten[71] von Maschinen, Anlagen und Computern haben sie zahlreiche Innovationen begünstigt bzw. überhaupt erst ermöglicht.

Insgesamt kann die Mikroelektronik als prägender Faktor des auch derzeit noch stark voranschreitenden technologischen Wandels bezeichnet werden. Dabei hat sich dieser Wandel, der wegen der radikal verbesserten Möglichkeiten der Daten- und Informationsverarbeitung auch als informationstechnologischer Wandel beschrieben wird, aus innovationsorientierter Sicht im wesentlichen in drei Entwicklungsstufen vollzogen.

In Abbildung 3 sind diese drei *Stufen des informationstechnologischen Wandels* sowie einzelne – durch Mikroelektronik-Applikation ermöglichte – technische und systemtechnische Innovationen des Büro- und Fertigungsbereichs aufgezeigt. Aus der Sicht des Investitionsgütermarketing gilt es zu hinterfragen, ob es sich bei diesen Innovationen letztlich um Produkte handelt, die besonderen Vermarktungsgesetzen unterliegen.

---

68 Vgl. zu den technologischen Grundlagen der Mikroelektronik: FOTILAS, P.: Mikroelektronik im Industriebetrieb, Betriebswirtschaftlich-organisatorische Auswirkungen auf Produktentwicklung und Produktionsprozeß, Berlin 1983, S. 15 ff.; FRIEBE, K.P./NEUMANN, B./TSCHIERSE, K.: Einführung in die Mikroelektronik, VDI-TECHNOLOGIEZENTRUM Informationstechnik (Hrsg.), Berlin 1980; NOYCE, R.N.: Microelectronics, in: FORESTER, T. (Ed.): The Microelectronics Revolution, Oxford 1982, S. 29 ff.; ROTH, W.: Anwendungsspezifische IC, Herausforderung und Aufgabe, in: etz, 105 (1984), 20, S. 1070 ff.

69 Vgl. GABEL, J.: Vom Transistor zu Gate Array, a.a.O., S. 60.

70 Vgl. ZAHN, E.: Mikroelektronik in der Informationsgesellschaft, die Auswirkungen der Computerisierung aus der Sicht des Unternehmens, in: HM, (1983), 2, S. 7; vgl. hierzu auch: STROTHMANN, K.-H./KLICHE, M.: Die Auswirkungen des technischen Entwicklungsprozesses auf den Handel im Investitionsgüterbereich, in: TROMMSDORFF, V. (Hrsg.): Handelsforschung 1986, Jahrbuch der FfH Berlin, Bd. 1, Heidelberg 1986, S. 18 ff.

71 Vgl. STROTHMANN; K.-H./KLICHE, M.: Innovationsmarketing, a.a.O., S. S. 3.

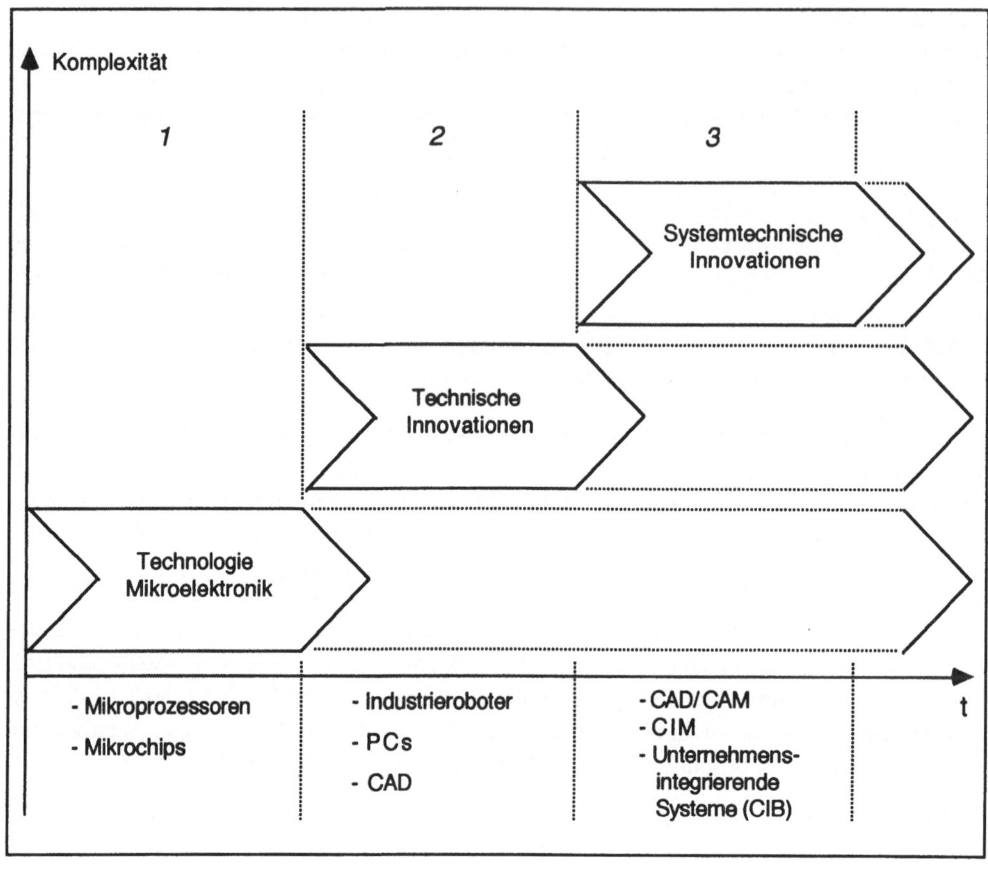

Abb. 3: Stufen des informationstechnologischen Wandels[72]

1.5 Mikroelektronik-induzierte Innovationen der Industrie

Das durch die industrielle Anwendung der Mikroelektronik – aber auch anderer neuer Technologien (z.B. Glasfaser- und Lasertechnologie) – beschleunigte Innovationsgeschehen hat zahlreiche Innovationen für den Büro- und Fertigungsbereich der Unternehmen hervorgebracht. Ihr Einsatz in den Unternehmen und die damit verbundenen Veränderungen werden in Literatur und Praxis unter den Stichworten

---

[72] Quelle: STROTHMANN, K.-H./KLICHE, M.: Integrationspolitik im Innovationsmarketing, in: KLEINALTENKAMP, M./SCHUBERT, K. (Hrsg.): Entscheidungsverhalten bei der Beschaffung neuer Technologien, Arbeitspapier-Vortragssammlung, Ruhr-Universität Bochum, SFB 187, Teilprojekt K-1, Bochum 1990, S. 126.

- Büro der Zukunft

- Fabrik der Zukunft

- Integration von Büro und Fabrik

diskutiert.[73] Die Entwicklungen für den *Bürobereich* der Unternehmen lösen einen Wandel betriebsinterner und zwischenbetrieblicher Informations- und Kommunikationsstrukturen aus. Innovationen für den *Fertigungsbereich* zeigen tiefgreifende Wirkungen auf die Gestaltung betrieblicher Entwicklungs-, Konstruktions- und Produktionsprozesse. Beide Entwicklungslinien stehen sich dabei jedoch nicht isoliert gegenüber. Es ist gerade Kennzeichen des informationstechnologischen Wandels, daß Neuerungen hervorgebracht werden, die eine *informationstechnische Verschmelzung von Büro und Fabrik* ermöglichen.

Entwicklungen im Bereich der Bürokommunikation

Wenn die Wirkungen des informationstechnologischen Wandels in der »betrieblichen Öffentlichkeit« oder Literatur diskutiert werden, so werden häufig die Entwicklungen im Bereich der Bürokommunikation als Darstellungsgrundlage genutzt. Ein Blick in die einschlägigen Fachpublikationen verdeutlicht die Vielfältigkeit des zunächst doch klar abgesteckt erscheinenden Bereichs »Bürokommunikation«. Unter verschiedenen Formulierungen, wie »Office Automation«, »Neue Kommunikationstechniken in Büro- und Verwaltung«, »Informations- und Kommunikationstechnologien« sowie »Telecommunications«, wird versucht, die ganze Bandbreite der Innovationen sowie ihre Wirkungen und Gestaltungsmöglichkeiten zu erfassen.

Grundsätzlich lassen sich zwei Informations- und Kommunikationsbereiche abgrenzen: Zum einen erhalten die innerbetrieblichen Informations- und Kommunikationsflüsse durch den Einsatz bürotechnischer Innovationen eine neue Struktur, zum anderen ist der Bereich der zwischenbetrieblichen Informations- und Kommunikationsstrukturen zu nennen, der mit den Komponenten des ersten Bereiches schnittstellenüberlappend verbunden ist und in der Nähe des Begriffs Telekommunikation liegt.

Die Entwicklungen gehen in beiden Bereichen mit der Nutzung neuer Technologien und den daraus entstehenden innovativen Möglichkeiten auf der Endgeräteebene einher. Neben der Mikroelektronik wird für den Bürobereich eine künftig stärkere Anwendung der optischen Nachrichtenübermittlung propagiert, die im Verbund mit der Mikroelektronik die wirtschaftliche Umsetzung neuer Informations- und Kommunikationsformen in die Büro-

---

[73] Vgl. hierzu beispielsweise: BACKHAUS, K./WEIBER, R.: Systemtechnologien, Herausforderung des Investitionsgütermarketing, in: HM, (1987), 4, S. 70.

praxis bestimmen wird.[74] Glasfaser- und Lasertechnologie scheinen hier künftig wichtige Größen zu sein.

Auf der Endgeräteebene vollzieht sich derzeit eine rasche Entwicklung. BACKHAUS und WEIBER haben die Entwicklungen der Vergangenheit zusammengefaßt, die beispielsweise in den technikgeschichtlichen Neuerungsschritten vom Telegraph, Telefon, Telex bis hin zu jüngeren Innovationen wie Telefax, Elektronic Mail und Videokonferenz lagen.[75] Neuzeitlich stehen nach KARCHER im Bürosektor die Bemühungen um Integration von Bürofunktionen durch Vernetzung und multifunktionale Datenendgeräte im Vordergrund.[76] Werden gegenwärtig noch in vielen Unternehmen Büroarbeiten wie Datenverwaltung, Textverarbeitung, Bildschirmtext, Telefax u.ä. mit isoliert eingesetzten, monofunktionalen Datenendgeräten ausgeführt, so ist es Bestreben, diese Dienste verstärkt in Multifunktionsterminals zu integrieren.[77]

Als Beispiel für einen Schritt in diese Richtung kann die durch Mikroelektronik-Applikation entstandene Innovation »Personal Computer« genannt werden. Die Verarbeitungskapazitäten des PC's haben im Zuge der fortgeschrittenen Miniaturisierung und Integrationsdichte der Mikroelektronik stark zugenommen. Unter Nutzung der mit diesem System gegebenen »dezentralen Intelligenz« und Speicherkapazität könnte der Personal Computer zukünftig – ausgebaut zur »Workstation« – zur Erfüllung unterschiedlichster Tätigkeiten eingesetzt werden.[78] Hierzu gehört auch die Erfüllung vielfältiger Kommunikationsaufgaben, die allerdings eine leistungsstarke Verbindung zwischen den verschiedenen »Stationen der Informationsbehandlung« voraussetzen[79].

Zur Realisierung derartiger Kommunikationsaufgaben ist die Vernetzung mit anderen »Stationen der Informationsbehandlung« notwendig. Neben der Integration auf der Endgeräteebene lassen sich in diesem Zusammenhang auch die erwähnten Integrationstendenzen

---

[74] Vgl. KAISER, W.: Hardware und Software: Entwicklungslinien, in: AFHELDT, H./MARTIN, H.-E./SCHRAPE, K. (Hrsg.): Neue Techniken der Bürokommunikation, Landsberg a. Lech 1986, S. 24 f.

[75] Vgl. BACKHAUS, K./WEIBER, R.: Systemtechnologien, a.a.O., S. 71; vgl. zu weiteren Entwicklungen auch: BACKHAUS, K.: Einsatzmöglichkeiten Neuer Medien bei der Vermarktung von Investitionsgütern, in: MEFFERT, H. (Hrsg.): Marktorientierte Unternehmensführung und Innovation, Neue Kommunikationstechnologien als Herausforderung an das Marketing, Vortragsdokumentation des 2. Münsteraner Marketing-Symposiums v. 13. Okt. 1984, Münster 1985, S. 110 ff.

[76] Vgl. BACKHAUS, K./WEIBER, R.: Systemtechnologien, a.a.O., S. 71; KARCHER, H.-B.: Büro der Zukunft, Einflußfaktoren der Marktentwicklung für innovative Bürokommunikations-Terminals, 2. Aufl., Gräfelfing bei München 1982, S. 106 ff., S. 112, S. 143.

[77] Vgl. KAISER, W.: Hardware und Software, a.a.O., S. 27 f.

[78] Vgl. BAILEY, A.D./GERLACH, J.H./WHINSTON, A.B.: Office systems technology and organizations, Reston, Virginia 1985, S. 27 ff.

[79] Vgl. MARTIN, H.-E.: Einführung, in: AFHELDT, H./MARTIN, H.-E./SCHRAPE, K. (Hrsg.): Neue Techniken der Bürokommunikation, a.a.O., S. 11 ff.

durch betriebsinterne und betriebsübergreifende, insbesondere öffentliche Netze erkennen.[80]

Für den ersten Bereich stehen die *Local Area Networks* (LANs).[81] Als »zentrales Nervensystem« eines integrierten Büros bezeichnet, eröffnen LANs durch Glasfaser- oder herkömmliche Koaxial-Kabelverknüpfung Möglichkeiten zur Kommunikation mit anderen Workstations, angeschlossenen Großrechnern, leistungsfähigen Speichermedien oder sonstigen Peripherieeinrichtungen.[82] Die Integration der einzelnen Büroeinrichtungen kann dabei nach verschiedenen Prinzipien bzw. Netzwerkstandards erfolgen, die von den Herstellern dieser Netzwerke am Markt angeboten werden. Zur Vernetzung auf »Computer-Ebene« wird das gemeinsam von Digital Equipment, Intel und Xerox entwickelte Ethernet-System verbreitet eingesetzt.[83]

Auf zwischenbetrieblicher Ebene ist es die mit der Abkürzung ISDN belegte Entwicklung, die ein informations- und kommunikationstechnisches Zusammenwachsen (nicht nur) zwischen den Unternehmen ermöglichen soll. Mit dem ISDN-Konzept kann unter Anwendung seines Standards die integrierte Übertragung von Sprache, Daten, Bewegtbildern, Text etc. erreicht werden. Grundlage ist ein dienste-integrierendes, digitales Universalnetz (Breitband-ISDN),[84] das die Bundespost in den nächsten Jahren sukzessive ausbauen will[85].

Parallel zu diesen Entwicklungen im Bürobereich, die in ihrer Gesamtheit Möglichkeiten zur Einrichtung betrieblicher, integrierter Systeme erschließen, haben sich auch im Fertigungssektor durch Mikroelektronik-Applikation weitreichende Veränderungen ergeben.

Entwicklungen im Bereich der Fertigungsautomation

Die Anwendung der Mikroelektronik hat eine Reihe technischer Innovationen für den Fertigungsbereich der Unternehmen erschlossen. Sie eröffnen den Unternehmen im Wege

---

[80] Vgl. BACKHAUS, K./WEIBER, R.: Systemtechnologien, a.a.O., S. 71.

[81] Vgl. zum Aufbau und den Arten von LANs: BLOMEYER-BARTENSTEIN, H.P./BOTH, R.: Datenkommunikation und Lokale Computer-Netzwerke, Grundlagen und Einsatz der Telematik, 2. Aufl., Haar bei München 1985, S. 221 ff.; BAILEY, A.D./GERLACH, J.H./WHINSTON, A.B.: Office systems technology and organizations, a.a.O., S. 34 ff.; HANSEN, H.R.: Wirtschaftsinformatik I, Einführung in die betriebliche Datenverarbeitung, 4. Aufl., Stuttgart 1983, S. 463 ff.

[82] Vgl. BAILEY, A.D./GERLACH, J.H./WHINSTON, A.B.: Office systems technology and organizations, a.a.O., S. 34.

[83] Vgl. BACKHAUS, K./WEIBER, R.: Systemtechnologien, a.a.O., S. 74.

[84] Vgl. beispielsweise: RÜSING, E.: ISDN, Schritt für Schritt in die Zukunft der Telekommunikation, in: Office Management, (1987), 6, S. 42.

[85] Die Bundespost will bis zur Jahrtausendwende das Fernmeldenetz zu einem breitbandigen und integrierten Fernsprech- und Datennetz ausbauen. Vgl. zu den Plänen: SOMMERLATTE, T.: Verstrickt und vernetzt, in: manager magazin, (1985), 2, S. 56 ff.

ihrer Implementierung Möglichkeiten zur flexiblen Produktion.[86] Illustrativ für neuere
Produktionstechniken lassen sich folgende nennen:[87]

- *CNC-Werkzeugmaschinen* (Computerized Numerical Control). Sie sind mit einem
  Kleinrechner zur Steuerung von Bearbeitungsvorgängen ausgestattet.[88]

- *DNC-Systeme* (Direct Numerical Control) bestehen aus einem zentralen Rechner und
  mehreren Werkzeugmaschinen, die von diesem Rechner zentral gesteuert werden.

- *CAD-Systeme* (Computer Aided Design) ermöglichen im Dialog mit dem CAD-
  Rechner die Erstellung technischer Konstruktionen (zwei- und dreidimensional u.ä.).[89]

- *Industrieroboter* »... sind [...] Bewegungsautomaten mit mehreren Achsen, deren Bewegungen hinsichtlich Bewegungsfolge und Wegen bzw. Winkeln frei programmierbar
  [...] und gegebenenfalls sensorgeführt sind.«[90]

- *AMH-Systeme* (Automated Materials Handling) sind computergestützte Systeme, die
  die logistische Handhabung von Material, Teilen u.ä. ermöglichen. Zu AMH-Systemen
  gehören z.B. Hochregallager, aber auch fahrerlose Transportsysteme.[91]

- *Flexible Fertigungszellen* können als Gruppen von Maschinen bezeichnet werden, die
  eine zentrale Steuerung und automatische Systeme zum Werkzeug- und Werkstück-
  wechsel sowie zum Transport beinhalten.[92]

Durch einen informationstechnischen Zusammenschluß dieser Teilsysteme und durch Hinzufügung weiterer Komponenten können sogenannte CIM-Systeme (Computer Integrated
Manufacturing) realisiert werden, die in den Unternehmen allmählich ausgebaut werden[93].
SCHEER, der die Entwicklungen im Bereich der Fertigungsautomation in einer grundlegenden Veröffentlichung 1987 beschrieb, bezeichnet CIM als

---

[86] Vgl. beispielsweise: BÜHNER, R.: Technische Innovation in der Produktion durch organisatorischen
Wandel, in: zfo, (1985), 1, S. 33.

[87] Vgl. hierzu auch: ebenda, S. 34.

[88] Vgl. zur CNC-Technik auch: RAVEN, M. v.: Numerische Steuerungen (CNC), Technischer Stand,
Auswahlkriterien, in: VDI-Z, 123 (1981), 15/16, M 241 ff.

[89] Vgl. zu den Grundlagen der CAD-Technik auch: EIGNER, M./MAIER, H.: Einstieg in CAD,
Lehrbuch für CAD-Anwender, München 1985; SPUR, G./KRAUSE, F.-L.: Die Weiterentwicklung der
CAD-Technik, Perspektiven aus der Forschung, in: CIM MANAGEMENT, (1986), 1, S. 48 ff.

[90] VDI (Hrsg.): VDI-Richtlinie 2860, Montage- und Handhabungstechnik, Handhabungsfunktionen, Handhabungseinrichtungen, Begriffe, Definitionen, Symbole, Düsseldorf 1982, Blatt 1; vgl. WARNECKE,
H.J./SCHRAFT, R.D.: Industrieroboter, 2. Aufl., Mainz 1979, S. 15.

[91] Vgl. hierzu auch: MAIER-ROTHE, Chr./BUSSE, K.L./THIELE, R.H.: Mut zur Integration, in: manager magazin, (1983), 10, S. 161.

[92] Vgl. NEIPP, G.: Einführung von CAD/CAM als Teil der Unternehmensstrategie, in: VDI-Berichte 492,
Datenverarbeitung in der Konstruktion '83, Kongreß München, Düsseldorf 1983, S. 421.

[93] Vgl. SCHULTZ-WILD, R.: An der Schwelle zur Rechnerintegration, zur Verbreitung von CIM-Techniken in der Investitionsgüterindustrie, in: VDI-Z, 130 (1988), 9, S. 40 ff.

»... die integrierte Informationsverarbeitung für betriebswirtschaftliche und technische Aufgaben eines Industriebetriebs. Die mehr betriebswirtschaftlichen Aufgaben werden durch das Produktionsplanungs- und -steuerungssystem (PPS) gekennzeichnet, [...] und die mehr technisch orientierten Aufgaben [...] mit den diversen CA-Begriffen.«[94]

Zur Veranschaulichung verwendet er folgende Abbildung, aus der die zahlreichen Bestandteile bzw. Komponenten eines CIM-Systems hervorgehen:

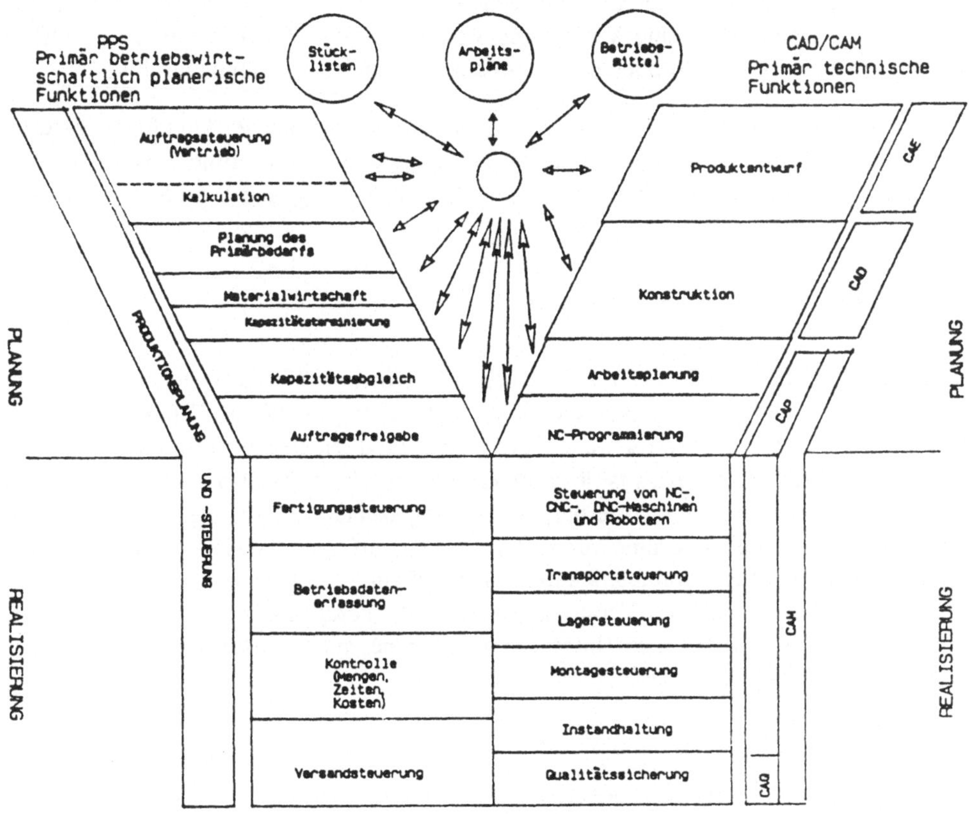

Abb. 4: Systeme im Produktionsbereich[95]

Aus dieser Darstellung ist ersichtlich, daß integrierte Fertigungssysteme auf einem informationstechnischen Zusammenschluß wesentlicher Einzelkomponenten beruhen. Voraussetzung für ein CIM-System ist eine gemeinsame Grunddatenbank bzw. -verwaltung für

---

94 SCHEER, A.-W.: CIM - Der computergesteuerte Industriebetrieb, Berlin-Heidelberg- New York-London-Paris-Tokyo 1987, S. 3.

95 Quelle: ebenda.

31

betriebswirtschaftliche und technische Funktionen sowie die Vernetzung (Einrichtung von LANs[96]) der einzelnen Komponenten.[97]

SCHEER betont in diesem Zusammenhang, daß es eine Herausforderung für Hard- und Software-Hersteller sei, die getrennt am Markt angebotenen Systeme und Teilsysteme für eine Verknüpfung untereinander vorzusehen.[98] Eine Lösung liegt in der möglichen Verbreitung eines von General Motors initiierten Standards, der unter der Bezeichnung MAP (Manufacturing Automation Protocol) läuft.[99] Grundlage für den MAP-Standard ist ein von der ISO (International Standards Organization) entworfenes Referenzmodell.[100] MAP deckt allerdings noch nicht alle Anwendungen ab. Es sind aber bereits Vorschläge ausgearbeitet, die beispielsweise eine Verbindung von MAP und TOP (Technical and Office Protocol; ein eher auf den Bürobereich ausgerichteter Standard) ermöglichen.[101]

Für die künftige Entwicklung erwarten Experten eine ansteigende Verknüpfung zwischen Systemen der Bürokommunikation und der Fertigungsautomation. Eine Abkürzung, die diese Integrationstendenz kennzeichnet, ist *CIB* (Computer Integrated Business).

Entwicklungstrend zu CIB-Systemen

BULLINGER, NIEMEYER und HUBER haben in einem 1987 erschienenen Beitrag im Rahmen einer weitergehenden Analyse einen Entwicklungstrend zu CIB-Systemen beschrieben.[102] Durch das Voranschreiten des durch Mikroelektronik ausgelösten technologischen Entwicklungsprozesses ist letztlich ein funktionsbereichs-übergreifendes Gesamtsystem in den Unternehmen realisierbar, das »... die beiden Teilsysteme 'Fertigung' und 'Büro und Verwaltung' zusammenführt. Es entsteht auf diese Weise ein das gesamte Unternehmen erfassendes Kommunikations- und Informationssystem, das alle bisherigen Funktionsbereiche einbezieht. Veranschaulicht wird dieses Endziel des gezeichneten Weges zur Totalintegration aller Unternehmensbereiche mit der Bezeichnung *Computer Integrated Business* (CIB)... .«[103]

---

[96] Vgl. SCHEER, A.-W.: CIM - Der computergesteuerte Industriebetrieb, a.a.O., S. 99 f.

[97] Vgl. MEYER, J. v.: Die Implementierung eines Innovationsmarketing unter besonderer Berücksichtigung der Integrationspolitik für CIM-Technologien, Diss., Freie Universität Berlin, 1990, S. 17 f.

[98] Vgl. SCHEER, A.-W.: CIM - Der computergesteuerte Industriebetrieb, a.a.O., S. 3; derselbe: CIM: Organisation und Implementierung, in: HM, (1987), 1, S. 84.

[99] Vgl. SCHEER, A.-W.: CIM - Der computergesteuerte Industriebetrieb, a.a.O., S. 100 ff.

[100] ISO/OSI-Referenzmodell für offene Systeme. Vgl. ebenda, S. 101 f., S. 106.

[101] Vgl. ebenda, S. 105.

[102] Vgl. BULLINGER, H.-J./NIEMEIER, J./HUBER, H.: Computer Integrated Business (CIB)-Systeme, in: CIM MANAGEMENT, 3 (1987), 3, S. 12 ff.

[103] STROTHMANN, K.-H./KLICHE, M.: Innovationsmarketing, a.a.O., S. 7.

Die folgende Graphik verdeutlicht diesen Trend zu funktionsbereichs-übergreifenden, unternehmens-integrierenden Systemen:

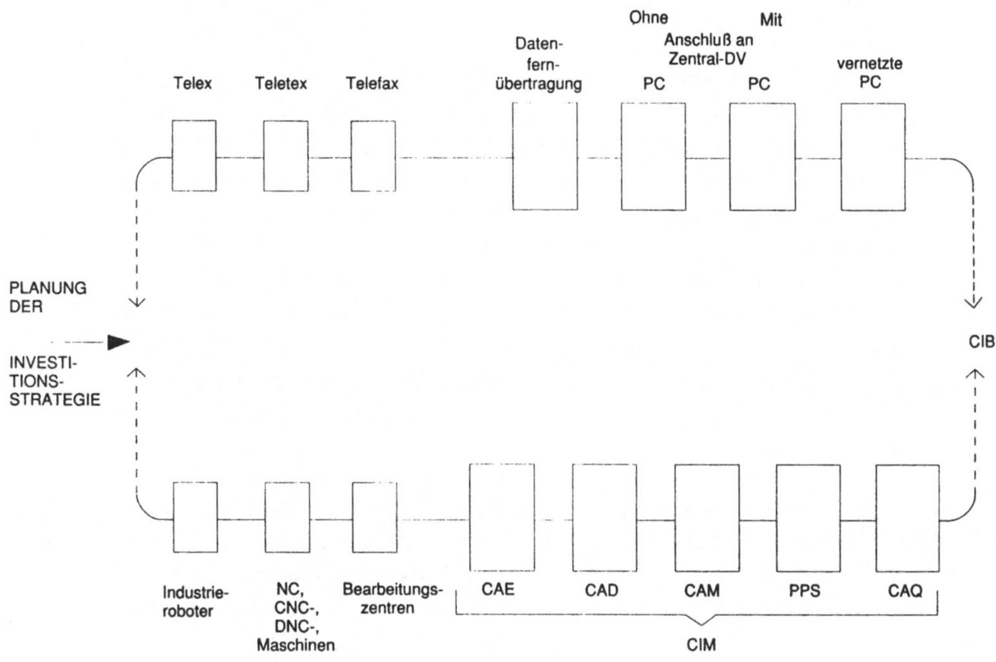

Abb. 5: Der systemtechnische Integrationsprozeß[104]

Die Diskussion, was aus der Sicht des Investitionsgütermarketing als ein System aufzufassen ist, hat bereits einige Tradition. In einem grundlegenden Artikel zum »Systems Selling« gibt MATTSSON bereits 1973 die Beschreibung eines Systems und System-*angebots* vor.[105] In Abgrenzung zum »Product Selling« umschließt der Systemverkauf nach MATTSSON neben »Hardware-Komponenten« auch Services, die beispielsweise in der Ausarbeitung eines auf die Kundenbedürfnisse zugeschnittenen System-Designs bestehen.[106] Die »Verknüpfungen« der einzelnen Hardware-Komponenten werden nach MATTSSON vom generellen System-Design des Herstellers (z.B. Herstellerstandard) und einem auf die jeweiligen Abnehmerbelange zugeschnittenen System-Design bestimmt. Die

---

[104] Quelle: STROTHMANN, K.-H./KLICHE, M.: Innovationsmarketing, a.a.O., S. 8.

[105] Vgl. MATTSSON, L.-G.: Systems Selling as a Strategy on Industrial Markets, in: IMM, 3 (1973), S. 107 ff.

[106] Vgl. ebenda, S. 108.

Systemkomponenten können grundsätzlich auch einzeln vermarktet werden. Dementsprechend definiert MATTSSON:

> »... in systems selling the seller provides, through a combination of products and services, a fulfillment of a more extended customer need than is the case in product selling.
>
> [...] The system sold in each case should consist of hardware and software components that in principle could also be *marketed separately* and which are, at least to some extent *standardized*. The system sold in each case is therefore an adjustment to the individual customer's needs of some *basic problem solution ideas*. The system that is offered consists of components between which the relations are predetermined by the seller in two steps: (1) general system design, and (2) system design adjusted to the individual customer. Systems selling is, according to this definition, something more than selling a set of products [...]. The seller has to take prime responsibility for the design of the system. Neither does the system selling concept include supply of unique, tailor-made systems to each customer.«[107]

GÜNTER, der unter anderem auf den Arbeiten MATTSSONs aufbaute, grenzt sogenannte »Turnkey Systems« ab. Er bezieht sich auf Systeme, die – aus Hard- und Software bestehend – »schlüsselfertig« bzw. auf einer »Turnkey Basis« von einem oder mehreren kooperierenden Anbietern individualisiert angeboten werden (z.B. Kraft- oder Walzwerke).[108]

In Orientierung an diesen beiden Definitionen nimmt BACKHAUS eine Abgrenzung vor, der hier gefolgt werden kann. Er unterscheidet zwischen:[109]

- Turnkey Systemen, die auf der Grundlage einmaliger Kaufprozesse an den Abnehmer übergehen (»single-step purchased industrial complexes«), und

- Systemen, deren u.U. erst im Zeitverlauf entwickelte Komponenten in mehreren Kauf- bzw. Investitionsprozessen übergehen (»multi-step purchase process«) und deren Investitionsschritte sich an einer bestimmten System-Philosophie (System-Design, z.B. Hersteller- oder Industriestandard) sowie an einer abnehmerspezifischen System-Architektur ausrichten.

Als typisches Beispiel für die letzte Gruppe nennt BACKHAUS CIM-Systeme. Er führt aus, daß Organisationen CIM-Systeme nicht schlüsselfertig beschaffen, sie müssen sich vielmehr entscheiden, welche CIM-Philosophie bzw. welches System-Design sie realisie-

---

[107] MATTSSON, L.-G.: Systems Selling as a Strategy on Industrial Markets, a.a.O., S. 108 f.

[108] Vgl. GÜNTER, B.: Das Marketing von Großanlagen - Strategieprobleme des Systems Selling, Berlin 1979, S. 6 f.

[109] Vgl. BACKHAUS, K.: Major Systems Marketing in Europe, Arbeitspapier Nr. 8/1987 des Betriebswirtschaftlichen Instituts für Anlagen und Systemtechnologien der Westfälischen Wilhelms-Universität Münster, Münster 1987, S. 2 f.

ren wollen. Sie beginnen dann mit einem CAD-System als einem möglichen Subsystem, gewinnen Erfahrung und fügen weitere Subsysteme hinzu.[110, 111]

CIM- und CIB-Systeme lassen sich zusammenfassend als aus Hardware und Software-Programmen bestehende *Komponenten-Kombinationen* beschreiben,[112] die zumeist erst im Zuge mehrfacher Investitionsschritte durch Vernetzung (z.B. durch Glasfaserkabel) auf der Abnehmerseite »entstehen«. Die einzelnen Komponenten können grundsätzlich von einem oder mehreren kooperierenden Herstellern am Markt angeboten werden. Das *Angebot* wird dabei auch integrationsbezogene Dienstleistungen umfassen (z.B. Engineeringleistungen, Entwicklung spezieller Software[113]), die sukzessive in die Systeme »integriert« werden.[114]

CIM- oder CIB-Systeme verändern im Wege ihres Einsatzes beim Abnehmer in starkem Maße Strukturen der Ablauf- und Aufbauorganisation sowie des Produktionsprozesses und erhalten damit einen prozeßinnovativen Charakter. Die vielfältigen systembezogenen Innovationen der Hersteller erschweren jedoch den Integrationsprozeß. Hersteller können ihr Systemangebot durch die Hervorbringung neuer Komponenten, neuer Verknüpfungen von Komponenten oder gar durch die Entwicklung komplett neuer Systeme innovieren.[115] Daß sie dies nicht nur können, sondern auch realisieren, belegen die oben aufgeführten Beispiele büro- und fertigungstechnischer Innovationen.

Die Hervorbringung technischer und systemtechnischer Innovationen sowie deren Diffusion am Markt ist letztlich das Ergebnis vielfältiger Innovations-, Imitations- und Adoptionshandlungen der Unternehmen, die sich zum Teil ergänzen können und auf der anderen Seite durch kompetitive Beziehungen gefördert werden. Um kooperative und kompetitive Beziehungen bzw. Interaktionen zwischen Unternehmen im innovativen Wettbewerb besser analysieren zu können, werden nachfolgend aufbauend auf den wettbewerbsbezogenen Aspekten der Arbeiten SCHUMPETERs die theoretischen Grundlagen für eine dynamische Wettbewerbsbetrachtung im Innovationsmarketing geschaffen.

---

[110] Vgl. BACKHAUS, K.: Major Systems Marketing in Europe, a.a.O., S. 3; »Organizations do not buy CIM-Systems on a turn-key basis.«, ebenda.

[111] Zum »Einstieg« in ein funktionsbereichs-übergreifendes System bietet sich beispielsweise auch der Ersteinsatz von PPS-Techniken an. Vgl. hierzu beispielsweise die Differenzierung bei: SCHEER, A.-W.: CIM - Der computergesteuerte Industriebetrieb, a.a.O., S. 85 ff.

[112] Vgl. hierzu auch: BACKHAUS, K.: Grundbegriffe des Industrieanlagen- und Systemgeschäfts, 2. Aufl., München-Münster 1988, S. 75.

[113] Vgl. KIRSCH, W./KUTSCHKER, M./LUTSCHEWITZ, H.: Ansätze und Entwicklungstendenzen im Investitionsgütermarketing, 2. Aufl., Stuttgart 1980, S. 50.

[114] Damit ist eine klare Abgrenzung zwischen einem System*angebot* eines Herstellers und dem Begriff eines *technischen* Systems vorzunehmen. Vgl. aber auch die Auffassungen beispielsweise bei: GÜNTER, B.: Systemdenken und Systemgeschäft im Marketing, Ansatzpunkte und Schwierigkeiten für Konzeption und Umsetzung, in: Marktforschung & Management, (1988), 4, S. 106 ff.; PAGE, A./SIEMPLENSKI, M.: Product Systems Marketing, in: IMM, 12 (1983), S. 89 ff.

[115] Vgl. MATTSSON, L.-G.: Systems Selling as a Strategy on Industrial Markets, a.a.O., S. 110.

2. Unternehmen im technologischen Wandel und Wettbewerb

Die Überschrift dieses Abschnitts deutet bereits auf eine gewollte Doppeldeutigkeit hin: Unternehmen sind nicht nur selbst einem technologischen Veränderungsprozeß unterworfen, sie sind zugleich auch als wesentliche »Verursacher« des technologischen Wandels anzusehen. KAUFER weist eindrucksvoll darauf hin, daß technischer Fortschritt nicht »dem Manna gleich vom Himmel«[1] falle, sondern daß Unternehmen systematisch und mit großem Aufwand nach neuen technischen Möglichkeiten suchen.[2] Unternehmen fördern dabei

> »... die Inventionstätigkeit im eigenen Haus oder sie kaufen Erfindungen
> auf, um sie bis zur Marktreife weiterzuentwickeln. Inventionen werden
> so in 'Innovationen' umgewandelt. Technischer Fortschritt wird demnach
> von Unternehmen produziert.«[3]

Eine entscheidende Größe ist in diesem Zusammenhang der Wettbewerb. Wettbewerb ist nicht nur Stimulus für Unternehmen, ihren Aktionsraum sowie ihr Aktionsprogramm immer wieder erneut zu überdenken und Innovationen hervorzubringen, er ist zugleich damit auch die treibende Kraft, nicht nur der technischen Entwicklung. *Innovativer Wettbewerb* kann im weitesten Sinne als »wetteifern« der Unternehmen um das Neue angesehen werden.[4] Unternehmen, die im innovativen Wettbewerb stehen, sehen sich öfter als andere herausgefordert, Innovationen hervorzubringen, um ihre Position am Markt zu halten. Dabei ist innovativer Wettbewerb nach SCHUMPETER ein dynamischer Prozeß, in dem einzelne Unternehmen in Konkurrenz um das *Neue*[5] Wettbewerbsvorteile erringen, die anschließend durch die Innovationshandlungen anderer Unternehmen wieder ausgeglichen werden.[6] Insgesamt zeichnet sich Wettbewerb durch eine besondere Dynamik aus und ist – wie PLINKE ausführt – zu verstehen »... als Prozeß, der niemals zum Stillstand kommt«[7].

---

[1] KAUFER, E.: Industrieökonomik, a.a.O., S. 595.

[2] Vgl. ebenda.

[3] Ebenda.

[4] Vgl. GERYBADZE, A.: Innovation, Wettbewerb und Evolution, a.a.O., S. 89.

[5] SCHUMPETER faßt den Neuerungsbegriff relativ weit: er spricht von »... den neuen Konsumgütern, den neuen Produktions- oder Transportmethoden, den neuen Märkten, den neuen Formen der industriellen Organisation, welche die kapitalistische Unternehmung schafft.« SCHUMPETER, J.: Kapitalismus, Sozialismus und Demokratie, a.a.O., S. 137.

[6] Vgl. GERYBADZE, A.: Innovation, Wettbewerb und Evolution, a.a.O., S. 91; SCHUMPETER, J.: Kapitalismus, Sozialismus und Demokratie, a.a.O., S. 137 f., S. 140.

[7] PLINKE, W.: Einführung in das industrielle Marketing, in: Technischer Vertrieb, hrsg. v. W. PLINKE, Projektgruppe Technischer Vertrieb, Freie Universität Berlin, Berlin 1989, S. 34.

2.1 Dynamik des innovativen Wettbewerbs

Zur Beschreibung der Dynamik im innovativen Wettbewerb wird im folgenden verstärkt
auf die wettbewerbsbezogenen Ausführungen der von SCHUMPETER begründeten Österreichischen Schule Bezug genommen. Es stellt sich an dieser Stelle die Frage, warum und
in welcher Tragweite die Arbeiten um SCHUMPETER, der neben KEYNES als einer der
bedeutendsten Nationalökonomen eingestuft wird,[8] für die weitere Argumentation von
Bedeutung sind.

Vertreter der sogenannten »Austrian Economics«[9] haben sich in besonderer Weise auch der
Analyse des prozessualen bzw. dynamischen Wettbewerbsgeschehens zwischen Unternehmen im Zusammenspiel mit der technischen und wirtschaftlichen Entwicklung gewidmet.
Zu diesen Vertretern lassen sich, wie erwähnt, neben SCHUMPETER die Innovationsforscher GERYBADZE, MENSCH, NELSON und WINTER zählen. Sie haben nach BIER-
FELDER eine mikro- und mesoökonomisch-orientierte Lehre von innovativen Wettbewerbsprozessen geschaffen, in die eine evolutionäre Betrachtung einbezogen ist.[10]

Die Vertreter der Österreichischen Schule schließen in ihre Betrachtungen auch die Analyse des ökonomischen Verhaltens der Wirtschaftssubjekte ein, was weitere Parallelen zum
dem hier relevanten Untersuchungsinteresse erkennen läßt. Nach GERYBADZE ist diesen
Autoren gemeinsam,

> »... daß sie sich auf die Analyse menschlicher Handlungen konzentrieren,
> kausal-genetische Prozesse untersuchen und dem vorwärtsgerichteten,
> zielorientierten Verhalten einen hohen Stellenwert einräumen.«[11]

Insgesamt bilden die nachfolgenden, dem dynamischen innovativen Wettbewerbsgeschehen
gewidmeten Betrachtungen einen theoretischen Hintergrund für diese Arbeit, der Ableitungen, integrative Sichtweisen und eine Einbeziehung der Wettbewerbskomponente in die
Theorie des Innovationsmarketing ermöglicht. Hier sollen insbesondere die verstreuten

---

8   Die übergreifenden Werke SCHUMPETERs haben auch zur Innovationstheorie zahlreiche Beiträge gelie-
fert. Seine »klassischen« Hypothesen werden zwar vielfach aufgegriffen, zum Teil aber auch verzerrt
wiedergegeben und interpretiert. Die Bedeutung seiner Arbeiten heben viele an unternehmens-, wettbe-
werbs- und innovationsbezogenen Fragen arbeitende Autoren hervor: vgl. beispielsweise: BIERFEL-
DER, W.H.: Innovationsmanagement, a.a.O., S. 9; NORDHAUS, W.D./TOBIN, J.: Is Growth Obsolete?, in: GORDON, R. (Ed.): Economic Research: Retrospect and Prospect, Economic Growth,
New York 1972, S. 2; zitiert nach: GERYBADZE, A.: Innovation, Wettbewerb und Evolution, a.a.O.,
S. 115.; SCHERER, F.M.: Stand und Perspektiven der Industrieökonomik, in: BOMBACH, G. (Hrsg.):
Industrieökonomik: Theorie und Empirie, Tübingen 1985, S. 15.

9   Nach GERYBADZE bilden die Vertreter dieser Schule wegen unterschiedlicher wissenschaftlicher Vor-
gehensweisen nicht unbedingt eine in sich homogene Forschungsrichtung. Vgl. GERYBADZE, A.: Innovation, Wettbewerb und Evolution, a.a.O., S. 9.

10   Vgl. BIERFELDER, W.H.: Innovationsmanagement, a.a.O., S. 7.

11   GERYBADZE, A.: Innovation, Wettbewerb und Evolution, a.a.O., S. 9.

theoretischen Arbeiten SCHUMPETERs zum innovativen Wettbewerbsgeschehen besprochen werden, dessen theoretische Annahmen sich auch in neueren, handlungsorientierten Werken zur Wettbewerbsstrategie widerspiegeln.[12] So hat SCHUMPETER beispielsweise schon frühzeitig die im Kosten- und Qualitätsvorteil liegenden Möglichkeiten zur Erzielung von Wettbewerbsvorteilen hervorgehoben.[13]

In einem »späten« Werk, das von SCHUMPETER selbst als die Frucht seiner Arbeit bezeichnet wird, hat der österreichische Nationalökonom an verschiedenen Stellen seine Vorstellungen über die Dynamik des Wettbewerbsprozesses wiedergegeben.[14] Er sieht den kapitalistischen Wettbewerbsprozeß als eine Form der ökonomischen Veränderung, die nie stationär ist und evolutionären Charakter aufweist.[15] Die fundamentale Triebkraft, die diese »Vorwärtsbewegung« aufrecht erhält, sind die von Unternehmen hervorgebrachten Innovationen.[16] In einem durch Wettbewerbskräfte initiierten Prozeß der Veränderung und der damit verbundenen Entwicklung innovativer Erzeugnisse finden »industrielle Mutationen«[17] statt; ein Prozeß, »... der unaufhörlich die Wirtschaftsstruktur *von innen heraus* revolutioniert, unaufhörlich die alte Struktur zerstört und unaufhörlich eine neue schafft«[18]. Dies bezeichnet SCHUMPETER als einen »... Prozeß der 'schöpferischen Zerstörung'...«[19], der von Unternehmen getragen wird.

Wettbewerb ist für SCHUMPETER nicht nur die Preiskonkurrenz, sondern auch die Qualitätskonkurrenz zwischen den Unternehmen.[20] Innovationswettbewerb bezieht sich auf die Konkurrenz der Unternehmen um neue Waren, neue Techniken, neue Versorgungsquellen oder neue Organisationsformen.[21] Dabei wird das Gefühl der Konkurrenz vom Unternehmer stets wahrgenommen. Konkurrenz ist eine allgegenwärtige Drohung: »Sie nimmt in Zucht, bevor sie angreift. Der Geschäftsmann hat das Gefühl, sich in einer Konkurrenzsi-

---

12 Vgl. beispielsweise: PORTER, M.E.: Wettbewerbsstrategie (Competitive Strategy), Methoden zur Analyse von Branchen und Konkurrenten, dt. 2. Aufl., Frankfurt a.M. 1984; und die verschiedenen Beiträge in: SIMON, H. (Hrsg.) u. Mitarb. v. BOHNENKAMP, J.: Wettbewerbsvorteile und Wettbewerbsfähigkeit, Stuttgart 1988.

13 Vgl. SCHUMPETER, J.: Kapitalismus, Sozialismus und Demokratie, a.a.O., S. 139 f.

14 Vgl. auch die Veröffentlichungen: SCHUMPETER, J.: The Instability of Capitalism, in: Economic Journal, 38 (1928), S. 361 ff., nochmals erschienen in: ROSENBERG, N. (Ed.): The Economics of Technological Change, Harmondsworth 1971, S. 13 ff.; SCHUMPETER, J.: Theorie der wirtschaftlichen Entwicklung, 3. Aufl., Berlin-München 1934.

15 Vgl. SCHUMPETER, J.: Kapitalismus, Sozialismus und Demokratie, a.a.O., S. 136.

16 Vgl. ebenda, S. 137.

17 Ebenda.

18 Ebenda, S. 137 f.; vgl. zu SCHUMPETERs Sichtweise der Kontinuität und Diskontinuität: Abschnitt 1.3 dieses Kapitels.

19 SCHUMPETER, J.: Kapitalismus, Sozialismus und Demokratie, a.a.O., S. 138.

20 Vgl. ebenda, S. 139.

21 Vgl. ebenda, S. 140.

tuation zu befinden, selbst wenn er allein auf seinem Gebiet ist ...«[22], was schon auf einen wichtigen Motivationsaspekt zur Hervorbringung von Innovationen hinweist. Die Triebkraft zur Innovation resultiert aber auch aus der Möglichkeit des Erreichens vorübergehender Monopolstellungen durch die wirtschaftliche Umsetzung von Neuerungen. Eine Art des temporären Monopols entsteht, die zu Ungleichgewichten im Wettbewerb führt und unterschieden werden muß von Monopolstellungen, die durch lang anhaltende Verfügungsgewalt über bestimmte Ressourcen ausgelöst werden.[23]

Allerdings sind temporäre Monopolstellungen, die in diesem Sinne zumeist durch Innovation ausgelöst werden, der Dynamik des Wettbewerbs unterworfen. SCHUMPETER zufolge verlieren die Unternehmen ihre vorübergehenden Vormachtstellungen, indem andere Firmen sich Wettbewerbsvorteile erschließen. Dabei kann die Gefahr des Verlustes von Monopolstellungen von Unternehmen der gleichen Industrie, aber auch von neuen Firmen oder von Unternehmen anderer Industrien ausgehen[24]; eine Sichtweise, die dem PORTERschen Analyserahmen ähnelt[25]. Aufbauend auf ihrem geschichtlichen Entwicklungsprozeß versuchen Unternehmen immer wieder »... eine Situation zu meistern, die bestimmt sich sofort wieder ändern wird«[26], sie versuchen ständig erneut Wettbewerbsvorteile zu erreichen, »... auf einem Boden, der unter ihnen weggleitet«[27].

Die primär vorantreibende Kraft sieht SCHUMPETER in der Unternehmerfunktion. Sie setzt im Innovationswettbewerb Neuerungen durch. Innovatives Handeln des Unternehmers oder der »GALBRAITHschen-Technostruktur«[28] – um auch einer anderen Sichtweise zu folgen – ist Ursprung für eine »vorwärtsgerichtete Bewegung« des Unternehmens, ein Prozeß, der ursächlich ist für den technischen und wirtschaftlichen Wandel. Insgesamt ist damit ein Prozeß gekennzeichnet, der einer »Bergwanderung« der Unternehmen gleicht:

> »... die einzelnen Techniken lassen sich eindeutig hinsichtlich ihrer technischen und wirtschaftlichen Überlegenheit ordnen. Jede Technik kann durch eine Höhenlinie im Verlauf der 'Bergwanderung' beschrieben werden. [...] die Firmen bleiben entweder auf dem gleichen technischen

---

22 SCHUMPETER, J.: Kapitalismus, Sozialismus und Demokratie, a.a.O., S. 140.

23 Vgl. KIRZNER, I.M.: Competition and Entrepreneurship, Chicago 1973, S. 131 f.; GERYBADZE, A.: Innovation, Wettbewerb und Evolution, a.a.O., S. 93.

24 Vgl. GERYBADZE, A.: Innovation, Wettbewerb und Evolution, a.a.O., S. 93 f.

25 Vgl. PORTER, M.E.: Wettbewerbsstrategie, a.a.O., S. 26; und vgl Abschnitt 2.2 dieses Kapitels.

26 SCHUMPETER, J.: Kapitalismus, Sozialismus und Demokratie, a.a.O., S. 139.

27 Ebenda.

28 »Während der Schumpetersche Unternehmer unter kleinen und mittleren Unternehmen noch anzutreffen ist, dürfte er [nach diesem Ansatz; Anm. d. Verf.] in großen Unternehmen, deren Gründung meist auf Pionierunternehmer zurückgeht, weitgehend verschwunden sein. Hier werden Entscheidungsprozesse von einer Technostruktur beeinflußt, die nicht das Management selbst, jedoch als Gruppe 'die richtungsweisende Intelligenz - das Gehirn - des Unternehmens' bildet.« Diese Technostruktur »... kann auch 'Dinge in Gang' bringen, aber [...] unter [...] einer anderen Motivstruktur.« BIERFELDER, W.H.: Innovationsmanagement, a.a.O., S. 11; GALBRAITH, J.K.: American Capitalism, Boston 1952.

Niveau, oder bewegen sich [...] 'aufwärts'. Firmen, die ein höheres Niveau erreichen als andere, haben Vorteile: sie erlangen einen 'besseren Überblick über die höheren Regionen des Berges'. Zugleich wirkt ein Selektionsmechanismus; dieser kann verglichen werden mit einer 'Flut', durch die immer höherer Bereiche des 'Berges' 'überschwemmt' werden. Firmen, die zu lange auf einem niedrigen technischen Niveau verbleiben, werden ausgelesen. Langfristig setzen sich diejenigen Firmen durch, die den Weg mit dem steilsten Gradienten eingeschlagen haben; durch letztere wird der 'Gipfel' erreicht.«[29]

Allerdings ist fraglich, ob die »Bergwanderung« der Unternehmen und die damit verbundenen ungleichgewichtigen Wettbewerbspositionen in der Erreichung des »Gipfels« ihr Ziel haben. Problematisch wird die Situation, wenn sich – wie die technologische Entwicklungsgeschichte verdeutlicht – »... der Berg selbst bewegt«[30]. Techniken werden obsolet, und den Unternehmen kann der beschriebene »Boden unter den Füßen weggleiten«.

Der Neo-Schumpeterianer GERYBADZE faßt die verstreuten Ausführungen SCHUMPE-TERs zum innovativen Wettbewerb zusammen:

»SCHUMPETER'scher Wettbewerb ist zu kennzeichnen als:

(1)   Wettbewerb um das Neue; dadurch eröffnet er

(2)   Möglichkeiten vorübergehender Monopolstellungen; diese führen zu Monopolgewinnen und Quasirenten.

(3)   Indem einzelne Firmen Quasirenten erzielen, werden Wege außerordentlichen Erfolgs und Wachstums gebahnt.

(4)   Die Geschichte und der bisherige Erfolg von Firmen prägen ihre Ausgangsstellungen und ihr Verhalten in der Zukunft.

(5)   Firmen müssen jedoch auch ständig um ihr Überleben 'bangen'; Firmen in Monopolstellungen droht der Verlust ihrer Position.

(6)   Die Gefahr droht einerseits durch Imitation seitens unmittelbarer Konkurrenten, andererseits

(7)   durch neugegründete Firmen und solche, die in neue Bereiche eindringen und dadurch die Position etablierter Firmen gefährden.

(8)   Gerade durch letztere entstehen innerhalb des Wirtschaftssystems laufend Anstöße, bisherige Gleichgewichtssituationen zu verlassen.

---

[29] GERYBADZE, A.: Innovation, Wettbewerb und Evolution, a.a.O., S. 13 f.

[30] Ebenda, S. 14.

(9) Gleichzeitig bewirken Kräfte innerhalb des Wettbewerbssystems, daß neue Gleich-
gewichtszustände angestrebt werden.«[31]

SCHUMPETERs Beschreibung innovativer Wettbewerbsprozesse ermöglicht eine gesamt-
hafte Sichtweise des Kontextes von Unternehmertum, technologischem Wandel und der
Dynamik des Innovationswettbewerbs. Innovationshandlungen der einzelnen Unternehmen
und die damit verbundenen »Vorwärtsbewegungen« bzw. »Bergwanderungen« differieren
jedoch von Industrie zu Industrie.

2.2 Unternehmen im industriellen Umfeld

Industrien[32] mit hoher Innovationsgeschwindigkeit zeichnen sich durch starke Wettbewerbsintensität aus. Die Intensität des unternehmerischen Wettbewerbs um Innovationen
wird aus der Sicht des einzelnen Unternehmens zum einen von ihm selbst bestimmt. Zum
anderen bewirken wiederum die Innovationshandlungen anderer Unternehmen Innovations-
anstrengungen des erstgenannten Unternehmens (Interdependenz des Wettbewerbs). In
innovativen Industrien, wie der Computerindustrie, werden von den Wettbewerbern in
besonderem Maße Kräfte freigesetzt, die nicht nur zu einer technischen Vorwärtsentwick-
lung dieser Industrien führen.

Zur Beschreibung industrie- bzw. branchenbezogener Wettbewerbskräfte sei zunächst auf
Ausführungen PORTERs hingewiesen, dessen Arbeiten zu einer weiteren Charakterisierung innovativer Wettbewerbsprozesse auf industriebezogener Ebene beitragen können.
PORTER bezieht sich in seinem nachfolgend vorgestellten Analyserahmen zwar nicht
explizit auf den Innovationswettbewerb, er weist jedoch in seinem handlungsorientierten
bzw. wettbewerbsstrategischen Werk auf einen Beschreibungsrahmen hin, der zu einem
besseren Verständnis innovativer Wettbewerbsprozesse beitragen kann und u.a. als Ausgangspunkt zur Formulierung von Wettbewerbsstrategien dient.[33]

---

[31] GERYBADZE, A.: Innovation, Wettbewerb und Evolution, a.a.O., S. 98.

[32] Obwohl der Begriff *Industrie* in Literatur und Praxis oft verwendet und zum Ausgangspunkt vieler
Überlegungen genutzt wird, finden sich nur selten genauere Abgrenzungen. Darüber hinaus wird er in
unterschiedlicher »Spannbreite« verwendet (z.B Investitionsgüter-Industrie, Elektroindustrie). Für die
weitere Argumentation in dieser Arbeit sei grundsätzlich davon ausgegangen, daß in einer Industrie bestimmte Betriebe und/oder Unternehmen zusammengefaßt sind, die sich hinsichtlich bestimmter Merkmale ähneln. Diese Merkmalsähnlichkeit kann beispielsweise hinsichtlich gleichartiger Produktions-
und/oder Produktstrukturen bestehen. Es sei unterschieden zwischen den *vertikalen* und *horizontalen*
Grenzen einer Industrie. Die vertikalen Grenzen können über verschiedene Stadien der Verbrauchsreife
der produzierten Erzeugnisse bzw. über die jeweilige Wirtschaftsstufe definiert werden. Horizontale
Grenzen lassen sich über die Ähnlichkeitsmuster der in diesen Industrien erzeugten Produkte abgrenzen.

[33] Vgl. PORTER, M.E.: Wettbewerbsstrategie, a.a.O., S. 25 ff.

Aus branchen- bzw. industriebezogener Sicht beschreibt PORTER fünf Triebkräfte des Wettbewerbs, die die »kompetitive Arena« der Unternehmen in einzelnen Branchen bestimmen.[34] Diese fünf Kräfte bzw. Akteure sind nach PORTER

- die bestehenden Wettbewerber innerhalb der Branche

- Substitutionsprodukte

- Abnehmer

- Anbieter bzw. Faktorversorgung (Lieferanten) sowie

- »new entrants« (Markteintritte neuer Konkurrenten).[35]

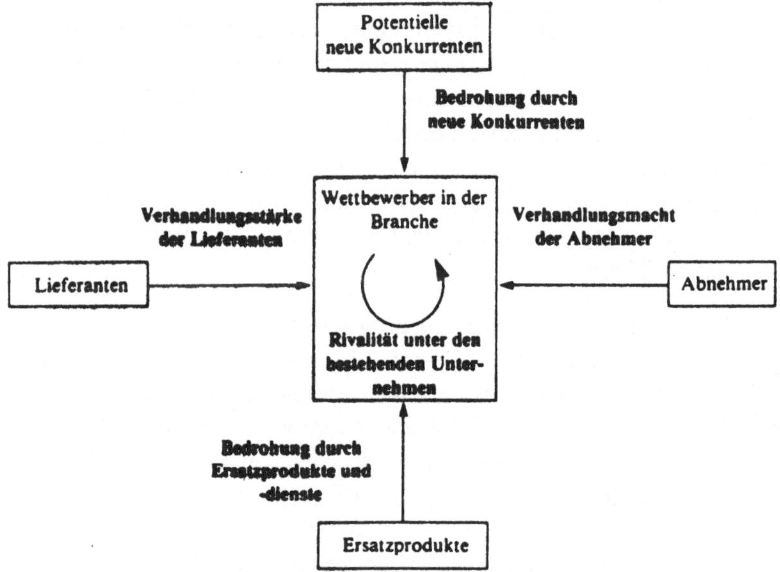

Abb. 6: Determinanten des Branchenwettbewerbs
nach PORTER[36]

In diesem Beschreibungsansatz PORTERs, der sich unter anderem auf die Sichtweise der »Industrial Organizations-Forschung«[37] stützt,[38] ist hervorzuheben, »... daß der Begriff der

---

[34] Vgl. hierzu: PORTER, M.E.: Wettbewerbsstrategie, a.a.O., S. 26; vgl. hierzu auch: PARSONS, G.L.: Information Technology: A New Competitive Weapon, in: SMR, (Fall 1983), S. 5.

[35] Vgl. PORTER, M.E.: Wettbewerbsstrategie, a.a.O., S. 25 ff.

[36] Quelle: ebenda, S. 26.

[37] Die *Industrieökonomik*, in Großbritanien »Industrial Economics« und in den USA »Industrial Organization« genannt, kann nach NEUMANN als »... die von der Theorie geleitete empirische Forschung zur Organisation und Struktur der Industrie im weitesten Sinne« bezeichnet werden und schafft Verbindungen zwischen Volks- und Betriebswirtschaftslehre. Sie ist nach OTT eine Kombination von Preis-, Wettbe-

Konkurrenz sehr weit gefaßt ist. Neben den derzeitigen Konkurrenten werden auch potentielle Konkurrenten und Anbieter von Substitutionsprodukten bei der Analyse Porters berücksichtigt«[39]. Darüber hinaus werden die Ähnlichkeiten zum SCHUMPETERschen Modell deutlich, der – wie erwähnt – ebenfalls von der Konkurrenz neuer Unternehmen oder solcher aus anderen Märkten spricht.

Zur Beschreibung des Wettbewerbsumfeldes eines Unternehmens ist die Berücksichtigung potentieller Konkurrenten von ausschlaggebender Bedeutung: »Denn gerade innovatorische Entwicklungen in Teilen der Unternehmensumwelt, die nicht zum relevanten Markt gehören bzw. anderen Märkten und Industrien entstammen, stellen erhöhte Anforderungen an die Innovationsfähigkeit des [...] Unternehmens, da hier häufig völlig neuartige, von der Marktnorm abweichende Ansätze der Kombination von Fähigkeiten entwickelt werden. Hierbei sei nur an den Einzug der Elektronikhersteller in die Uhrenindustrie erinnert.«[40]

Dieses Beispiel verdeutlicht bereits die oftmals ungleichgewichtig verlaufenden Umsetzungsgeschwindigkeiten neuer Technologien durch die Unternehmen verschiedener Industrien. Es können nicht nur innerhalb, sondern insbesondere auch zwischen Industrien dynamische Ungleichgewichte auftreten. Eine Annäherung zur Beschreibung dieser technologieinduzierten Ungleichgewichte, die – wie in der weiteren Argumentation in dieser Arbeit deutlich wird – auch von unmittelbarer Auswirkung auf das von den Herstellern technischer und systemtechnischer Innovationen zu praktizierende Marketing sind, kann durch eine Betrachtung von Industriestrukturen und -veränderungen vorgenommen werden.

Dabei wird offensichtlich, daß einige Industrien durch die kumulierten Innovationshandlungen der einzelnen darin angesiedelten Unternehmen in besonderer Weise vom derzeitigen technologischen Wandel profitieren. Sie haben einen starken Wachstumsschub erhalten bzw. sind erst im Zuge des informationstechnologischen Wandels entstanden. Nennen lassen sich hierfür beispielsweise die Computer- und die Elektronik-Industrie, aus denen zahlreiche, auf Mikroelektronik basierende, Produktinnovationen hervorgegangen sind. Die in diesen Industrien agierenden High-Tech-Unternehmen haben unter Anwendung eines

---

werbs- und Unternehmenstheorie. Zwar werden in der Industrieökonomik die Industriestrukturen vielfach über quantitative Größen erklärt, jedoch spielen dabei auch Fragen des Marktzutritts, der Marktschranken und seiner Wettbewerbsfolgen für Unternehmen eine wichtige Rolle. Auch wird das Lebenszyklusmodell für eine Betrachtung der Branchenentwicklung übertragen. Vgl. NEUMANN, M.: Industrial Organization, ein Überblick über die quantitative Forschung, in: ZfB, 49 (1979), S. 645 ff.; OTT, A.: Industrieökonomik, in: BOMBACH, G.: Industrieökonomik, a.a.O., S. 319 ff.

[38] Vgl. hierzu: BAIN, J.S.: Price and Production Policies, in: ELLIS, H.S. (Ed.): Survey of Contemporary Economics, Vol. I, Homewood, Ill. 1948; BAIN, J.S.: Barriers to New Competition, Cambridge, Mass. 1956; EYBL, D.: Instrumente und Orientierungsgrundlagen zur Planung wettbewerbsorientierter Unternehmensstrategien, Frankfurt/M. 1984, S. 185-197; und zum Markt- bzw. Branchenzyklus beispielsweise: KAUFER, E.: Industrieökonomik, a.a.O., S. 145 ff.

[39] KLICHE, M./TOMCZAK, T.: Innovationspositionen im industriellen Wettbewerb, Teil 1: Innovationswettbewerb: Orientierungsbasis für High-Tech-Unternehmen, in: Der Betriebsleiter, 29 (1988), 5, Sonderteil: Fabrik der Zukunft, S. 21.

[40] Ebenda.

gezielten Innovations-Managements – und der damit verbundenen Nutzung des informationstechnologischen Wandels – betriebliche *Generierungsprozesse* vollzogen, die sie in einen innovatorischen Know-how- und Fähigkeitsvorsprung zu Unternehmen aus anderen, d.h. traditionellen Industrien versetzen. High-Tech-Unternehmen weisen ein hohes innovatorisches Potential und ein innovatives Produktspektrum auf, das ihnen bei erfolgreicher Vermarktung Prosperität verspricht.

Es kann davon ausgegangen werden, daß insbesondere Hersteller technischer und systemtechnischer Innovationen über ein hohes technologisches Know-how und über technologieadäquate Ressourcen in ihren Unternehmen verfügen. Sie agieren darüber hinaus in einem industriellen Umfeld, das sie im Wege *vertikaler Geschäftsbeziehungen* in die technologischen Wissensvorsprünge einer ganzen Branche, d.h. ihrer Industrie einbindet. Beispielhaft kann dafür die Geschäftsbeziehung zwischen einem Hersteller von Mikroprozessoren und einem CAD-Hersteller genannt werden. Dabei sei eine Geschäftsbeziehung hier zunächst als eine auf längere Sicht eingerichtete ökonomische Austauschbeziehung zwischen Marktakteuren beschrieben. Die nachfolgende Abbildung 7 zeigt mögliche Arten von Geschäftsbeziehungen aus industrieller Perspektive, wobei auf eine graphische Umsetzung der in den jeweiligen Industrien herrschenden Konkurrenz- bzw. Wettbewerbsbeziehungen verzichtet wurde.

Wird das Augenmerk auf die aus der Sicht des Investitionsgütermarketing wichtige Seite der Abnehmer technischer und systemtechnischer Innovationen gerichtet, so läßt sich feststellen, daß sie häufig dem informationstechnologischen Fortschritt und der Umsetzungsgeschwindigkeit von High-Tech-Industrien »hinterherlaufen«. Sehr deutlich werden diese »Umsetzungslücken«, die sich in einem engen Verbund mit Informations- und Qualifikationsdefiziten in bezug auf neue Technologien darstellen, wenn beispielsweise nur die Verhältnisse zwischen anbietenden High-Tech-Unternehmen und Abnehmern aus traditionellen Industriezweigen betrachtet werden. Insgesamt entsteht der Eindruck, als würden unter Beibehaltung des gegenwärtigen technologischen Entwicklungstempos die Kompetenzlücken zwischen Herstellern und potentiellen Anwendern innovativer Systeme ständig größer; schließlich sind Generierungsprozesse keine einmalig abgeschlossene Handlung, die anbietenden Unternehmen werden vielmehr immer wieder erneut ihre Chance zur Erreichung von Innovationspositionen nutzen, solange sich eine vorherrschende Technologie zur Generierung von Innovationspotentialen und -vorsprüngen anwenden läßt.

Insgesamt ergibt sich das Bild eines technologieinduzierten Wandels über alle Unternehmen hinweg, der durch dynamische Ungleichgewichte gekennzeichnet ist. Die durch Innovatoren hervorgebrachten Produktinnovationen und die im Zeitverlauf sich ergebenden Adoptionen vereinigen sich in diesem Bild zu einer asymmetrisch gestuften technologischen Entwicklung über die verschiedenen Industrien hinweg, die nach Ergebnissen der industriellen Innovationsforschung mit der wirtschaftlichen Entwicklung gekoppelt ist[41].

---

41 Vgl. GERYBADZE, A.: Innovation, Wettbewerb und Evolution, a.a.O., S. 1 ff. und S. 13 ff.

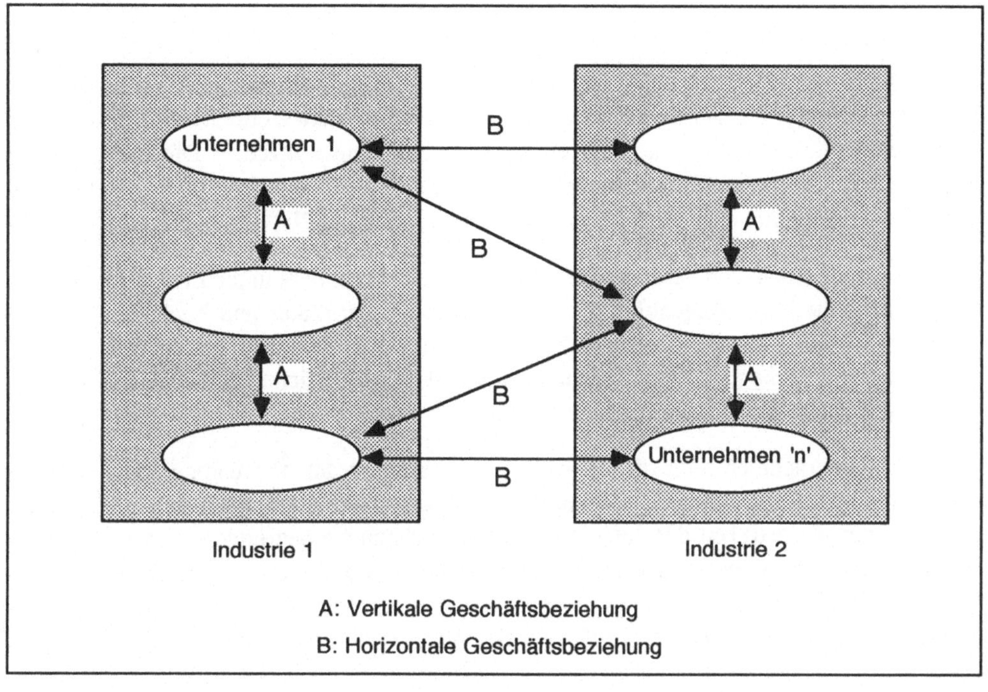

Abb. 7: Geschäftsbeziehungen aus industriebezogener Perspektive[42]

In den vorstehenden Ausführungen wurde bereits auf die aus der Perspektive des Investitionsgütermarketing wichtige analytische Unterscheidung zwischen Hersteller- und Abnehmer-Unternehmen hingewiesen. Es wird Aufgabe der nachfolgenden Diskussion sein, die besondere Situation von Herstellern und Abnehmern technischer und systemtechnischer Innovationen zu erfassen, um damit weitere Anhaltspunkte für ein adäquates Innovationsmarketing gewinnen zu können. Bevor darauf eingegangen wird, läßt sich zunächst allgemein aussagen, daß nahezu alle industriellen Unternehmen vom gegenwärtig stattfindenden technologischen Wandel berührt werden. So sehen sich nicht nur die Hersteller von Innovationen, seien sie Imitatoren oder originäre Innovatoren, den besonderen, in High-Tech-Industrien herrschenden Wettbewerbsanforderungen gegenüber, auch viele Unternehmen in traditionellen Industrien werden durch die in ihren eigenen Umfeld herrschenden Wettbewerbskräfte zur Adoption technischer und systemtechnischer Innovationen und damit zur Einführung von Prozeßinnovationen herausgefordert.

---

[42] Quelle: KLICHE, M.: Zum Interaktionsansatz im Innovationsmarketing, in: Investitionsgütermarketing, Positionsbestimmung und Perspektiven, Festschrift für K.-H. STROTHMANN zum 60. Geburtstag, hrsg. v. M. KLICHE, Wiesbaden 1990, S. 58.

2.3 Situation der Abnehmer von Innovationen

Zahlreiche Unternehmen – auch diejenigen traditioneller Industriezweige – sehen sich aufgrund des in ihrem eigenen industriellen Umfeld herrschenden Wettbewerbsdrucks zunehmend veranlaßt, Prozeßinnovationen einzuführen bzw. einzusetzen.[43] Die Situation von (potentiellen) Abnehmer-Unternehmen bei der Investition in technische oder systemtechnische Innovationen läßt sich plastisch mit den Worten SCHUMPETERs beschreiben:

> »Unter rasch sich verändernden Bedingungen, besonders unter Bedingungen, die jeden Augenblick unter dem Druck neuer Güter und Techniken wechseln [...], ist die langfristige Investition dem Schießen auf ein Ziel zu vergleichen, das nicht nur undeutlich ist, sondern sich auch bewegt, – und überdies noch stoßweise bewegt.«[44]

Abnehmer-Unternehmen fehlt oft mehr als den Herstellern das notwendige Vermögen zur Beurteilung neuer Technologien. Die entstehenden Unsicherheiten lassen sich zunächst allgemein in der Neuartigkeit der ihnen angebotenen Leistungen begründen. Viele Abnehmer verfügen über keine oder nur sehr geringe Erfahrungen hinsichtlich der mit der Einführung technischer und systemtechnischer Innovationen verbundenen Fragestellungen und Wirkungen. Dies gilt insbesondere bei der Investition in systemtechnische Innovationen. Bei dieser Produktkategorie ist es beispielsweise schwierig, den im funktionsbereichs-übergreifenden Charakter dieser Systeme begründeten organisatorischen Wandel einzuplanen bzw. ex ante zu beurteilen. Darüber hinaus entstehen Unsicherheiten durch die Schwierigkeit, das langfristige Investitionsvolumen und die Tragweite der Investition zu bestimmen, insbesondere dann, wenn im Zuge des technologischen Wandels ständig neue und verbesserte Techniken entwickelt werden, die sich in bestehende Systeme integrieren lassen.[45]

In einer empirischen Studie des Instituts für Markt- und Verbrauchsforschung der Freien Universität Berlin, in der die Anwendung von CAD/CAM-Systemen in der Investitionsgüterindustrie untersucht wurde,[46] konnten weitere Hinweise gewonnen werden, welchen Ursprung die bei den Anwendern bestehenden Unsicherheiten haben können.

---

[43] Vgl. hierzu ähnlich beispielsweise: ROBERTSON, T.S./GATIGNON, H.: Competitive Effects on Technology Diffusion, in: JoM, 50 (July 1986), 2 ff.

[44] SCHUMPETER, J.: Kapitalismus, Sozialismus und Demokratie, a.a.O., S. 144.

[45] Vgl. zu den Möglichkeiten der *strategischen Investitionsplanung* beispielsweise: WILDEMANN, H.: Strategische Investitionsplanung für neue Technologien in der Produktion, in: Strategische Investitionsplanung für neue Technologien, Schriftleitung: ALBACH, H./WILDEMANN, H., ZfB-Ergänzungsheft, 1/1986, Wiesbaden 1986, S. 1 ff.

[46] Vgl. STROTHMANN, K.-H./BAAKEN, Th./KLICHE, M./PÖRNER, R.: Der Einsatz von CAD/CAM-Systemen in der Investitionsgüter-Industrie, a.a.O.

Probleme mit großer Bedeutung (Mehrfachnennungen)	CAD-Anwender (Basis: 132)	CAD-Nicht-Anwender (Basis: 371)
Wahl geeigneter Software	81%	87%
Wahl geeigneter Hardware	52%	44%
Höhe der Anschaffungskosten	47%	48%
Ungewißheit des Fortbestehens der Anbieter	43%	53%
Verwirrende Aussagen und Versprechen der Anbieter	42%	52%
Motivation der Mitarbeiter	37%	38%
Unübersichtlichkeit der CAD-Anbieterschaft	32%	48%
Unsicherheit in bezug auf technische Entwicklung	31%	36%
Unübersichtlichkeit von Folgeinvestitionen	30%	48%
Schwierigkeit von Rentabilitätsberechnungen	27%	36%
Anpassungsprobleme an vorhandene EDV-Anlagen	24%	37%

Abb. 8: Schwierigkeiten bei der CAD-Einführung[47]

Die Aufstellung zeigt einige Items, die letztlich in ihrer Gesamtheit mögliche Quellen für Entscheidungsverzögerungen bei der Investition in innovative Systemtechnik widerspiegeln. Es sind diejenigen Problembereiche aufgeführt, die für Anwender und Nicht-Anwender der CAD-Technik von großer Bedeutung waren.

Eine Betrachtung dieser empirischen Ergebnisse zeigt, daß die Wahl der geeigneten Soft- und Hardware sowohl in CAD-Anwender-, als auch in Nicht-Anwender-Unternehmen das größte Problem darstellte. Ungewißheiten resultierten darüber hinaus aus dem von Abnehmern nur schwer abzuschätzenden Faktor des Fortbestehens von Anbieter-Unternehmen, aus der Unübersichtlichkeit der CAD-Anbieterschaft sowie aus dem verminderten Abschätzungsvermögen der weiteren technologischen Entwicklung. Allgemein fällt auf, daß die Nennungen bei den Nicht-Anwender-Unternehmen höhere Prozentsätze ausweisen, was auf ein abnehmendes Unsicherheitsniveau im Zuge des Investitionsvorgangs schließen läßt. Trotz gesammelter Erfahrungen befinden sich Anwender aber dennoch in einem Zustand der Verunsicherung, wie die Prozentsätze belegen.[48]

---

[47] Quelle: STROTHMANN, K.-H./BAAKEN, Th./KLICHE, M./PÖRNER, R.: Der Einsatz von CAD/ CAM-Systemen in der Investitionsgüter-Industrie, a.a.O., S. 10.

[48] Vgl. ebenda, S. 11.

Insgesamt ist es für die (potentiellen) CAD-Abnehmer schwierig, die komplexen, mit der CAD-Einführung verbundenen Problembereiche abzuschätzen. Dies gilt in besonderem Maße dann, wenn der Einstieg in die CAD-Technik nicht nur ausschließlich auf den Einsatz im Konstruktionsbüro gerichtet ist, sondern mit diesem Einstieg gleichzeitig die Investition in ein unternehmens-integrierendes Gesamtsystem mit schrittweiser CAP-, CAM-Anknüpfung etc. geplant ist. Eine Beurteilung der Ergebnisse verdeutlicht darüber hinaus, daß die Unsicherheiten insgesamt als eine Folge der in der Abnehmerschaft vorherrschenden Informations- und Qualifikationsdefizite interpretiert werden können. Die Notwendigkeiten und Möglichkeiten einer umfassenden Qualifizierungsarbeit der Hersteller innovativer Produkte und Systeme gegenüber ihren Abnehmern wurden in der Literatur bereits betont.[49]

Empirische Ergebnisse bestätigen die Qualifikationsmängel von Abnehmern innovativer Systemtechnik. In der genannten Untersuchung wurde ermittelt, daß offensichtlich starke Qualifikationsmängel der Arbeitnehmer in den Abnehmer-Unternehmen vorherrschen (vgl. Abbildung 9). Auch andere Studien belegen den unzureichenden Kenntnisstand der Belegschaft, aber auch des Managements.[50] Qualifikationsmängel haben eine große Bedeutung als Barrieren bei der Einführung von Neuerungen und begründen vielfach auch Akzeptanzwiderstände.

Es kann als eine Konsequenz der »multiplen Unsicherheit«, die in Verbindung mit Informations- und Qualifikationsdefiziten auftritt, angesehen werden, daß (potentielle) Abnehmer-Unternehmen mit Veränderungen in ihrem *Informations-* und *Entscheidungsverhalten* reagieren. Sie erwägen eine umfangreiche *Vorbereitungszeit* auf den Einsatz technischer und systemtechnischer Innovationen in ihrem Unternehmen, in der sie ein nötiges Maß an Information, Beurteilungs- und Entscheidungskompetenz gewinnen wollen.

Hinsichtlich des geänderten Informationsverhaltens kann ausgesagt werden, daß für Abnehmer innovativer Systemtechnik diejenigen Informationsquellen an Bedeutung gewonnen haben, die eine herstellerunabhängige Informationsgewinnung erlauben und darüber hinaus eine Objektbesichtigung zulassen. User-Groups und die Besichtigung von Referenzunternehmen spielen hier eine große und neue Rolle.[51] Das »betriebliche Entscheidungsverhal-

---

[49] Vgl. hierzu beispielsweise die einzelnen Beiträge in: BAAKEN, Th./SIMON, D. (Hrsg.): Abnehmerqualifizierung als Instrument des Technologie-Marketing, a.a.O.

[50] Vgl. KNETSCH, W./BAAKEN, Th.: Veränderungen der beruflichen Qualifikation, hrsg. vom VDI-Technologiezentrum Informationstechnik, Berlin 1983, S. 23; KNETSCH, W./KLICHE, M.: Die industrielle Mikroelektronik-Anwendung im Verarbeitenden Gewerbe der Bundesrepublik Deutschland, a.a.O., S. 72 f.

[51] Als »sehr geeignet« und »geeignet« wurden sowohl von CAD-Anwendern (A), als auch von CAD-Nicht-Anwendern (NA) die folgenden Informationsquellen eingestuft: »Besichtigung anderer Firmen« bzw. Referenz-Unternehmen (A: 93%; NA: 93%), »Kontakte zu Benutzer-Zirkeln« bzw. User-Groups (A: 89%; NA: 88%), Messen (A: 89%; NA: 87%), Hersteller-Seminare (A: 89%; NA: 85%), Dokumentation der Hersteller (A: 85%; NA: 89%), Berater der Software-Anbieter (A: 83%; NA: 84%), unabhängige Berater (A: 76%; NA: 83%), u.a.; vgl. zum Informationsverhalten: STROTHMANN, K.-H./BAAKEN,

ten« bei der Einführung innovativer Systemtechnik ist von einer Ausweitung der Entscheidungsgremien begleitet und ist darüber hinaus gekennzeichnet durch eine allmähliche Neuzuweisung der Entscheider- und »Vorreiter-« bzw. Innovatoren-Rollen innerhalb dieser Entscheidungsgremien. So sind – begründet im funktionsbereichs-übergreifenden Charakter innovativer Systemtechnik – am Kaufentscheid die Repräsentanten fast aller Funktionsbereiche der Abnehmer-Unternehmen beteiligt[52], und Personen mit systemorientierter »Innovations-Kompetenz« werden erst »geschaffen«[53].

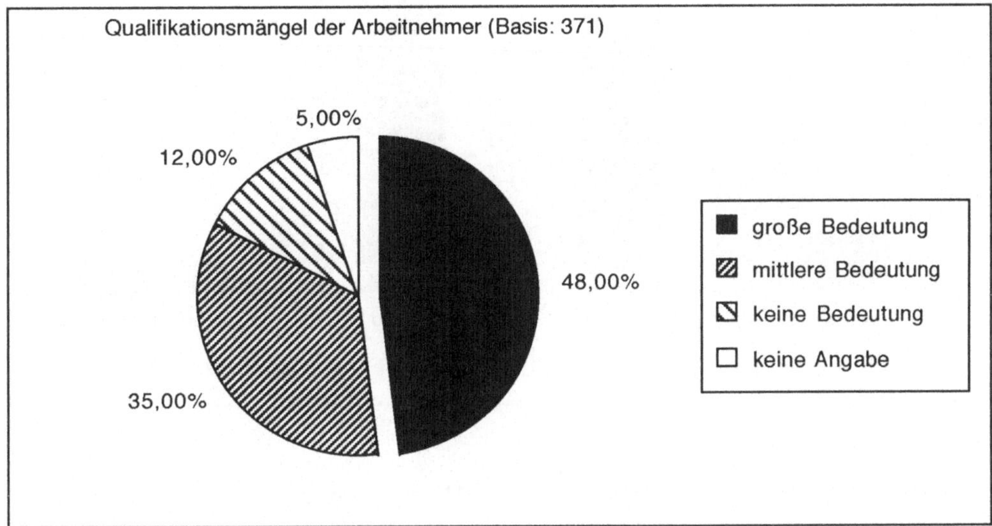

Abb. 9: Qualifikationsmängel der Arbeitnehmer[54]

Insgesamt läßt sich feststellen, daß die vorstehend aufgeführten Faktoren, wie Komplexität innovativer Systemtechnik, Unsicherheit und die damit verbundene Veränderungen des Informations- und Entscheidungsverhaltens etc., bei den Abnehmern die intensive Vorbereitung auf den Einsatz von Innovationen in ihrem Unternehmen bedingen. Es kann von

---

Th./KLICHE, M./PÖRNER, R.: Der Einsatz von CAD/CAM-Systemen in der Investitionsgüter-Industrie, a.a.O., S. 16.

[52] Vgl. STROTHMANN, K.-H./BAAKEN, Th./KLICHE, M./PÖRNER, R.: Der Einsatz von CAD/CAM-Systemen in der Investitionsgüter-Industrie, a.a.O., S. 14 f.

[53] Vgl. STROTHMANN, K.-H./KLICHE, M.: Innovationsmarketing, a.a.O., S. 86 f.

[54] Quelle: KLICHE, M./PÖRNER, R.: Qualifizierung und Personalschulung als Instrumente des Technologie-Marketing, a.a.O., S. 240.

einer ein- bis dreijährigen Vorbereitungszeit ausgegangen werden. Dies belegen die Ergebnisse der zitierten CAD/CAM-Studie (vgl. folgende Abbildung).

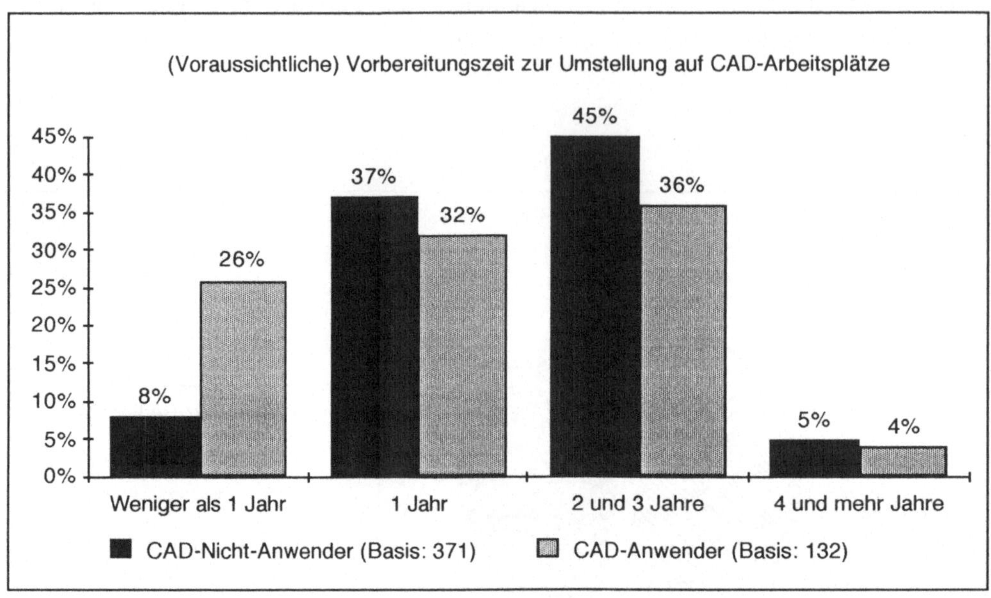

Abb. 10: (Voraussichtliche) Vorbereitungszeit zur
Umstellung auf CAD-Arbeitsplätze[55]

»Eine im Zusammenhang mit Systemtechnik bedeutsame Hypothese lautet: Je komplexer die Technik, desto länger müssen sich Abnehmer-Unternehmen auf deren Einsatz vorbereiten.«[56] Da es sich grundsätzlich bei der CAD-Technik um eine mögliche Einstiegstechnik handeln kann, wird die Vorbereitungszeit um so notwendiger sein, wenn es sich bereits um eine Investitionsabsicht in ein unternehmens-integrierendes System handelt.[57]

Für die Hersteller technischer und systemtechnischer Innovationen resultieren aus den zuvor aufgezeigten Veränderungen auf der Abnehmerseite neue Anforderungen. Diese Anforderungen sind jedoch nur ein Faktor, wenngleich nicht der unwichtigste, den es im Innovationsgeschäft zu berücksichtigen gilt.

---

[55] Quelle: STROTHMANN, K.-H./KLICHE, M.: Integrationspolitik im Innovationsmarketing, a.a.O., S. 129.

[56] STROTHMANN, K.-H./KLICHE, M.: Innovationsmarketing, a.a.O., S. 12.

[57] Vgl. ebenda.

2.4 Situation der Hersteller von Innovationen

Die gegenwärtige Geschwindigkeit des informationstechnologischen Entwicklungsprozesses und die damit verbundenen Veränderungen von Markt- und Industriestrukturen versetzen insbesondere die Hersteller technischer und systemtechnischer Innovationen in schwierige Ausgangspositionen. Sie sehen sich herausgefordert, nicht nur mit dem in ihrem industriellen Umfeld bzw. in ihrer Branche herrschenden Innovationstempo Schritt zu halten, sondern darüber hinaus auch Erfolgs- bzw. Innovationspositionen, die durch einen innovativen Vorsprung vor der Konkurrenz gekennzeichnet sind,[58] zu erringen. Es gilt, ständig erneut ein innovatives Angebot hervorzubringen, das im Innovationswettbewerb bestehen kann und von den (potentiellen) Abnehmern vorteilhafter als die Konkurrenzangebote angesehen wird. Die erschwerenden Faktoren für die Hersteller liegen beispielsweise

- in einer Vielzahl dynamischer Veränderungen in Industrien und Märkten, die letztlich ihren Ursprung in der rasanten wirtschaftlichen Umsetzung neuer Technologien haben[59]

- in der beschleunigten Innovationsdynamik in »New-Tech-Industrien«, die mit einer Verkürzung der Produktlebenszyklen einhergeht und zu ständigen Produktinnovationen herausfordert, um errungene Wettbewerbspositionen zumindest zu erhalten[60]

- in den verstärkten Wettbewerbsbedingungen, wenn beispielsweise nur an Unternehmen aus anderen Industrien gedacht wird, die mit Substitutionsprodukten aufwarten können

- in den Schwierigkeiten bei der Realisierung neuer Produktideen, wenn es darum geht, aus einem breiten Technologieangebot eine wettbewerbsfähige und zukunftsträchtige Schlüsseltechnologie auszuwählen und in ein innovatives Produkt zu implementieren

- und nicht zuletzt in den Vermarktungsproblemen innovativer Produkte und Systeme, die sowohl in den Anbieter- als auch in den Abnehmer-Unternehmen neue Organisationsformen und Qualifikationen erfordern.

Hersteller technischer und systemtechnischer Innovationen sehen sich infolge dieser Wettbewerbsdynamik herausgefordert, ständig neue Generierungsprozesse zu vollziehen. Diese Generierungsprozesse, die der SCHUMPETERschen Analyse entsprechen, können als erfolgreiche Umsetzung eines betrieblichen und zugleich marktorientierten Innovationsmanagements verstanden werden.

---

[58] Vgl. KLICHE, M./TOMCZAK, T.: Innovationspositionen im industriellen Wettbewerb, Teil 1, a.a.O., S. 18.

[59] Vgl. SOMMERLATTE, T.: Die Veränderungsdynamik, die uns umgibt. Ist das Unternehmen ausreichend darauf eingestellt? in: ARTHUR D. LITTLE INT. (Hrsg.): Management der Geschäfte von morgen, Wiesbaden 1986, S. 11 ff.

[60] Vgl. KLICHE, M./TOMCZAK, T.: Innovationspositionen im industriellen Wettbewerb, Teil 1, a.a.O., S. 18.

Generierungsprozesse können abstrakt als technisch und wirtschaftlich »vorwärtsgerichtete Bewegungen« eines Unternehmens beschrieben werden, die sie von einer bestimmten Ausgangsposition in eine technisch und wirtschaftlich höhere Position eines künftigen Zeitpunktes versetzen. Sie sind damit Teile bzw. zeitliche Ausschnitte der beschriebenen »Bergwanderung«[61] von Unternehmen. Ausgangsposition und (vorübergehende) Innovationsposition sind die zeitlichen »Endpunkte« von Generierungsprozessen, die in einen Prozeß des gesamten Werdegangs von Unternehmen eingebunden sind (vgl. folgende Abbildung).

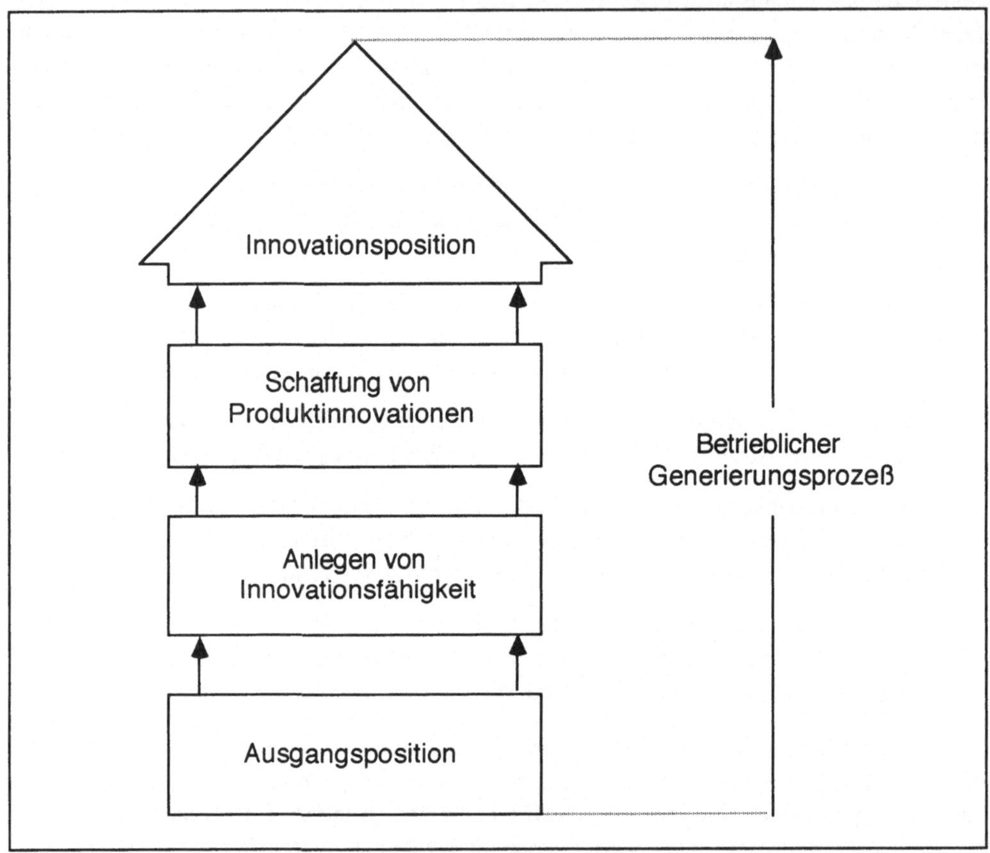

Abb. 11: Betrieblicher Generierungsprozeß[62]

In der Realität lassen sich die zeitlichen »Endpunkte« von Generierungsprozessen allerdings etwas schwieriger abgrenzen. Generierungsprozesse sind in die dynamischen Wandlungsprozesse der Unternehmen eingebunden und gehen damit in das Kontinuum eines

---

[61] Vgl. Abschnitt 2.1 dieses Kapitels.

[62] Quelle: KLICHE, M./TOMCZAK, T.: Innovationspositionen im industriellen Wettbewerb, Teil 1, a.a.O., S. 18.

übergeordneten Prozesses fließend ein. Jedoch können zu bestimmten Zeitpunkten Bestimmungen der Unternehmensposition im Vergleich zum Wettbewerb vorgenommen werden, die dann als Ausgangspunkt für die künftige Planung und Gestaltung der wettbewerblichen Unternehmensentwicklung dienen können. Voraussetzung für die Erreichung innovativer Wettbewerbspositionen ist jedoch das Anlegen breiter Innovationsfähigkeit im gesamten Unternehmen sowie die Hervorbringung von Produktinnovationen, die im Wettbewerb bestehen können. Die Herausbildung von »... Innovationsfähigkeit stellt überhaupt erst die Voraussetzung dar, eine gute Basis zur Schaffung künftiger Produktgenerationen zu erreichen und somit [...] erfolgreich tätig zu sein«.[63] Das Anlegen von Innovationsfähigkeit und die Entwicklung von Produktinnovationen lassen sich als elementare Schritte im betrieblichen Generierungsprozeß beschreiben.

Die Schaffung von Innovationsfähigkeit im Unternehmen beschränkt sich jedoch nicht nur auf die Realisierung von Prozeßinnovationen. Ähnlich SCHUMPETERs Beschreibung der Innovationswürdigkeit von Distribution, Organisation etc.[64] weist die Beratungspraxis im Management und Technologiesektor darauf hin, daß wichtige Voraussetzungen für die Fähigkeit eines Unternehmens, im Innovationswettbewerb bestehen zu können, auch in anderen Bereichen des Unternehmens ständig neu zu schaffen sind. Es wird argumentiert, daß kontinuierliche Neustrukturierungen beispielsweise im Management-, Personal-, Finanz- und F&E-Bereich in gleichem Maße für die Herausbildung von Innovationsfähigkeit erforderlich sind.[65]

In Anlehnung an die Sichtweise PORTERs kann interpretiert werden, daß die Schaffung von Innovationsfähigkeit aus jedem Aktivitätsbereich des Unternehmens sowie aus der optimalen Koordination von verschiedenen Aktivitäten herrühren kann. Nach PORTER existieren in den Unternehmen verschiedene *Wertaktivitäten*, die sich analytisch als *Wertkette* (»Value Chain«) des Unternehmens zusammenfassen lassen.[66] Wertaktivitäten, deren optimale Verknüpfung eine Steigerung der Innovationsfähigkeit zuläßt, »... sind physisch und technologisch unterscheidbare, von einem Unternehmen ausführbare Tätigkeiten«[67].

---

63 KLICHE, M./TOMCZAK, T.: Innovationspositionen im industriellen Wettbewerb, Teil 1, a.a.O., S. 18.

64 Vgl. SCHUMPETER, J.: Kapitalismus, Sozialismus und Demokratie, a.a.O., S. 137, S. 140.

65 Vgl. SOMMERLATTE, T./LAYNG, B. J./VAN OENE, F.: Innovationsmanagement - Schaffen einer innovativen Unternehmenskultur, in: ARTHUR D. LITTLE INT. (Hrsg.): Management der Geschäfte von morgen, Wiesbaden 1986, S. 57 ff.; MUELLER, R.K./DESCHAMPS, J.-P.: Die Herausforderung Innovation, in: ARTHUR D. LITTLE INT. (Hrsg.): Management der Geschäfte von morgen, a.a.O., S. 27 ff.; ARTHUR D. LITTLE INT. (Hrsg.): Innovation als Führungsaufgabe, Frankfurt a.M.-New York 1988, S. 161.

66 Vgl. PORTER, M.E.: Wettbewerbsvorteile (Competitive Advantage), Spitzenleistungen erreichen und behaupten, dt. Übersetzung, Frankfurt a.M. 1986, S. 62; S. 66 ff.

67 KLICHE, M./TOMCZAK, T.: Innovationspositionen im industriellen Wettbewerb, Teil 2: Porter's Wertkette: Ausgangspunkt zur Gestaltung unternehmerischer Innovationsaktivitäten, in: Der Betriebsleiter, 29 (1988), 9, Sonderteil: Fabrik der Zukunft, S. 12.

Sie können in primäre und unterstützende Aktivitäten unterteilt werden (vgl. folgende Abbildung).[68]

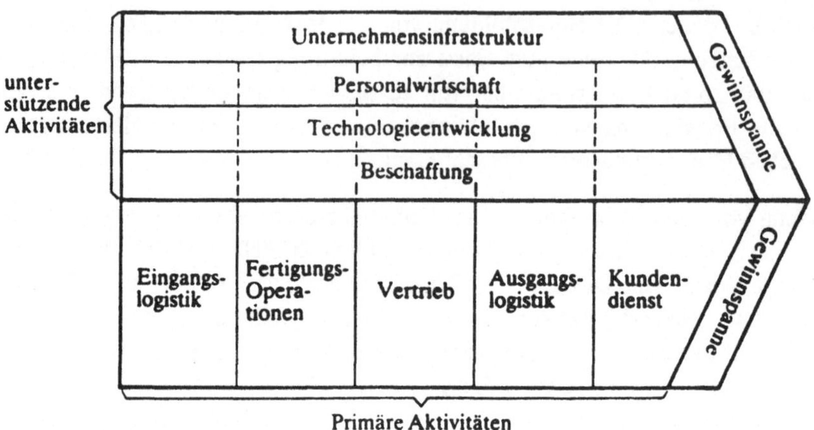

Abb. 12: Die Wertkette von PORTER[69]

Die Anlage von Innovationsfähigkeit als Voraussetzung im Innovationswettbewerb stellt damit nicht nur auf eine optimale Koordination von F&E- und Marketingaktivitäten ab, jedoch kann das innovationsorientierte Management dieser Schnittstelle als ein wichtiger Faktor, insbesondere für die marktgesteuerte Entwicklung von Produktinnovationen, angesehen werden.[70]

Aus wettbewerblicher Sicht ist nach einem erfolgreichen Abschluß von Generierungsprozessen eine wesentliche Grundlage für einen unternehmerischen Vorteil im Wettbewerb erreicht. Allerdings können neue Wettbewerber oder andere Kräfte im industriellen Um-

---

[68] Vgl. hierzu auch: PORTER, M.E./MILLAR, V.E.: How Information Gives You Competitive Advantage, in: HBR, (Jul-Aug 1985), S. 151.

[69] Quelle: PORTER, M.E.: Wettbewerbsvorteile, a.a.O., S. 62.

[70] Vgl. zur Schnittstellenbedeutung und Koordinationsmöglichkeiten von F&E/Marketing beispielsweise die Beiträge von: BENKENSTEIN, M.: Forschung, Entwicklung und Marketing, Wiesbaden 1986; GUPTA, A.K./RAJ, S.P./WILEMON, D.L.: R&D and Marketing Dialogue in High-Tech Firms, in: IMM, 14 (1985), 289 ff.; MILLMAN, A.F.: Understanding Barriers to Product Innovation at the R&D/Marketing Interface, in: EJoM, 16 (1982), 5, S. 22 ff.; PRÜSER, S.: Management der Schnittstelle F&E/Marketing, Diplomarbeit am Institut für Marketing der Freien Universität Berlin, 1989; SHANKLIN, W.L./RYANS, J.K. Jr.: Organizing for High-Tech Marketing, in: HBR, (Nov/Dec 1984), 167 ff.

feld[71] die Generierungsprozesse einzelner Unternehmen und deren Erfolg empfindlich stören, so daß letztlich diese Prozesse auch in Wettbewerbsorientierung gesteuert werden müssen, um mögliche Erfolgsquellen besser nutzen zu können.[72] Darüber hinaus ist nicht nur die Betrachtung der technisch-objektiv im Wege von Produktinnovationen erzielten Wettbewerbsvorteile wichtig, entscheidend ist auch, »was der Markt davon hält«. Hier kann beispielsweise den Ausführungen SIMONs gefolgt werden:

> »Entscheidend für den Erfolg im Markt ist nicht, ob ein Wettbewerbs-
> vorteil auf der technisch-objektiven Ebene existiert, sondern ob er von
> den Kunden subjektiv-wahrgenommen wird. Nur subjektiv-wahrgenom-
> mene Wettbewerbsvorteile zählen.«[73]

Sie sollten allerdings durch »reale Leistung« abgesichert sein, da nachträglich wahrge-nommene Inkonsistenzen im Angebot eines Herstellers zu einem nachhaltigen Imageverfall führen können.

Nach COYNE müssen Unternehmen, die über einen dauerhaften Vorteil vor der Konkur-renz verfügen wollen, davon ausgehen, daß die (potentiellen) Abnehmer die Unterschiede zwischen den Wettbewerbsangeboten wahrnehmen und daß die Unterschiede im Angebot unmittelbar auf den Fähigkeitsvorsprung des Herstellers zurückzuführen sind.[74] Auch müssen errungene Wettbewerbsvorteile nicht unbedingt zum Erfolg führen. Dies trifft bei-spielsweise dann zu, wenn der Markt nicht »lebensfähig« ist oder taktische »Manöver« der Konkurrenz störenden Einfluß ausüben.[75] Gerade im innovativen Wettbewerb kann es für einen Hersteller nicht als sicher gelten, daß sich junge, von unternehmerischen Innovatio-nen getragene Märkte notwendigerweise im gewünschten Maße entwickeln. Junge Markt-phasen sind auch durch einen »Shake Out« gekennzeichnet, bei dem einzelne Unterneh-men, die sich nicht hinreichend generiert haben, aus diesem entstehenden Markt verdrängt werden.

Die in der Literatur – beispielsweise auch von AAKER – diskutierte Dauerhaftigkeit von Wettbewerbsvorteilen[76] läßt sich für den Innovationswettbewerb aus der Sicht der

---

[71] Vgl. Abschnitt 2.2 dieses Kapitels.

[72] Mit PORTERs Wertkette ist zugleich ein analytisches Instrument gegeben, um das Auffinden und Ver-wirklichen von Wettbewerbsvorteilen in Bezug zur Konkurrenz zu ermöglichen. Vgl. PORTER, M.E.: Wettbewerbsvorteile, a.a.O., S. 59 ff.; vgl. zu der Möglichkeit einer auf der Wertkettenanalyse aufbau-enden, integrierten Potentialanalyse: KLICHE, M./TOMCZAK, T.: Innovationspositionen im industri-ellen Wettbewerb, Teil 2, a.a.O., S. 13 f.; und vgl. dazu auch: III. Kapitel, Abschnitt 3.2.

[73] SIMON, H.: Management strategischer Wettbewerbsvorteile, in: SIMON, H. (Hrsg.) u. Mitarb. v. BOHNENKAMP, J.: Wettbewerbsvorteile und Wettbewerbsfähigkeit, a.a.O., S. 13.

[74] Vgl. COYNE, K.P.: Die Struktur dauerhafter Wettbewerbsvorteile, in: SIMON, H. (Hrsg.) u. Mitarb. v. BOHNENKAMP, J.: Wettbewerbsvorteile und Wettbewerbsfähigkeit, a.a.O., S. 19.

[75] Vgl. ebenda, S. 26.

[76] Vgl. AAKER, D.A.: Kriterien zur Identifikation dauerhafter Wettbewerbsvorteile, in: SIMON, H. (Hrsg.) u. Mitarb. v. BOHNENKAMP, J.: Wettbewerbsvorteile und Wettbewerbsfähigkeit, a.a.O., S.

SCHUMPETERschen Beschreibung analysieren: Unternehmen haben eine »Geschichte«, die im speziellen Fall von längeren Vorteilspositionen im Wettbewerb gekennzeichnet sein kann und ihnen das Aufrechterhalten dauerhafter Wettbewerbsvorteile erleichtert. Traditionell begründete Fähigkeiten und Vormachtstellungen sind nicht selten, treffen allerdings nicht auf alle Unternehmen zu. Darüber hinaus ist anzumerken, daß im Innovationswettbewerb Vorteile ständig neu erschlossen werden müssen, in einem wettbewerblich vorwärtsgetriebenen Prozeß, der durch starke Dynamik gekennzeichnet ist.

In den Schriften zum Investitionsgütermarketing wird in diesem Zusammenhang – beispielsweise von BACKHAUS und PLINKE – in jüngster Zeit das Erfordernis für Unternehmen betont, einen *komparativen Konkurrenzvorteil* (KKV) herauszubilden.[77] Dieses Konzept, das auf die Erreichung des Zieles abstellt, in der Wahrnehmung der Abnehmer über ein besseres Angebot zu verfügen als die in Betracht gezogenen Wettbewerber,[78] bindet die im obigen Zitat von SIMON genannte Notwendigkeit der subjektiven Wahrnehmung des Wettbewerbsvorteils durch den (potentiellen) Kunden in das Marketing ein. Es bezieht sich damit letztlich auf eine der Markterschließung vorgelagerte Komponente, die auf die Kundengewinnung unter dem Druck des wettbewerblichen Umfeldes abstellt.

Gerade für die Hersteller technischer und systemtechnischer Innovationen ist die Erringung eines derartigen Wettbewerbsvorteils von Bedeutung. Sie müssen unter dem Druck des innovativen Wettbewerbs nicht nur in besonderem Maß technisch-innovativ tätig sein, sie müssen auch dafür Sorge tragen, ihr innovatives Angebot in ein »positives Blickfeld« der (potentiellen) Abnehmer zu rücken. Das Angebot, welches im innovativen Systemgeschäft beispielsweise aus einem Bündel innovativer Produkte und daran gekoppelter integrativer Dienstleistungen bestehen kann, muß von dem Abnehmer als nutzbringend angesehen werden. Im Geschäft mit innovativer Systemtechnik nehmen Beratungsleistungen eine wichtige Stellung ein. Insgesamt werden auch Kooperationen mit anderen Herstellern im innovativen Systemgeschäft notwendig sein, um Angebote, z.B. im CIM-Geschäft, nutzbringend zu vervollständigen und damit Wettbewerbsvorteile zu erreichen bzw. auszubauen.

Innovative Hersteller sehen sich aber auch nach der anzustrebenden Vorteilswirkung auf die Abnehmer vielfältigen Aufgaben gegenüber, die letztlich aus den Besonderheiten der angebotenen Erzeugnisse resultieren. Es gilt nicht nur, »am Markt zu wirken« bzw. Kompetenz auszustrahlen, sondern die angebotene Leistung muß auch am Markt umgesetzt werden. Im Zuge der Gestaltung der marktlichen Diffusion von Innovationen werden dabei

---

37 ff.; AAKER, D.A.: Strategisches Markt-Management, Wettbewerbsvorteile erkennen, Märkte erschließen, Strategien entwickeln, Wiesbaden 1989.

[77] Vgl. beispielsweise: PLINKE, W.: Einführung in das industrielle Marketing, a.a.O., S. 37 ff.

[78] Vgl. ebenda, S. 42; BACKHAUS, K./MEYER, M: Integrierte Marketing-Logistik, in: Investitionsgütermarketing, Positionsbestimmung und Perspektiven, Festschrift für K.-H. STROTHMANN zum 60. Geburtstag, hrsg. v. M. KLICHE, Wiesbaden 1990, S. 243 f.; vgl. hierzu auch: BACKHAUS, K.: Investitionsgütermarketing, 2. Aufl., München 1990, S. 6 f.

56

in den jeweiligen »Hersteller-Abnehmer-Kontakten« nicht nur vielfältige Re-Inventionen[79] erforderlich werden. Gleichzeitig ist eine wichtige Aufgabe darin zu sehen, auf die beschriebenen Erwartungen der Abnehmer technischer und systemtechnischer Innovationen einzugehen.[80] Hierbei ist für einen hinreichenden Informations- bzw. Know-how-Transfer in die Abnehmer-Unternehmen zu sorgen. Grundsätzlich können Unsicherheiten auf der Abnehmerseite durch Qualifizierung und Informationsübertragung ausgeglichen werden.

Die Qualifizierungsarbeit eines Herstellers kann dabei beispielsweise die Vermittlung folgender Inhalte umfassen:[81]

(1)   Grundlagenwissen über die jeweilige Technologie

(2)   Technologie-Anwendungsgebiete und Integrationsmöglichkeiten mit anderen Technologien

(3)   Qualifikatorische und soziale Aspekte bei der Einführung der Technologie

(4)   Neue Kooperations- und Organisationsmodelle

Bislang wurde ein Problembereich nur am Rande behandelt, der für innovative Hersteller ebenfalls von Bedeutung ist. Hiermit ist die Ideen- bzw. mögliche Entwicklungs-Quelle für Produktinnovationen angesprochen. Es wurde bereits beschrieben, daß wichtige Anregungsquellen für Produktinnovationen beispielsweise von Kunden, Technikern etc. stammen können.[82] Von HIPPEL geht in seiner Beschreibung darüber hinaus. Er hat in mehreren Arbeiten betont, daß nicht nur Anregungen, sondern auch wichtige, bereits gereifte Inventionen bzw. Entwicklungen vom Kunden herrühren können.[83] Sogenannte »Lead User« haben häufig schon Prototypen oder ähnliches ausgearbeitet, die von Herstellern aufgekauft und nach weiteren Entwicklungsarbeiten vom Hersteller kommerzialisiert werden.

MAYER und STOLZ fassen die Ergebnisse dieses Autors in bezug auf die hier vorliegende Fragestellung zusammen. Sie führen aus, daß sich Von HIPPELs Untersuchung auf Industriegüter bezieht, »... die mit dem Komplex 'Computersysteme' nicht in unmittelbarem Zusammenhang stehen. Für diesen Bereich existieren noch keine Forschungsergebnisse; es ist jedoch davon auszugehen, daß auch hier, besonders im Bereich der Soft-

---

[79]   Vgl. Abschnitt 1.1 dieses Kapitels.

[80]   Vgl. Abschnitt 2.3 dieses Kapitels.

[81]   Vgl. KNETSCH, W./BAAKEN, Th.: Veränderungen der beruflichen Qualifikation durch neue Technologien am Beispiel von CAD/CAM, hrsg. vom VDI-Technologiezentrum Informationstechnik, Forschungsprojekt im Auftrag des Hessischen Sozialministeriums, Berlin 1983, S. 126.

[82]   Vgl. Abschnitt 1.1 dieses Kapitels.

[83]   Vgl. beispielsweise: HIPPEL, E.v.: Has a Customer Already Developed Your next Product?, in: SMR, 18 (Winter 1977), S. 63 ff.; derselbe: Sucessfull Industrial Products from Customer Ideas, in: JoM, 42 (Jan. 1978), S. 39 ff.; derselbe: Get new Products from Customers, in: HBR, (1982), 3/4, S. 117 ff.; derselbe: Lead User: A Source of Novel Product Concepts, in: Management Science, 32 (July 1986), S. 791 ff.

wareentwicklung, ein Potential für Benutzerentwicklungen vorhanden ist.«[84] Im Falle des Aufkaufs einer vom Nutzer geschaffenen Invention durch einen Hersteller würden beide Parteien eine Entwicklungs- und Produktionsgemeinschaft bilden, in der der Produzent keine Vermarktungsanstrengungen gegenüber seinem Geschäftspartner vornehmen muß. Derartige *Entwicklungs- und Produktionsgemeinschaften* würden am Markt wie ein gemeinsamer Hersteller wirken. Insgesamt läßt sich festhalten, daß Hersteller technischer und systemtechnischer Innovationen auch diese Möglichkeit zur Ausschöpfung von Nutzerinventionen in ihr Aktionskalkül einbeziehen müssen, um im Innovationswettbewerb Vorteile erringen zu können.

Jedoch nicht nur in der wirtschaftlichen Praxis eröffnen sich den Herstellern von Innovationen durch den informationstechnologischen Wandel neue Aufgaben und Problemfelder, die zur Lösung anstehen, gleichermaßen ist insbesondere die Marketing-Wissenschaft herausgefordert, neue theoriebasierte Methoden und Entscheidungshilfen zu entwickeln, die letztlich den Unternehmen Hilfestellung beim Operieren auf innovationsgetriebenen Märkten bieten können. Die Inhalte, die ein Ansatz zum Marketing für Innovationen berücksichtigen sollte, werden noch einmal zusammengefaßt.

3. Anforderungen an einen innovationsorientierten Marketing-Ansatz

Zur Beschreibung der Anforderungen an einen innovationsorientierten Ansatz des Investitionsgütermarketing sei zunächst das Augenmerk auf die Abnehmerseite gerichtet. Erst auf der Grundlage eines besseren Verständnisses des dort ablaufenden Beschaffungs- bzw. Kaufverhaltens kann eine sinnvolle Formulierung von Marketingempfehlungen erfolgen. In einem theoriebasierten Ansatz zum Innovationsmarketing muß das veränderte Kaufverhalten der Abnehmer bei der Beschaffung technischer und systemtechnischer Innovationen berücksichtigt werden. Es zeichnet sich insbesondere durch folgende Aspekte aus:

- Der funktionsbereichs-übergreifenden Charakter systemtechnischer Innovationen und der damit notwendig werdende organisatorische Wandel führt in den Abnehmer-Unternehmen zu einer Entscheidungsbeteiligung nahezu aller Funktionsbereiche. Es müssen Entscheidungen über einen – oft nur »visionär« abschätzbaren – langfristigen, gestaffelten Investitionsprozeß getroffen werden, dessen Realisierung in der Mehrzahl der Fälle mit der Festlegung auf einen bestimmten Schnittstellenstandard verbunden ist.

- Innerhalb der multipersonellen Entscheidungsstrukturen, die nahezu »netzwerkartig« das gesamte Abnehmer-Unternehmen umspannen, bilden sich nur allmählich Innovationsförderer mit systembezogener »Innovations-Kompetenz« heraus. Ihr Informations-

---

[84] MAYER, D./STOLZ, A.: Mitwirkung des Nutzers am Neuerungsprozeß, Kapitel in: BIERFELDER, W.: Innovationsmanagement, a.a.O., S. 69.

anliegen ist ebenso wie das der anderen Entscheider der Dynamik des Innovationswettbewerbs auf der Herstellerseite unterworfen, die in Zeiten der stärkeren Diskontinuität zu vielfältigen Neuerungen führt.

- Informations- und Qualifikationsdefizite gegenüber den komplexen informationstechnologischen Innovationen herrschen in vielen Abnehmer-Unternehmen in Abhängigkeit zur Industriezugehörigkeit vor. Sie werden durch das rasche Entwicklungstempo nicht gerade gemindert und schränken das Beurteilungsvermögen der Einkaufsentscheider ein; sie begründen Unsicherheiten und führen zu zögerlichem Entscheidungs- sowie zu einem veränderten Informationsverhalten. Damit eng verbunden kann sich eine verstärkte Nachfrage nach Betreuungs- und Beratungsleistungen ergeben.

- Insgesamt mögen die vorstehenden Aspekte der Grund dafür sein, warum Abnehmer technischer und systemtechnischer Innovationen sich auf deren Einsatz über eine längere Zeitstrecke vorbereiten wollen. Die in Anspruch genommene Vorbereitungszeit dauert ein bis drei Jahre. Sie wird um so notwendiger sein, wenn es bereits um die Entscheidung für ein unternehmens-integrierendes System geht.

Für einen Hersteller technischer und systemtechnischer Innovationen ist jedoch nicht nur interessant, wie sich das Kaufverhalten innerhalb der Abnehmer-Unternehmen vollzieht, sondern auch welche Unternehmen sich durch eine hohe Adoptionsbereitschaft für Innovationen auszeichnen. Es ist in seinem Interesse, möglichst schnell die Diffusion seiner Neuerungen im Markt voranzutreiben. Ein innovationsorientierter Marketingansatz müßte damit auch Erklärungen und Empfehlungen für die Diffusionsgestaltung geben. Die bisher referierten Ergebnisse der Diffusionsforschung zeigen,

- daß sich grundsätzlich fünf Adopterkategorien abgrenzen lassen. Idealtypisch zählen dazu aus Marketingsicht: frühe Adoptoren (early adopters), die frühe Mehrheit (early majority), die späte Mehrheit (late majority) und die Gruppe der Nachzügler (laggards).

- Diffusionskurven verlaufen idealtypisch S-förmig. Sie können aber durch Substitutionsprodukte anderer Wettbewerber – seien es neue oder in der Industrie etablierte Konkurrenten – empfindlich gestört werden. Die Marktdurchdringung einer bestimmten Herstellerinnovation kann so beeinflußt werden, daß sich ein Abflachen oder gar ein eher abruptes »Abbrechen« der Diffusionskurve für diese Innovation ergibt.

- Im Zuge der Diffusion von Innovationen können häufig Re-Inventionen notwendig werden, die auf eine gewisse Applikationsanpassung der innovativen Produkte und Systeme an die spezifischen Abnehmerbelange abstellen.

- Bei der Gestaltung der Marktdiffusion ist für die Hersteller nicht nur die Nutzung von Geschäftsbeziehungen relevant, die bereits zu bestimmten Abnehmer-Unternehmen bestehen, auch neue Geschäftsbeziehungen müssen angebahnt werden. Dabei kann es erforderlich werden, die zwischen einem Wettbewerber und einem potentiellen Abnehmer schon bestehende Geschäftsbeziehung »aufzubrechen«.

Mit der vorstehenden Beschreibung wurden Aspekte behandelt, die primär auf die vom Marketing zu steuernde Marktdurchsetzung von Innovationen abstellen, dies zum einen aus einer eher »makroskopischen« Diffusionssicht, zum anderen aus »mikroskopischer« Sicht, die beschreibt, auf welche Aspekte des innovationsbezogenen Kaufverhaltens von Abnehmern sich ein Hersteller einstellen muß.

Damit ist jedoch bislang ein wichtiger Faktor ausgelassen, der aus analytischer Sicht im Prinzip der Marktdurchdringung vorgelagert ist und erst die Voraussetzung für eine erfolgreiche Markterschließung schafft. Hersteller müssen, um im dynamischen Innovationswettbewerb bestehen zu können, ständig erneut ein innovatives Angebot entwickeln, das von den Abnehmern als vorteilhafter als die Konkurrenzangebote angesehen wird. Erst die Schaffung eines wettbewerbsfähigen Angebots und die »Verbreitung der Nachricht«, daß ein solches Angebot vorhanden ist, versetzen sie in die Lage, sich am Markt durchsetzen zu können. Ein innovationsorientierter Marketingansatz muß auch diese Aspekte berücksichtigen. Insbesondere ist zu beachten,

- daß die zu betreibenden Generierungsprozesse der Hersteller, die das Anlegen breiter Innovationsfähigkeit sowie die Schaffung von Innovationen umschließen, in Marktorientierung vorgenommen werden müssen. Diese Marktorientierung beinhaltet nicht nur die Berücksichtigung der Kundenbelange, es ist auch notwendig, die Aktivitäten des Wettbewerbs am Markt zu berücksichtigen, um mögliche Vorteils- oder Differenzierungsquellen erkennen zu können. Es gilt, Wettbewerbsvergleiche anzustellen und Generierungsprozesse in gekoppelter Kunden- und Wettbewerbsorientierung gezielt durchzuführen.

- Hersteller technischer und systemtechnischer Innovationen agieren in einem industriellen Umfeld, das durch eine hohe Intensität und Dynamik des Innovationswettbewerbs gekennzeichnet ist. Sie müssen in ihren, durch den informationstechnologischen Wandel geprägten Industrien, in Permanenz betriebliche Generierungsprozesse vollziehen. Dem ständig erneuten Anlegen von Innovationsfähigkeit sowie der wiederholten Suche nach Innovationsmöglichkeiten kommen dabei hohe Bedeutung zu.

- Möglichkeiten zur Optimierung des Ergebnisses von Generierungsprozessen liegen für Hersteller von Innovationen in der Kooperation mit anderen Unternehmen. Es können beispielsweise zur Erreichung eines Wettbewerbsvorteils Angebotskooperationen im CIM-Geschäft vorgenommen werden. Denkbar sind aber auch Entwicklungskooperationen im Prozeß der Innovationsentstehung.

- Allerdings zählt im Innovationswettbewerb nicht nur die tatsächliche technisch-objektive Überlegenheit entwickelter Innovationen. Es ist zu beachten, daß der (potentielle) Abnehmer diesen Vorteil beim Vergleich zum Wettbewerbsangebot auch subjektiv wahrnehmen muß.

- Auf der anderen Seite müssen die Hersteller darauf achten, daß das von ihnen suggerierte Bild des Konkurrenzvorteils durch reale Leistung abgestützt sein muß, da nachträglich wahrgenommene Inkonsistenzen im Angebot eines Herstellers zu einem nachhaltigen Imageverfall führen können.

Die aufgezeigten Entwicklungen veranlassen, einen erweiterten Marketingansatz zu entwickeln, der diesen umfassenden Anforderungen gerecht wird und dabei insbesondere auch wettbewerbsbezogene Aspekte berücksichtigt. Grundlage dieses Ansatzes bilden hierfür zunächst die im Bereich des Investitionsgütermarketing bereits vorhandenen generalisierenden und innovationsorientierten Ansätze.

II. Kapitel

Investitionsgütermarketing: generalisierende und innovationsorientierte Ansätze

In der Einleitung wurde das Ziel formuliert, einen erweiterten Ansatz für das Innovationsmarketing zu konzipieren. Zum einen sollen wettbewerbstheoretische Aspekte stärker berücksichtigt werden, zum anderen sollen bei dieser Weiterentwicklung verstärkt die schon vorhandenen Ansätze des Investitionsgütermarketing in die Theorie des Innovationsmarketing integriert werden. Idealtypisch ist dabei an die Konzeption eines Ansatzes zu denken, der auf realitätsbeschreibender Ebene eine umfangreichere Ausformulierung erfährt, als sie in den existierenden Modellen zum Innovationsmarketing vorliegt, und der gleichzeitig Ableitungen für ein operatives *Innovations-Marketing-Management* zuläßt.

Für dieses auf Integration und Erweiterung ausgerichtete Erkenntnisziel ist die nachfolgende Diskussion traditioneller Ansätze des Investitionsgütermarketing von grundlegender Bedeutung. Die vorhandenen Ansätze dieser Disziplin, von denen sich ein Teil bereits explizit auf innovationsorientierte Fragestellungen bezieht, geben nicht nur einen gültigen Rahmen für die konzeptionelle Weiterentwicklung des Innovationsmarketing vor, sie liefern darüber hinaus wichtige Ergebnisse, die in einen erweiterten Ansatz des Innovationsmarketing integriert werden können.

Grundsätzlich lassen sich die Ansätze des Investitionsgütermarketing in generalisierende und spezielle Ansätze unterteilen.[1] Generalisierende bzw. allgemeine Modelle berücksichtigen in ihrem übergreifenden Aussagengebäude teilweise schon innovationsorientierte Aspekte. Insgesamt weisen sie zwar gewisse Unzulänglichkeiten in ihrem Erklärungs- und Empfehlungsbeitrag für das Marketing technischer und systemtechnischer Innovationen auf, andererseits können jedoch einige Grundvorstellungen und Partialmodelle in einen innovationsorientierten Marketingansatz übernommen werden.

Weiterführende Anhaltspunkte bieten spezielle Modelle des Investitionsgütermarketing, die sich ausdrücklich auf innovative Fragestellungen beziehen. Allerdings stellen diese – einer gewissen Forschungstradition unterliegenden – innovationsorientierten Marketingansätze oft nur auf Teilaspekte eines realitätsadäquaten Innovationsmarketing ab. Sie sind daraufhin zu prüfen, inwieweit sie den Anforderungen eines Marketing für technische und systemtechnische Innovationen Rechnung tragen.

Im folgenden werden nach einigen grundlegenden Ausführungen zum Begriff und zur Bedeutung des Investitionsgütermarketing wesentliche Ansätze generalisierenden und innovationsorientierten Charakters dieser besonderen Marketinglehre vorgestellt. Dabei kann es nicht Ziel sein, alle bislang in der Literatur vorgestellten Ansätze ausführlich zu beschreiben, es wird vielmehr in Orientierung am Erkenntnisinteresse sowie an den wesentlichen Forschungslinien des Investitionsgütermarketing eine gezielte Auswahl vorgenommen, die

---

1 Vgl. hierzu ausführlicher: Abschnitt 1.2 dieses Kapitels.

auch schon innerhalb dieses Kapitels eine vergleichende Diskussion der vorhandenen Konzeptionen ermöglicht.

1. Grundlegende Ausführungen zum Investitionsgütermarketing

Gegenüber dem Konsumgüterbereich, in dem das Marketing-Konzept bereits seit langem erfolgreich in der Praxis eingesetzt wird, gelangte das Marketing-Denken im Investitionsgütersektor mit Verspätung zu einer verstärkten praktischen Nutzung.[2] Konnten ENGELHARDT und GÜNTER 1981 noch einen »... 'Nachholbedarf' an Marketing-Denken ...«[3] für den Investitionsgüterbereich feststellen, so scheint dieser Rückstand noch immer nicht gänzlich aufgehoben zu sein.

Auf wissenschaftlicher Seite liegt hingegen schon eine recht umfangreiche Literatur vor,[4] die den speziellen Fragestellungen des Investitionsgütermarketing gewidmet ist. Insbesondere der Einfluß aus dem US-amerikanischen Raum hat zu einer Vielzahl von Ansätzen und Konzeptionen in diesem Fachgebiet geführt.[5] Aber auch aus dem deutschsprachigen Raum und der »Forschungsregion« Schweden entstammen Ansätze, die zwar zu etwas anders gelagerten Vorstellungen über die Betrachtung und konzeptionelle Umsetzung des Investitionsgütermarketing führen, dabei jedoch grundsätzlich zu einer wesentlichen Erweiterung des Wissens in dieser Disziplin beitragen.

Allerdings sind mit dem wachsenden Umfang der Literatur zu diesem Spezialgebiet auch unterschiedliche Begriffe und divergierende Vorstellungen über ein adäquates Marketing entstanden, so daß insgesamt von einer geschlossenen Theorie des Investitionsgütermarketing noch nicht gesprochen werden kann.[6] Zunächst soll ein Überblick über Begriffe und die verschiedenen Ansatzgruppen des Investitionsgütermarketing gegeben werden.

---

[2] Der Trennung zwischen *Konsumgütermarketing* und *Investitionsgütermarketing* liegt eine güterspezifische Abgrenzung zugrunde, die sich in den Marktbesonderheiten, einer unterschiedlichen Schwerpunktsetzung und einem erweiterten Instrumentarium für den Investitionsgüterbereich begründet. Vgl. BACKHAUS, K.: Investitionsgüter-Marketing, a.a.O., S. 1 f.; STROTHMANN, K.-H.: Investitionsgütermarketing, a.a.O., S. 14 ff.

[3] ENGELHARDT, W.H./GÜNTER, B.: Investitionsgüter-Marketing, Anlagen, Einzelaggregate, Teile, Roh- und Einsatzstoffe, Energieträger, Stuttgart-Berlin-Köln-Mainz 1981, S. 18.

[4] Vgl. zur Literaturübersicht: BACKHAUS, K.: Investitionsgüter-Marketing, a.a.O.; KIRSCH, W./KUTSCHKER, M./LUTSCHEWITZ, H.: Ansätze und Entwicklungstendenzen im Investitionsgütermarketing, a.a.O.; WIND, Y./THOMAS, R.: Conceptual and Methodological Issues in Organisational Buying Behaviour, in: EJoM, 14 (1980), S. 239 ff.

[5] Vgl. KIRSCH, W./KUTSCHKER, M./LUTSCHEWITZ, H.: Ansätze und Entwicklungstendenzen im Investitionsgütermarketing, a.a.O., S. 30 ff.

[6] Vgl. ENGELHARDT, W.H./GÜNTER, B.: Investitionsgüter-Marketing, a.a.O., S. 19.

1.1 Der Begriff des Investitionsgütermarketing

Eine Durchsicht der relevanten Fachpublikationen verdeutlicht die erwähnten Unterschiede bei der Beschreibung und Abgrenzung des Begriffs *Investitionsgütermarketing*. Ausgehend von der jeweiligen Zielsetzung und dem gewählten Ansatzpunkt für eine realitätsadäquates Marketing fassen die einzelnen Autoren diesen Begriff unterschiedlich weit. Streckenweise wird dieser Begriff sogar überhaupt nicht explizit definiert, sondern ergibt sich vielmehr nur aus dem Inhalt.

Mit STROTHMANN kann festgestellt werden, daß es als Folge der ständigen wissenschaftlichen Weiterentwicklung und der unterschiedlichen Zielsetzungen der Autoren kaum »... möglich ist, Marketing absolut und zeitlos zu definieren ...«[7]. Jedoch kann eine inhaltliche Beschreibung vorgenommen werden, die auf die Gemeinsamkeiten der Ansätze zum Investitionsgütermarketing abstellt. Üblicherweise wird hierfür zunächst der Begriff des Investitionsgutes beschrieben, der insgesamt weniger uneinheitlich verwendet wird als der des Investitionsgütermarketing.

Grundsätzlich läßt sich zwischen einer engen und einer weiten Auffassung des *Investitionsgüterbegriffs* unterscheiden, wobei die erstere Auffassung Investitionsgüter mit Anlagegütern gleichsetzt.[8] Die weite Auffassung, die sich in Übertragung aus dem anglo-amerikanischen Sprachgebrauch zwischenzeitlich auch in der deutschsprachigen Marketing-Wissenschaft durchgesetzt hat, schließt neben der komplexen Anlagentechnik auch Einzelaggregate, Roh- und Hilfsstoffe sowie Halbfertig-Erzeugnisse und produktbegleitende sowie eigenständige Dienstleistungen ein.[9] Dementsprechend definiert beispielsweise BACKHAUS:

> »Unter Investitionsgütern werden [...] Leistungen verstanden, die von Organisationen beschafft werden, um weitere Leistungen zu erstellen, die nicht in der Distribution an Konsumenten bestehen.«[10]

Unter innovativen Investitionsgütern lassen sich hiernach technische und systemtechnische Innovationen verstehen, die von Organisationen beschafft werden und prozeßinnovativ in der jeweilig abnehmenden Organisation zur Anwendung gelangen.

---

[7] STROTHMANN, K.-H.: Investitionsgütermarketing, a.a.O., S. 16.

[8] Vgl. BACKHAUS, K.: Investitionsgüter-Marketing, a.a.O., S. 3.

[9] Vgl. STROTHMANN, K.-H.: Investitionsgütermarketing, a.a.O., S. 14 f.; ENGELHARDT, W.H./ GÜNTER, B.: Investitionsgüter-Marketing, a.a.O., S. 22 ff.; BACKHAUS, K.: Investitionsgüter-Marketing, a.a.O., S. 3; und vgl. zu tiefergehenden Einteilungsmöglichkeiten der Investitionsgüter insbesondere: ENGELHARDT, W.H./GÜNTER, B.: Investitionsgüter-Marketing, a.a.O., S. 24 ff.; und vgl. zu einem kaufsituationsspezifischen Ansatz: KIRSCH, W./KUTSCHKER, M.: Investitionsgütermarketing, in: Marketing Enzyklopädie, Bd. 1, München 1974, S. 1029 f.; sowie vgl. Abschnitt 2.1 dieses Kapitels.

[10] BACKHAUS, K.: Investitionsgüter-Marketing, a.a.O., S. 3.

Das Marketing für Investitionsgüter widmet sich den von organisationalen Nachfragern bezogenen Produktkategorien. Der Marketingbegriff, der grundsätzlich ein Denken vom Markt her beschreibt[11] und sich im weitesten Sinne als »… marktorientierte Unternehmensführung …«[12] auffassen läßt, erfährt für den Investitionsgüterbereich seine inhaltliche Ausrichtung an einem wesentlichen Aspekt: Schwerpunkt und zentraler Ansatzpunkt der heutigen Marketingtheorie im Investitionsgüterbereich ist die Analyse von *Verhaltensstrukturen* in industriellen Kauf-/Verkaufsprozessen, die in der beachtlichen Zahl wissenschaftlicher Arbeiten zum Investitionsgütermarketing analysiert wurden. Je nach Ansatz kann dabei unterschieden werden zwischen der Analyse des industriellen *Kauf-* bzw. *Entscheidungsverhaltens* oder des *Interaktionsverhaltens* zwischen Personen bzw. Organisationen[13]. Kenntnisse über das Verhalten der an industriellen Kauf-/Verkaufsprozessen beteiligten Organisationsmitglieder sollen Möglichkeiten zur gezielten Formulierung verhaltenssteuernder Marketingempfehlungen erschließen. Hierzu gehören Aussagen zur Anwendung strategischer Marketingmaßnahmen sowie zum optimalen Einsatz des Marketing-Instrumentariums.

Die Analyse der Strukturen industriellen Kauf- und Interaktionsverhaltens kann somit als Voraussetzung eines effizienten Marketing angesehen werden. Sie ist, wie erwähnt, wesentlicher und gemeinsamer Bestandteil der heutigen Ansätze des Investitionsgütermarketing[14], die noch vorrangig auf eine Steuerung von Kauf-/Verkaufsprozessen abstellen.

In jüngerer Zeit wird das Investitionsgütermarketing aber auch verstärkt unter Einbezug wettbewerbstheoretischer Überlegungen konzipiert. Dies zeigt sich in einem neueren, in der Literatur vorliegenden Begriffsverständnis.[15] Dabei tritt neben die bereits bestehende Begriffsauffassung auch das Konstrukt des komparativen Konkurrenzvorteils, das – wie schon angedeutet[16] – von einigen Autoren nunmehr als zentrales Merkmal des Investitionsgütermarketing hervorgehoben wird. BACKHAUS und MEYER führen beispielsweise aus, daß es wichtig ist

> »… in der Wahrnehmung der Abnehmer ein besseres Leistungsangebot
> im Hinblick auf das nachfragebezogene Problemlösungspotential zu besit-

---

[11] Vgl. STROTHMANN, K.-H.: Investitionsgütermarketing, a.a.O., S. 16.

[12] ENGELHARDT, W.H./GÜNTER, B.: Investitionsgüter-Marketing, a.a.O., S. 15.

[13] Vgl. zum *Interaktionsverhalten*: Abschnitt 2.4 dieses Kapitels.

[14] Vgl. PLINKE, W./FLIEß, S.: Das industrielle Kaufverhalten, Teil I, in: Technischer Vertrieb, hrsg. v. W. PLINKE, Projektgruppe Technischer Vertrieb, Freie Universität Berlin, Berlin 1986, S. 01/01 f.

[15] Vgl. beispielsweise: BACKHAUS, K./MEYER, M: Integrierte Marketing-Logistik, a.a.O., S. 243 ff.; ENGELHARDT, W.H./WITTE, P.: Konzeptionen des Investitionsgüter-Marketing, eine kritische Bestandsaufnahme ausgewählter Ansätze, in: Investitionsgütermarketing, hrsg. v. M. KLICHE, a.a.O., S. 5; PLINKE, W.: Einführung in das industrielle Marketing, a.a.O., S. 37 ff., S. 42.

[16] Vgl. I. Kapitel, Abschnitt 2.4.

zen als die Konkurrenz. Damit wird das Konstrukt des *komparativen Konkurrenzvorteils (KKV)* zum zentralen Merkmal des Marketing.«[17]

Weiterhin betonen die Autoren, daß hierbei nicht die absolute Leistungsposition ausschlaggebend ist, sondern es vielmehr wichtig ist, wie ein Hersteller vom Nachfrager im Vergleich zur Konkurrenz beurteilt wird.[18]

Die Ausführungen zeigen, daß das empfohlene Marketing für Investitionsgüter-Hersteller zunehmend von der Erkenntnis geprägt wird, auch Wettbewerbsüberlegungen in die Betrachtung einzuschließen. Dieses neuere Verständnis des Investitionsgütermarketing läßt bereits erste Hinweise für einen erweiterten und wettbewerbsorientierten Ansatz des Innovationsmarketing erkennen, der in breiterer Form als bisher auf die von den Hersteller-Unternehmen vorzunehmende Marktorientierung abzielt.

Die bislang zum Investitionsgütermarketing vorliegenden Ansätze berücksichtigen allerdings weniger die Notwendigkeit des Einbezugs wettbewerbstheoretischer Überlegungen. Traditionell ist – wie erwähnt – das Spektrum der Ansätze eher auf die Steuerung von Kauf-/Verkaufsprozessen ausgerichtet.

1.2 Spektrum der Ansätze

Über die Zuordnung der vielfältigen Ansätze und Modelle[19] zu einzelnen Gruppen besteht in der Literatur weitgehend Konsens, auch wenn letztlich solche Kategorisierungen immer unvollkommen bleiben müssen. Grundsätzlich werden drei Richtungen unterschieden:[20] Zunächst sind die *absatztheoretisch instrumentellen* und *Marketing-Management-Ansätze* zu nennen, deren Sichtweise in Kombination mit anderen Ansatzkategorien in Standard-

---

[17] BACKHAUS, K./MEYER, M: Integrierte Marketing-Logistik, a.a.O., S. 243; vgl. hierzu auch: BACKHAUS, K.: Investitionsgüter-Marketing, 2. Aufl., a.a.O., S. 6 f.

[18] Vgl. BACKHAUS, K./MEYER, M: Integrierte Marketing-Logistik, a.a.O., S. 244.

[19] Allgemein wird unter dem Begriff *Modell* ein Abbild der Realität verstanden, das sich auf eine vereinfachte und auf das wesentliche reduzierte Abbildung sowie Beschreibung komplexer realer Sachverhalte bezieht und von einem entscheidungslogischen Modell abzugrenzen ist. Oft werden die Begriffe *Modell* und *Ansatz* synonym verwendet. Unter einem Ansatz sind jedoch darüber hinaus auch konzeptionelle, entscheidungslogische Überlegungen zu verstehen. Insofern greift der Begriff *Ansatz* weiter als der des *Modells*. Vgl. KOSIOL, E.: Modellanalyse als Grundlage unternehmerischer Entscheidungen, in: Zeitschrift für handelswissenschaftliche Forschung, 1961, S. 319; KUß, A.: Marketingmodelle in der Praxis, Anwendungsstand und Gestaltungsprinzipien von Marketingmodellen, Diss., Berlin 1978, S. 3; SCHANZ, G.: Einführung in die Methodologie der Betriebswirtschaftslehre, Köln 1975, S. 41 f.

[20] Vgl. beispielsweise: KIRSCH, W./KUTSCHKER, M./LUTSCHEWITZ, H.: Ansätze und Entwicklungstendenzen im Investitionsgütermarketing, a.a.O., S. 39 f., S. 94 f.; GEMÜNDEN, H.G.: Innovationsmarketing, a.a.O., S. 6; BACKHAUS, K.: Investitionsgüter-Marketing, a.a.O., S. 5 f.

werken zum Investitionsgütermarketing in ein gemeinsames Konzept[21] einmündet. Als zweite Gruppe können die *monoorganisationalen* Ansätze abgegrenzt werden,[22] und schließlich bilden die *Interaktionsansätze* eine eigenständige Forschungsrichtung.[23]

Die zuerst genannten, absatztheoretisch instrumentellen und Marketing-Management-Ansätze entsprechen am ehesten den Ansprüchen bzw. »Wünschen« der Praxis. Diese Konzepte unterbreiten instrumentelle und zugleich managementorientierte Handlungsempfehlungen für die Marketingpraxis, greifen dabei jedoch oft auch auf realitätsbeschreibende Theoriebestandteile zurück.[24]

Als zweite Gruppe der Ansätze des Investitionsgütermarketing wurden oben die monoorganisationalen Modelle des organisationalen Kaufverhaltens genannt. Vor allem die Autoren aus dem US-amerikanischen Raum haben sich im Zuge der Herausbildung des Investitionsgütermarketing zur eigenständigen Disziplin verstärkt der Beschreibung und Untersuchung des organisationalen Kaufverhaltens angenommen. Das Spektrum dieser Ansätze reicht von der Untersuchung des Kaufverhaltens investitionsentscheidender Fachleute im Beschaffungsprozeß bis hin zur Beschreibung des Wirkungszusammenhangs komplexer organisationaler und situativer Einflußstrukturen auf den Kaufentscheid.[25] Insgesamt haben diese Modelle ihren Untersuchungsschwerpunkt auf einer realitätsbeschreibenden Ebene.

Die dritte angesprochene Gruppe bilden die sogenannten Interaktionsansätze des Investitionsgütermarketing.[26] KIRSCH, KUTSCHKER und LUTSCHEWITZ, die an der Herausbildung des Interaktionsansatzes im deutschsprachigen Raum wesentlichen Anteil haben, formulieren platzgreifend, »... daß sich die Theorie des Investitionsgütermarketing

---

[21] Vgl. KIRSCH, W./KUTSCHKER, M./LUTSCHEWITZ, H.: Ansätze und Entwicklungstendenzen im Investitionsgütermarketing, a.a.O., S. 40 ff.; und vgl. die Ausführungen in Abschnitt 3.2 dieses Kapitels.

[22] Die *monoorganisationalen* Ansätze lassen sich zu den *multiorganisationalen* über ihren Untersuchungsgegenstand abgrenzen. Wird in den monoorganisationalen Modellen nur die Analyse des Kaufverhaltens »einzelner« Abnehmerorganisationen zum Gegenstand der Betrachtung gemacht, so steht bei den multiorganisationalen Ansätzen bzw. Interaktionsansätzen die Analyse mindestens zweier Marktpartner und ihres »Austauschverhaltens« im Vordergrund.

[23] Nach BACKHAUS und ENGELHARDT/GÜNTER hat die Entwicklung der Ansätze zum Investitionsgütermarketing im wesentlichen drei Stufen durchlaufen. Standen am Anfang der Entwicklung die *organisationsungebundenen* Ansätze, die auf normativer Ebene Konzepte der Beschaffungsplanung und Beschaffungstechnik unterbreiteten, so waren es in den weiteren Stufen die *mono-* und *multiorganisationalen* Ansätze, die Ansatzpunkte zur Beschreibung und Erklärung industriellen Kauf- bzw. Interaktionsverhaltens liefern. Vgl. BACKHAUS, K.: Investitionsgüter-Marketing, a.a.O., S. 4, 10 und 39 ff.; ENGELHARDT, W.H./GÜNTER, B.: Investitionsgüter-Marketing, a.a.O., S. 31.

[24] Vgl. die Ausführungen in Abschnitt 3 dieses Kapitels.

[25] Vgl. Abschnitt 2.1 bis 2.3 dieses Kapitels.

[26] Vgl. Abschnitt 2.4 dieses Kapitels.

70

auf dem Wege zu einem Interaktionsansatz befindet«[27]. Möglicherweise lassen sich Interaktionsmodelle auch dafür nutzen, um einer weitergehenden, bei BACKHAUS niedergeschriebenen Forderung für die künftige Entwicklung des Investitionsgütermarketing Rechnung zu tragen: Er betont, daß die Theorie des Investitionsgütermarketing »... in eine *Theorie der Geschäftsbeziehungen* einmünden ...«[28] sollte, die letztlich auf dem Interaktionsmodell aufbauen könnte. In der inzwischen umfangreichen Literatur zum Investitionsgütermarketing wurden unterschiedliche Interaktionsmodelle entwickelt, auf die im weiteren ebenfalls noch näher einzugehen ist.

Insgesamt beurteilt sind Interaktionsansätze – wie auch die Modelle des organisationalen Kaufverhaltens – durch eine Schwerpunktsetzung auf *realitätsbeschreibender Ebene* gekennzeichnet. Demgegenüber liegt das Hauptaugenmerk der instrumentellen, managementorientierten Ansätze auf einer *handlungsorientierten Ebene.*

Vor dem Hintergrund der Zielsetzung dieser Arbeit ist jedoch nicht nur auf diesen Unterschied zu verweisen. Darüber hinaus ist es notwendig, vor allem den unterschiedlichen Erklärungsbeitrag von *allgemeinen* und bereits *innovationsorientierten Konzepten* des Investitionsgütermarketing herauszuarbeiten. Mit dem Begriff der »Allgemeinen Ansätze« werden diejenigen Ansätze etikettiert, die versuchen, partielle oder komplexe Realphänomene in allgemeingültiger bzw. *generalisierender* Form abzubilden, und damit ihren Aussagenbereich auf eine Vielzahl von Marketing- bzw. Geschäftsvorfällen im Investitionsgüterbereich beziehen. Abgrenzen lassen sich demgegenüber *spezielle Ansätze,* die gezielte Aussagen für bestimmte Gruppen von Geschäftsarten treffen. Als spezielle Ansätze des Investitionsgütermarketing können dementsprechend innovationsorientierte Modelle, aber auch Ansätze des Anlagen-Marketing[29], des Systems-Selling[30] sowie des Internationalen Marketing[31], eingestuft werden.

Bei der Darstellung einzelner Ansätze, in denen sich teilweise eine aus dem früheren »gemeinsamen Werdegang« von Konsumgüter- und Investitionsgütermarketing erklärbare

---

[27] KIRSCH, W./KUTSCHKER, M./LUTSCHEWITZ, H.: Ansätze und Entwicklungstendenzen im Investitionsgütermarketing, a.a.O., S. 1.

[28] BACKHAUS, K.: Investitionsgüter-Marketing, a.a.O., S. 4.

[29] Vgl. zur Literaturübersicht: GÜNTER, B./BACKHAUS, K.: Das Anlagen-Marketing in der betriebswirtschaftlichen Literatur - eine strukturierte Auswahl, in: ENGELHARDT, W.H./LASSMANN, G. (Hrsg.): Anlagen-Marketing, ZfbF-Sonderheft 7/77, Opladen 1977, S. 197 ff.

[30] Vgl. I. Kapitel, Abschnitt 1.5; auf die Sichtweise des Systems-Selling wurde im Abschluß dieses Abschnitts bereits näher eingegangen.

[31] Vgl. zum *Internationalen Marketing* beispielsweise: BACKHAUS, K.: Auslandsmarktstrategien, in: Technischer Vertrieb, hrsg. v. W. PLINKE, Projektgruppe Technischer Vertrieb, Freie Universität Berlin, Berlin 1986; BACKHAUS, K.: Bestimmungsfaktoren der Lieferantenauswahl als Basis einer Marktsegmentierung im internationalen Anlagengeschäft, in: ENGELHARDT, W.H./LASSMANN, G. (Hrsg.): Anlagen-Marketing, a.a.O., S. 57 ff.; BEREKOVEN, L.: Internationales Investitionsgüter-Marketing, in: THEXIS, 4 (1987), 1, S. 7 f.; SEGLER, K.: Basisstrategien im internationalen Marketing, Frankfurt a.M.-New York 1986.

begriffliche und analytische Nähe beobachten läßt[32], wird auf den Unterschied zwischen generalisierenden und innovationsorientierten Ansätzen hingewiesen. Es werden die wesentlichen Grundgedanken vorgestellt und weiterführende Betrachtungen in Abhängigkeit zur Zielsetzung dieser Arbeit vorgenommen.

2. Ansätze des industriellen Kauf- und Interaktionsverhaltens

Die zu diesem Themenbereich konzipierten Ansätze heben in unterschiedlichem Komplexitätsgrad auf eine Beschreibung realer Beschaffungsvorgänge ab. Zum einen lassen sich Modelle nennen, die eine Beschreibung und Erklärung industriellen Kaufverhaltens insbesondere über eine Analyse bestimmter Ausschnitte der organisationalen Beschaffungsvorgänge vornehmen (sog. *Partialmodelle*, z.B. Prozeßmodelle, Entscheidertypologien, Buying Center-Modell). Darüber hinaus wurden komplexere Ansätze entwickelt, die das Kaufverhalten einer Organisation unter Berücksichtigung möglichst vieler Wirkungszusammenhänge beschreiben wollen (sog. *System-* bzw. *Totalmodelle*) oder sich auf die Beschreibung der Interaktionsbeziehungen zwischen Unternehmen bzw. deren Repräsentanten konzentrieren (*Interaktionsansätze*).

Partialmodelle, die in besonderem Maße einen Teilbereich industriellen Kauf- und Entscheidungsverhaltens erklären, sind wiederum teilweise in komplexere Systemmodelle eingebunden, wie das im weiteren zitierte Beispiel des von WEBSTER und WIND in ein Systemmodell integrierten Buying Center-Konzepts verdeutlicht.[33] Ihr besonderer Erklärungsbeitrag zum industriellen Kaufverhalten räumt ihnen jedoch eine Sonderstellung ein, die eine getrennte Behandlung dieser Ansätze begründet.

2.1 Prozeßmodelle und produktabhängige Kaufsituationskonzepte

Wie bei der Beschreibung des Begriffs des Investitionsgütermarketing angedeutet wurde,[34] können organisationale Kaufentscheidungen als das Ergebnis eines Prozesses verstanden

---

[32] Vgl. bspw. zum *Buying Center* den Begriff des *Buying Teams* bei BELL, G.D.: Self-Confidence, Persuasibility, and Cognitive Dissonance Among Automobile Buyers, in: COX, D.F. (Ed.): Risk Taking and Information Handling in Consumer Behavior, Boston 1967, S. 459 ff.; zur *Interaktionsbetrachtung* bspw.: KING, C.W./SUMMERS, J.O.: Dynamics of Interpersonal Communication: The Interaction Dyad, in: COX, D.F. (Ed.): a.a.O., S. 240 ff.; zur *Typologiebildung* bspw.: COX, D.F.: Risk Handling in Consumer Behavior - an Intensive Study of Two Cases, in: COX, D.F. (Ed.): a.a.O., S.67 ff.

[33] Vgl. Abschnitt 2.2 und 2.3 dieses Kapitels; und vgl.: WEBSTER, F.E. Jr./WIND, Y.: Organizational Buying Behavior, Englewood Cliffs, N.J., 1972, S. 77 ff.

[34] Vgl. Abschnitt 1.1 dieses Kapitels.

werden, der durchlaufen wird, wenn Organisationen Investitionsgüter der definierten Art beschaffen. Solche Prozeßmodelle, die bei vielen Autoren in komplexere Modelle eingegliedert sind, können als Ausgangspunkt bzw. analytische Basis für Marketingentscheidungen und -programme dienen. Grundsätzlich sollen Modelle des industriellen Kauf- und Entscheidungsprozesses eine Aufhellung und Strukturierung realer *Informations-, Abwägungs- und Entscheidungsvorgänge* in Abnehmerorganisationen ermöglichen und damit zu einem besseren Verständnis des organisationalen Kaufverhaltens beitragen.

Je nach Sichtweise, analytischem Ziel und Untersuchungsgebiet der einzelnen Autoren fallen diese Prozeßmodelle unterschiedlich aus. Die Analysen ergeben beispielsweise Stufungen organisationaler Kauf- und Entscheidungsprozesse von vier bis zwölf Phasen.[35] ROBINSON, FARIS und WIND unterscheiden zwischen acht Stufen des organisationalen Kaufprozesses:[36]

(1)   Antizipation oder Wahrnehmung eines Problems (Bedürfnisses) und einer allgemeinen Lösungsmöglichkeit

(2)   Bestimmung der Eigenschaften und Mengen der benötigten Produkte

(3)   Beschreibung der Eigenschaften und Mengen der benötigten Produkte

(4)   Suche und Bewertung potentieller Produktquellen

(5)   Einholen und Analyse von Angeboten

(6)   Auswertung der Angebote und Auswahl der (eines) Anbieter(s)

(7)   Festlegung eines Bestellverfahrens

(8)   Leistungs-feedback und -bewertung

Einen Überblick über die verschiedenen Prozeßmodelle geben beispielsweise WIND und THOMAS, die hervorheben, daß der organisationale Kaufprozeß nur schwer abzubilden ist und die Unterschiede der Modelle in der Phasenstufung Ausdruck verschiedener Industrie- und Produktgegebenheiten sowie Kaufsituationen sein können.[37] Dies erschwert die For-

---

[35]   Vgl. beispielsweise das *vierstufige Modell* bei: BRADLEY, M.F.: Buying Behaviour in Ireland's Public Sector, in: IMM, 6 (1977), S. 251 ff.; WEBSTER, F.E. Jr.: Modelling the Industrial Buying Process, in: JoMR, 2 (1965), S. 170 ff.; das *fünfstufige Modell* bei: WEBSTER, F.E. Jr./WIND, Y.: Organizational Buying Behavior, a.a.O., S. 31 ff.; und das *achtstufige Modell* bei: ROBINSON, P.J./FARIS, C.W./WIND, Y.: Industrial Buying and Creative Marketing, Boston 1967, S. 13 ff., STROTHMANN, K.-H.: Investitionsgütermarketing, a.a.O., S. 49; und das *zehnstufige Modell* bei: BRAND, G.T.: The Industrial Buying Decision, London 1972.

[36]   Vgl. ROBINSON, P.J./FARIS, C.W./WIND, Y.: Industrial Buying and Creative Marketing, a.a.O., S. 13 ff., Übersetzung angelehnt an: PLINKE, W./FLIEß, S.: Das industrielle Kaufverhalten, a.a.O., S. 04/04.

[37]   Vgl. WIND, Y./THOMAS, R.: Conceptual and Methodological Issues in Organisational Buying Behaviour, a.a.O., S. 242 f.; und zu einem Überblick über die *prozeßorientierten Modelle:* ebenda, S. 243 ff.; PARKINSON, S.T./BAKER, M.J./MOLLER, K.: Organizational Buying Behaviour, London u.a. 1986, S. 111 ff.; PLINKE, W./FLIEß, S.: Das industrielle Kaufverhalten, a.a.O., S. 04/04.

mulierung eines eindeutigen, phasenorientierten Modells. WITTE hat bereits 1968 nachgewiesen, daß nur in seltenen Fällen eine klare Trennung der einzelnen Phasen in der Realität beobachtbar ist.[38]

Ebenso wie WIND und THOMAS weist auch STROTHMANN darauf hin, daß organisationale Kauf- und Entscheidungsprozesse in Abhängigkeit zum jeweilig beschafften Gut variieren.[39] So benötigt die Beschaffung komplexer Anlagentechnik durchschnittlich fünfzehn Wochen, Kaufprozesse bei Erzeugnissen des laufenden Fertigungsbedarfs erfordern hingegen nur etwa acht Wochen. Diese Zeiten stehen sicherlich in Abhängigkeit zur Anzahl der am Entscheidungsprozeß beteiligten Personen und eingeschalteten betrieblichen Stellen. Am Entscheidungsprozeß für komplexe Anlagentechnik beteiligen sich nach einer vom SPIEGEL-Verlag[40] herausgegebenen Studie durchschnittlich zehn bis fünfzehn Personen, von denen etwa vier entscheidenden Einfluß haben. Bei routinemäßigen Beschaffungen von Erzeugnissen des laufenden Fertigungsbedarfs fällt diese Zahl deutlich geringer aus.

Wurde hiermit bereits auf den Zusammenhang zwischen Art des beschafften Gutes, Routine bei der Beschaffung und Länge des Entscheidungsprozesses hingewiesen, so ist an dieser Stelle der Ansatz der Autoren ROBINSON, FARIS und WIND hervorzuheben, die mit der Aufstellung eines zugleich phasen- und kaufklassenorientierten Modells diese »produktabhängigen« Gegebenheiten in Beschaffungsprozessen berücksichtigen.

Das BUYGRID-Modell von ROBINSON, FARIS und WIND

ROBINSON, FARIS und WIND haben mit ihrem *BUYGRID-Modell* einen oft zitierten Ansatz zur Abbildung organisationaler Kauf- und Entscheidungsprozesse in Abhängigkeit zur jeweiligen Kaufsituation bzw. -klasse entwickelt. Sie unterscheiden neben den erwähnten acht Kaufphasen zwischen drei Klassen von Kaufsituationen: *Neukauf* (New Task), *modifiziertem Wiederkauf* (Modified Rebuy) und dem *identischen Wiederkauf* (Straight Rebuy), die sie ausführlich interpretieren.[41] Mit dem Neukauf sind im wesentlichen neue Probleme, keine oder nur wenig Erfahrung und ein maximaler Informationsbedarf verbunden. Die anderen Kaufsituationen erfahren hinsichtlich dieser Kriterien eine entsprechende Stufung.[42]

---

[38] Vgl. WITTE, E.: Phasen-Theorem und Organisation komplexer Entscheidungsverläufe, in: ZfbF, (1968), S. 647.

[39] Vgl. STROTHMANN, K.-H.: Investitionsgütermarketing, a.a.O., S. 48 ff., S. 53 ff.

[40] Vgl. SPIEGEL-VERLAG (Hrsg.): Entscheidungsprozesse und Informationsverhalten in der Industrie, Hamburg 1972.

[41] Vgl. ROBINSON, P.J./FARIS, C.W./WIND, Y.: Industrial Buying and Creative Marketing, a.a.O., S. 14, S. 23 ff., S. 39 ff., S. 57 ff., S. 73 ff.

[42] Vgl. ebenda, S. 28.

74

Aus der Kombination von Kaufklassen- und Kaufphasenkonzept entsteht dann bei ihnen das *BUYGRID-Modell*[43], »... das als Rahmenkonzept eine differenzierte Betrachtung organisationalen Beschaffungsverhaltens ermöglicht«[44] und auch schon eine innovationsorientierte Betrachtungsweise enthält, die auf die Komplexität und längere Dauer innovativer Kaufprozesse hinweist.

Der »KIRSCH-KUTSCHKER-Würfel«

Einen ähnlich gelagerten Ansatz haben KIRSCH und KUTSCHKER, aufbauend auf den Arbeiten KUTSCHKERs[45], vorgestellt.[46] Sie betonen ebenfalls, »... daß Dauer, Verlauf und Teilnehmer der [...] Investitionsentscheidungen ...«[47] von der Kaufsituation abhängen. In ihrem interaktionstheoretisch-orientierten[48] Modell zur *Typologisierung von Investitionsentscheidungen* unterscheiden sie zwischen Entscheidungssituationen vom Typ A (bezogen auf komplexe Situationen mit komplexen Gütern), vom Typ B (»mittlere« Situationen mit eher konkretisierbaren Gütern) und vom Typ C (»Standardsituationen« mit einfachen Erzeugnissen).[49] Die drei Dimensionen, an denen sie die Komplexität der Entscheidungssituation in Abnehmerorganisationen messen, sind:

(1) Neuartigkeit der Problemdefinition

(2) Ausmaß des organisationalen Wandels und

(3) Wert des Investitionsobjektes

Als innovationsorientierter Beitrag dieses generalisierenden Modells, das von den Autoren selbst auch zur indirekten Gütertypologisierung verwendet wird, kann der Hinweis auf eine Berücksichtigung des mit einem Erstkauf verbundenen organisationalen Wandels gewertet werden. Auf die Arbeiten von KIRSCH und KUTSCHKER wird im weiteren noch näher einzugehen sein.

---

43 Vgl. ROBINSON, P.J./FARIS, C.W./WIND, Y.: Industrial Buying and Creative Marketing, a.a.O., S. 13 f.

44 BACKHAUS, K.: Investitionsgüter-Marketing, a.a.O., S. 48.

45 Vgl. KUTSCHKER, M.: Verhandlungen als Elemente eines verhaltenswissenschaftlichen Bezugsrahmens des Investitionsgütermarketing, Diss. Mannheim 1972.

46 Vgl. hierzu beispielsweise: KIRSCH, W./KUTSCHKER, M.: Das Marketing von Investitionsgütern, Theoretische und empirische Perspektiven eines Interaktionsansatzes, aus: Schriftenreihe der ZfB, hrsg. v. E. GUTENBERG, Wiesbaden 1978, S. 56 ff.

47 KIRSCH, W./KUTSCHKER, M.: Investitionsgütermarketing, in: Marketing-Enzyklopädie, Bd. 1, München 1974, S. 1029.

48 Vgl. zu den *Interaktionsansätzen*: Abschnitt 2.4 dieses Kapitels.

49 Vgl. KIRSCH, W./KUTSCHKER, M.: Investitionsgütermarketing, a.a.O., S. 1029 f.

Betriebliche Adoptionsprozesse

Als Spezialfall industrieller Kauf- und Entscheidungsprozesse wird in der Literatur das Konzept des industriellen Adoptionsprozesses eingestuft.[50] Dabei handelt es sich um eine betrachtete Sonderform des industriellen Kauf- und Entscheidungsprozesses, der in denjenigen Fällen vorliegt, in denen es um die Investition in innovative Erzeugnisse geht. OZANNE und CHURCHILL führen in diesem Zusammenhang aus:

> »The industrial adoption process is nothing more than a decision process
> leading to the purchase of an industrial innovation.«[51]

STEFFENHAGEN beschreibt in einem zentralen Aufsatz, daß ein industrieller Adoptionsprozeß dann gegeben ist, wenn in einem Abnehmer-Unternehmen ein Entscheidungsvorgang für eine als neuartig wahrgenommene Anbieterleistung abläuft.[52]

Ein Blick auf die einzelnen Phasen des industriellen Adoptionsprozesses zeigt die Ähnlichkeiten dieses Konzeptes mit den Modellen des konventionellen Kaufentscheidungsprozesses. So wurde von ROGERS[53] 1962 aufbauend auf den Erkenntnissen der agrarsoziologischen Diffusionsforschung[54] zwischen fünf Phasen das Adoptionsprozesses unterschieden:

(1)   Awareness (Phase der Aufmerksamkeitserlangung)

(2)   Interest (Phase des näheren Interesses)

(3)   Evaluation (Bewertungsphase)

(4)   Trial (Versuchsphase)

(5)   Adoption (Stufe der Adoption bzw. Kaufakt)

Das Ergebnis eines industriellen Adoptionsprozesses ist die Adoption bzw. Nicht-Adoption der jeweiligen Innovation. Diese Einteilung wurde auch von den beiden Autoren OZANNE und CHURCHILL übernommen,[55] die den industriellen Adoptionsprozeß als eine wesentliche Grundlage in ihr innovationsorientiertes Totalmodell integrieren.[56] In einem neueren Werk zur Diffusion von Innovationen bezeichnet ROGERS den hier be-

---

50   Vgl. STEFFENHAGEN, H.: Industrielle Adoptionsprozesse als Problem der Marketingforschung, a.a.O., S. 110 f.

51   OZANNE, U.B./CHURCHILL, G.A. Jr.: Five Dimensions of the Industrial Adoption Process, in: JoMR, 8 (1971), S. 322.

52   STEFFENHAGEN, H.: Industrielle Adoptionsprozesse als Problem der Marketingforschung, a.a.O., S. 111.

53   Vgl. ROGERS, E.M.: Diffusion of Innovations, New York 1962.

54   Vgl. I. Kapitel, Abschnitt 1.1.

55   Vgl. OZANNE, U.B./CHURCHILL, G.A. Jr.: Five Dimensions of the Industrial Adoption Process, a.a.O., S. 322.

56   Vgl. zu diesem Modell: Abschnitt 2.3 dieses Kapitels.

sprochenen Prozeßtyp als »*Innovation-Decision Process*«.[57] Er unterteilt diesen Prozeß
wieder in fünf Phasen, bezieht jedoch stärker den Vorgang der betrieblichen Implementierung von Innovationen in sein Modell ein:[58]

(1)   Knowledge: Kenntnisnahme der Innovation

(2)   Persuasion: Einstellungsbildung gegenüber der Innovation

(3)   Decision: Adoptions- bzw. Ablehnungsentscheidung (Rejection)

(4)   Implementation: Implementierung der Innovation

(5)   Confirmation: »innere Absicherung« gegenüber der Innovationsentscheidung

Der innovative Entscheidungsprozeß ist hiernach als ein Prozeß zu verstehen, den ein
Individuum oder eine »Decision-Making Unit« durchläuft, vom Zeitpunkt des ersten Wissens über die Innovation bis hin zur endgültigen Entscheidungsabsicherung.[59]

Für den Bereich des Marketing für systemtechnische Innovationen wurde bereits ein
Prozeßmodell vorgelegt, in dem ebenfalls der Schritt der Implementierung, aber auch die
von den Abnehmern innovativer Systemtechnik geforderte Vorbereitungszeit,[60] in die Betrachtung einbezogen sind. In diesem Prozeßmodell, das als ein *integriertes Modell* des
Adoptionsprozesses bezeichnet werden kann, wird die zu berücksichtigende Vorbereitungszeit als Phase zwischen Entscheidungs- und Investitionsprozeß dargestellt.

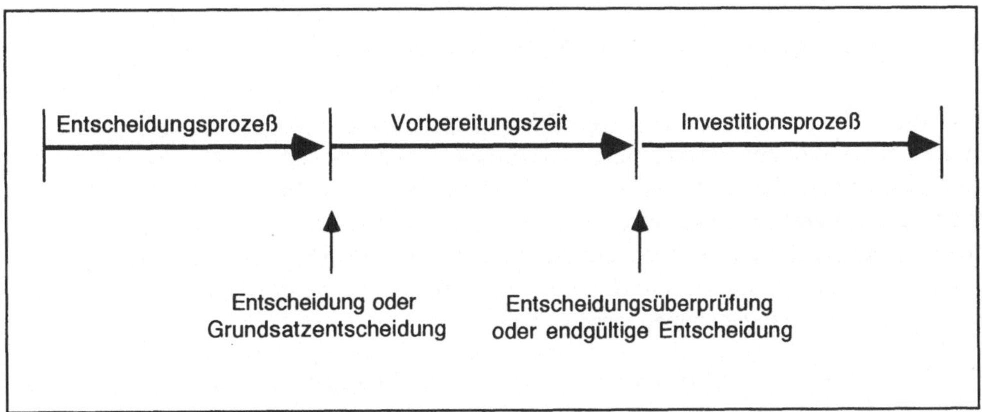

Abb. 13: Modell des integrierten Adoptionsprozesses bei der Beschaffung
systemtechnischer Innovationen[61]

---

57   Vgl. ROGERS, E.M.: Diffusion of Innovations, 3. Edition, a.a.O., S. 20, S. 163 ff.

58   Vgl. ebenda, S. 165.

59   Vgl. ebenda, S. 163 f.

60   Vgl. hierzu: I. Kapitel, Abschnitt 2.3.

61   Quelle: STROTHMANN, K.-H./KLICHE, M.: Innovationsmarketing, a.a.O., S. 42.

STEFFENHAGEN führt in einer kurzen allgemeinen Beurteilung des Prozeßmodells industrieller Adoption aus, daß sich dieses Konzept im Vergleich zum konventionellen Kaufentscheidungsprozeß weniger hinsichtlich der Phasenstruktur unterscheidet, sondern vielmehr in bezug auf die Verhaltensweisen der Entscheidungsbeteiligten in den einzelnen Phasen.[62] Zur Typologisierung der an innovativen und konventionellen Kaufentscheidungen beteiligten Personen liegen in der Literatur bereits Ansätze vor. Sie sind Gegenstand des nächsten Abschnitts.

2.2 Entscheider-Typologien und das Buying Center-Modell

Am organisationalen Kauf- und Entscheidungsprozeß beteiligen sich je nach anzuschaffendem Produkt und vorherrschender Organisationsstruktur zumeist mehrere Mitglieder (sog. Multipersonalität). Der Analyse multipersoneller Entscheidungsstrukturen und der »Psychologie« der Entscheider auf der Abnehmerseite wird von den Fachautoren große Aufmerksamkeit gewidmet. Sie wird als Grundlage zur Formulierung gezielter Marketingempfehlungen genutzt. Einige Analysemodelle versuchen dabei, »personale Strukturen« und *intra*organisationale »Interaktionsmuster« auf der Abnehmerseite aufzuhellen. Hierzu zählt insbesondere das Buying Center-Modell von WEBSTER und WIND.

Das Buying Center-Modell von WEBSTER und WIND

Mit ihrem vor bereits etwa zwanzig Jahren in die Literatur eingeführten Buying Center-Modell haben die drei US-Amerikaner ROBINSON, FARIS und WIND einen Marketingansatz entworfen, dem noch immer zentrales Gewicht in den Erklärungsmustern des Investitionsgütermarketing beigemessen wird.[63] WEBSTER und WIND haben diesen Ansatz, der multipersonelle Bezüge bei industriellen Kaufentscheidungen beschreibt, konkretisiert und unterscheiden zwischen fünf Rollenmustern, die von kaufentscheidbeteiligten Personen im Buying Center eingenommen werden können:[64]

Als *Benutzer* (User) werden diejenigen Mitglieder des Buying Centers bezeichnet, die nach erfolgtem Kaufentscheid mit dem angeschafften Objekt arbeiten müssen. Die *Beeinflusser* (Influencer) nehmen direkten oder indirekten Einfluß auf den Kaufentscheid, indem sie beispielsweise technische Auswahlnormen bzw. Mindestanforderungen festlegen. *Einkäu-*

---

[62] Vgl. STEFFENHAGEN, H.: Industrielle Adoptionsprozesse als Problem der Marketingforschung, a.a.O., S. 111.

[63] Vgl. ROBINSON, P.J./FARIS, C.W./WIND, Y.: Industrial Buying and Creative Marketing, a.a.O., S. 101, S. 160 ff.

[64] Vgl. zu diesen und den nachfolgenden Ausführungen: WEBSTER, F.E. Jr./WIND, Y.: Organizational Buying Behavior, a.a.O., S. 77 ff.; vgl. hierzu auch: KUß, A.: Entscheider-Typologien und das Buying Center-Konzept, in: Investitionsgütermarketing, hrsg. v. M. KLICHE, a.a.O., S. 26 f. u. S. 33.

fer (Buyer) bereiten aufgrund ihrer formalen Kompetenz Auswahlentscheidungen aus dem Lieferantenspektrum vor und handeln Kaufbedingungen aus. *Entscheidungsträger* (Decider) beschließen letztlich aufgrund ihrer formalen oder informalen Machtposition über die Auftragsvergabe. Als *»Pförtner«* (Gatekeeper) werden Gruppenmitglieder bezeichnet, die den Informationsfluß in das Buying Center kontrollieren.

Dieses Rahmenkonzept von WEBSTER und WIND, das Bestandteil einer übergeordneten Schrift zum organisationalen Kaufverhalten ist,[65] schließt nicht aus, daß mehrere Personen eine Rolle vertreten oder eine Person mehrere Rollen innehat.[66] Die Analyse der fünf Rollenmuster im Buying Center kann zu einem besseren Verständnis des Ablaufs industrieller Kaufentscheidungen und -verhaltensweisen beitragen, obwohl festgehalten werden muß, daß die Ausführungen der beiden Autoren allgemein bleiben. Es existiert jedoch eine umfangreiche Literatur, die sich unter verschiedenen Aspekten um eine weitere Ausgestaltung dieses Konzepts bemüht hat.[67]

Auch für den Bereich des Marketing für innovative Systemtechnik wurde ein Gremienkonzept entworfen, das darüber hinaus auch dem vorgestellten Modell eines integrierten Adoptionsprozesses[68] Rechnung trägt. »Das vorläufige Konstrukt [...] ist eine gedankliche Trennung zwischen verschiedenen, sich überlappenden Gremien in den jeweiligen Teilprozessen, nämlich zwischen dem klassischen Buying-Center, das vornehmlich im Bereich des Entscheidungsprozesses wirkt, dem Präparations-Center, welches auf die Gesamtinvestition in unternehmens-integrierende Systeme vorbereiten soll, und schließlich dem Investitions-Center, das die einzelnen Implementierungsschritte im Unternehmen vollzieht. Diese Gremien können konstant besetzt sein oder einer Fluktuation unterliegen«[69] (vgl. Abbildung 14).

Die innerhalb der Multipersonen-Gremien am Einkaufsentscheid beteiligten Personen lassen sich nach den Ergebnissen der sogenannten Typologieforschung weitergehend kennzeichnen. Die hierzu vorliegenden Modelle knüpfen direkt an den Verhaltensweisen einzelner Entscheider an. Mit STROTHMANN läßt sich zu den personalen Typologisierungsansätzen zunächst grundsätzlich festhalten, »... daß Typologien *Überzeichnungen der*

---

[65] Vgl. Abschnitt 2.3 dieses Kapitels.

[66] Vgl. WEBSTER, F.E. Jr./WIND, Y.: Organizational Buying Behavior, a.a.O., S. 77.

[67] Vgl. beispielsweise JOHNSTON, W.L./BONOMA, T.V.: Purchase Process for Capital Equipment and Services, in: IMM, 10 (1981), S. 253 ff.; BONOMA, T.V.: Auf der Suche nach dem wirklichen Käufer, in: HM, (1984), 1, S. 80 ff.; JACKSON, D.W. Jr./KEITH, J.E./BURDICK, R.K.: Purchasing Agents' Perceptions of Industrial Buying Center Influence: A Situational Approach, in: JoM, 48 (Fall 1984), S. 75 ff.; CROW, L.E./LINDQUIST, J.D.: Impact of Organizational and Buyer Characteristics on the Buying Center, in: IMM, 14 (1985), S. 49 ff.; PATTON, W.E. III/PUTO, C.P./KING, R.H.: Which Buying Decisions are made by Individuals and not by Groups?, in: IMM, 15 (1986), S. 129 ff.; McCABE, D.L.: Buying Group Structure: Constriction at the Top, in: JoM, 51 (Oct. 1987), S. 89 ff.

[68] Vgl. Abschnitt 2.1 dieses Kapitels.

[69] STROTHMANN, K.-H./KLICHE, M.: Integrationspolitik im Innovationsmarketing, a.a.O., S. 133.

Realität darstellen«[70]. Die empirisch ermittelte Vielfalt wird in Typologien auf die wesentlichen Faktoren reduziert.[71]

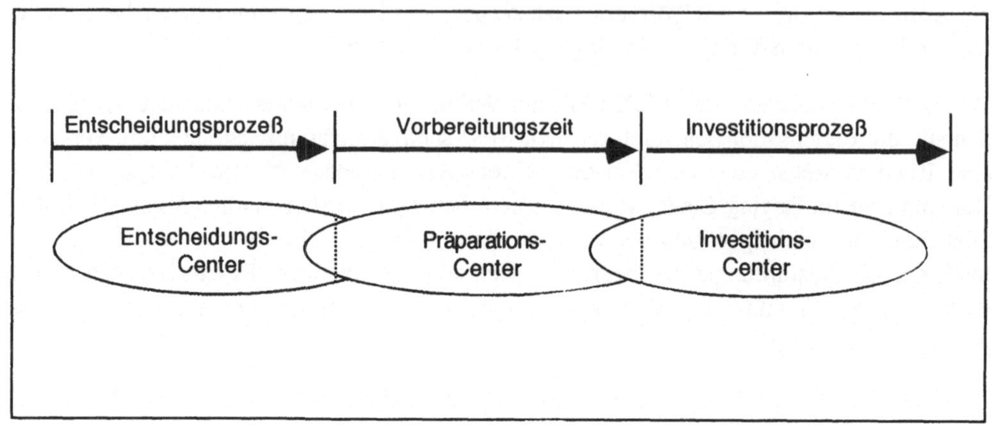

Abb. 14: Idealtypische Gremienstruktur beim Adoptionsprozeß
systemtechnischer Innovationen[72]

Personale Typologisierungsansätze wurden für den Bereich des traditionellen Investitionsgütermarketing beispielsweise von WILSON und STROTHMANN vorgestellt. WILSON untersuchte im Rahmen einer empirischen Studie das Entscheidungsverhalten industrieller Einkäufer und grenzte drei unterschiedliche Typen industrieller Einkäufer ab:[73] Er unterscheidet zwischen dem *normativen,* dem *konservativen* Typ und dem *»Switcher«*, einem wechselnden Entscheidungsstil-Typus. Im Modell von STROTHMANN wird eine Image-Fakten-Reaktionstypologie vorgestellt.

Die Image-Fakten-Reaktionstypologie von STROTHMANN

Die auf das Entscheidungsverhalten industrieller Fachleute ausgerichtete Image-Fakten-Reaktionstypologie von STROTHMANN, die durch eine Typologisierung des Informationsverhaltens in Entscheidungsprozessen ergänzt wird,[74] erkennt drei Grundtypen:[75] Image-Reagierer, Fakten-Reagierer und Reaktionsneutrale.

---

[70] STROTHMANN, K.-H.: Investitionsgütermarketing, a.a.O., S. 91.

[71] Vgl. ebenda.

[72] Quelle: STROTHMANN, K.-H./KLICHE, M.: Innovationsmarketing, a.a.O., 167.

[73] Vgl. WILSON, D.T.: Industrial Buyers' Decision-Making Styles, in: JoMR, 8 (1971), S. 434 ff.

[74] Vgl. STROTHMANN, K.-H.: Investitionsgütermarketing, a.a.O., S. 92 ff. Dabei unterscheidet STROTHMANN drei Typen des Informationsverhaltens in organisationalen Entscheidungsprozessen: (1) Der *literarisch-wissenschaftliche Typ*, (2) der *objektiv wertende Typ*, (3) der *spontane, passive Typ*.

Als *Fakten-Reagierer* werden diejenigen einkaufsentscheidenden Fachleute bezeichnet, die in Entscheidungssituationen Wert auf umfangreiche Detailinformationen legen, um somit Risiko und Unsicherheit zu minimieren. Dabei wird nicht nur auf produktbeschreibende Eigenschaften Wert gelegt, darüber hinaus verlangen Fakten-Reagierer für jede Eigenschaft einen Nachweis der Stimmigkeit mit den Anwendungsbedingungen und zu lösenden Problemen in ihren Unternehmen. Bei *Image-Reagierern* spielen hingegen emotionale Momente bei der Beschaffungsentscheidung eine große Rolle. Sie legen im Gegensatz zu Fakten-Reagierern keinen Wert auf umfangreiche Produktinformationen. »Emotionale Wirkungen aussagekräftiger Eigenschaften verdichten sich [...] zu einem Produktimage, das dann um so größere Effizienz besitzt, wenn es durch zentrale Firmen-Imagefaktoren Abstützung erfährt.«[76] *Reaktionsneutrale* können als eine Mischform zwischen den beiden polarisierten Typen angesehen werden. So lassen sich beispielsweise einkaufsentscheidende Fachleute identifizieren, die ausgehend von ihren psychologischen Charakteristika eher als Image-Reagierer zu bezeichnen wären, jedoch in Entscheidungssituationen – geprägt durch betriebliche Sachzwänge – zur Faktenreaktion tendieren.

Insgesamt unterliegen Typklassifikationen der Schwierigkeit, daß nur auf der Grundlage umfangreicherer empirischer Studien realitätsangenäherte Typologisierungen möglich sind, die darüber hinaus einer durch die Zeitentwicklung induzierten Veränderung unterworfen sind. Trotz dieser Schwierigkeiten wird von der Marketing-Wissenschaft die Forschung zur Charakterisierung von Einkaufsentscheidern vorangetrieben. Wichtige Ergebnisse wurden dabei auch für den Bereich der innovationsorientierten Typologieforschung erzielt.

Das Promotoren-Modell von WITTE

Einen grundlegenden Ansatz im Bereich der innovationsorientierten, personalen Typologisierung stellt das Promotorenmodell von WITTE dar, das der Organisationstheorie entstammt. Ursprünglich konzipiert für die Analyse von Förderern im Durchsetzungsprozeß von Innovationen im Unternehmen, wird dieses Modell zwischenzeitlich auch in den Standardwerken des Investitionsgütermarketing generalisiert.[77] STROTHMANN weist beispielsweise darauf hin, daß »... in dem Modell Verhaltensmuster angesprochen sind, die nicht ausschließlich bei Innovationsprozessen zum Tragen kommen.«[78]

Als *Promotoren* bezeichnet WITTE diejenigen Personen im Unternehmen, die den Innovationsprozeß aktiv fördern und auf ihn von der Initiierung bis zur Adoption Einfluß

---

[75] Vgl. zu diesen und den nachfolgenden Ausführungen: STROTHMANN, K.-H.: Investitionsgütermarketing, a.a.O., S. 99 ff.

[76] Ebenda, S. 100.

[77] Vgl. bspw. BACKHAUS, K.: Investitionsgüter-Marketing, a.a.O., S. 44 f.; STROTHMANN, K.-H.: Investitionsgütermarketing, a.a.O., S. 102 ff.

[78] STROTHMANN, K.-H.: Investitionsgütermarketing, a.a.O., S. 103.

nehmen.[79] Innovationsprozesse entwickeln sich nach WITTE »... nicht zwangsläufig und selbständig in Richtung auf den Entschluß zur Anwendung einer Neuerung, sondern werden durch Willens- und Fähigkeitsbarrieren behindert.«[80] Ebenso wie diese Willens- und Fähigkeitsbarrieren sich nach seinen Untersuchungen »personalisieren« lassen, tragen auch Personen zur Überwindung dieser Widerstände aktiv bei; dies sind die sogenannten Promotoren.

Unterschieden wird zwischen dem *Machtpromotor* und dem *Fachpromotor*.[81] Als Machtpromotoren werden solche Organisationsmitglieder bezeichnet, die aufgrund ihres hierarchischen Potentials Innovationen aktiv und intensiv fördern und sich zumeist in hierarchisch hoher Position befinden. Fachpromotoren, die eher in Stabsstellenposition oder in einer entsprechenden Linienabteilung anzutreffen sind, fördern Innovationsprozesse im Wege der Nutzung ihres objektspezifischen Fachwissens. Mit der *Personalunion* von Macht- und Fachpromotor spricht WITTE den Fall an, in dem eine Person beide Promotorenaktivitäten in sich vereinigt. Das ebenfalls genannte *Promotoren-Gespann* – bestehend aus Fach- und Machtpromotor – stellt eine optimale Promotorenstrukur beim Durchsetzungsprozeß technischer Innovationen im Unternehmen dar.

Mit dem Promotorenmodell wurden zwei Promotorenarten beschrieben, die nach WITTE als Förderer und Durchsetzer von Innovationsprozessen angesehen werden können.[82] Vor dem Hintergrund des gegenwärtig verlaufenden informationstechnologischen Wandels wurde die Frage aufgeworfen, ob diese bereits 1973 entwickelte Promotorenbeschreibung noch eine adäquate Charakterisierung von Innovationsförderern in systemtechnischen Investitionsprozessen zuläßt. Von WITTE selbst stammt die Äußerung, daß vor diesem Hintergrund durchaus eine neue Beschreibung dieser Innovationsförderer angebracht sei.[83] Mit einer vom SPIEGEL-Verlag herausgegebenen Pilotstudie zum Innovationsmarketing im Maschinenbau hat sich STROTHMANN dieser Thematik angenommen.[84]

---

[79] Vgl. WITTE, E.: Organisation für Innovationsentscheidungen - Das Promotorenmodell, Göttingen 1973, S. 15 f.

[80] Ebenda, S. 15.

[81] Vgl. ebenda, S. 17 ff.

[82] Vgl. zu weitergehenden Auführungen zum Promotorenmodell WITTEs auch: GEMÜNDEN, H.G.: »Promotors« - Key Persons for the Development and Marketing of Innovative Industrial Products, in: BACKHAUS, K./WILSON, D.T. (Eds.): Industrial Marketing. A German-American Perspective, Berlin-Heidelberg-New York-Tokyo 1986, S. 134 ff.

[83] Vgl. SEL-Stiftung für technische und wirtschaftliche Kommunikationsforschung im Stifterverband für die Deutsche Wissenschaft (Hrsg.) (1987): Zusammenwirken von Mensch und Technik, Ein Diskussionsprotokoll von Wolf Rauch, SEL-Stiftungs-Reihe 3, 1987, S. 65 ff.

[84] Vgl. SPIEGEL-Verlag (Hrsg.) (1988): Innovatoren - eine Pilotstudie zum Innovationsmarketing in Maschinenbau und Elektroindustrie, Hamburg 1988.

Die Innovatoren-Typologie von STROTHMANN

Die drei im Rahmen der Spiegel-Untersuchung »Innovatoren« auf der Grundlage einer Cluster-Analyse herausgebildeten *Innovatoren* werden als Entscheidungsorientierte, Faktenorientierte und Sicherheitsorientierte bezeichnet:[85]

Der *entscheidungsorientierte Typ* legt besonderen Wert auf ein zügige Entscheidungsfindung, setzt sich souverän innerhalb eines Entscheidungsgremiums durch und fühlt sich als Alleinentscheider. Bei der Informationssuche beschränkt er sich auf die Selektion der wesentlichen Fakten, er orientiert seine Entscheidungen an der Angebotsqualität sowie bei subjektiv als gleich wahrgenommener Qualität am Preis. Er ist an mehreren Entscheidungsprozessen gleichzeitig beteiligt.

Der *faktenorientierte Typ* kann durch eine starke Detailorientierung, eine dadurch ausgelöste Entscheidungsverzögerung und eine gewisse Unauffälligkeit charakterisiert werden. Trotzdem wirkt er im Hintergrund an wichtigen, allerdings nur wenigen Entscheidungsprozessen gleichzeitig mit. Im Gegensatz zum entscheidungsorientierten Typ wendet er das Delegationsprinzip selten an. Sein angestrebtes Detailwissen erarbeitet er sich selbst.

Der *sicherheitsorientierte Typ* ist zwar ein zögernder Entscheider, kann aber dennoch Impulsgeber für den Einsatz neuer Technologien im Unternehmen sein. Er ist durch ein ausgeprägtes Prüfungsbestreben der Alternativen, eine Abhängigkeit von äußeren Einflüssen und eine geringe technische Detailkenntnis gekennzeichnet. Sein Absicherungsstreben richtet sich im wesentlichen auf das Wissen um Investitionsnutzen und -folgen sowie um angebotene Service- und Ersatzteilleistungen.

Opinion Leadership und das Change Agent-Konzept

Neben diesen beiden wesentlichen Typologisierungsansätzen innovationsfördernder Investitionsentscheider sind das »Opinion Leadership«- und das »Change Agent«-Modell zu diskutieren. *Opinion Leader* werden als Individuen beschrieben, die eine leitende Rolle in der Beeinflussung anderer Personen hinsichtlich deren Meinung über Innovationen einnehmen.[86] Nach diesem, aus dem Bereich der Diffusionsforschung entstammenden Leadership-Konzept, haben Meinungsführer einen wesentlichen Einfluß auf die Adoption technischer Innovationen in sozialen Systemen. Sie müssen jedoch nicht zwangsläufig Angehörige der sich wandelnden Organisation sein.

MARTILLA hat u.a. dieses Konzept bei seiner Untersuchung der Kommunikationshandlungen bei industriellen Adoptionsprozessen aufgegriffen und stellt empirisch fest, daß

---

[85] Vgl. zu diesen und den nachfolgenden Ausführungen auch: STROTHMANN, K.-H./KLICHE, M.: Innovationsmarketing, a.a.O., S. 82 ff.

[86] Vgl. ROGERS, E.M.: Diffusion of Innovations, 3. Edition, a.a.O., S. 271.

Opinion Leader als ein wichtiger Ratgeber in den untersuchten Unternehmen angesehen werden. Es handelt sich dabei in der Mehrzahl der Fälle um Personen, die bereits ein gewisses Alter erreicht haben und Erfahrungswissen ausstrahlen.[87] Nach ROGERS zeichnen sich Opinion Leader beispielsweise auch durch eine ausgeprägte Weltoffenheit und durch einen höheren sozioökonomischen Status aus.[88] Allerdings räumt ROGERS abschließend ein, daß die Ausprägung des innovationsbeeinflussenden Verhaltens der Opinion Leader abhängig ist von den Wandlungsanforderungen des sozialen Systems, in dem sie sich befinden.[89]

Das zweite oben angesprochene Modell ist das »*Change Agent*«-Konzept. Dieser Ansatz, der ebenfalls aus der sozialwissenschaftlichen Forschung hervorgeht, beschreibt nach WITTE

> »... einen Experten [...], der andere Menschen zu einem Sinneswandel veranlaßt. Die beeinflußten Personen werden das Client-System genannt. Die Klienten [...] hängen am Status quo und sind allein nicht in der Lage, den Wandel zu vollziehen. Demgegenüber ist der Change-Agent ein Wissender, der denselben Wandlungsprozeß wiederholt erlebt, aktiv gestaltet und dabei Erfahrungen gesammelt hat. Soweit man diesen Ansatz auf die Unternehmung anwendet und sozio-technische Innovationen anstrebt, denkt man an einen [...] externen Berater [...]. Im Falle der echten Innovation kann dies auch nicht anders sein, denn im Unternehmen hat definitionsnotwendig noch niemand Innovationserfahrung sammeln können.«[90]

Ausgehend von dieser Argumentation läßt sich nach WITTE das Change Agent-Konzept nicht auf Personen übertragen, die innerhalb des Unternehmens am Innovationsprozeß teilhaben; hiermit würde dieses Modell des im Wandel erfahrenen Experten aufgegeben.[91]

Grundsätzlich kann der »Change Agent« in mehreren Formen vorliegen: So kann es sich beispielsweise um eine einzelne Person, eine Gruppe, ein Consulting-Unternehmen[92] oder, wie OZANNE und CHURCHILL feststellen, um den Hersteller handeln,[93] der sein Expertenwissen in den innovativen Wandel auf der Abnehmerseite einbringt. Das Buying

---

[87] Vgl. MARTILLA, J.A.: Word-of-Mouth Communication in the Industrial Adoption Process, in: JoMR, 8 (1971), S. 176 f. Das Alter der von MARTILLA abgegrenzten Opinion Leader lag zwischen 40 und 55 Jahren.

[88] Vgl. ROGERS, E.M.: Diffusion of Innovations, 3. Edition, a.a.O., S. 282.

[89] Vgl. ebenda, S. 284.

[90] WITTE, E.: Organisation für Innovationsentscheidungen, a.a.O., S. 13.

[91] Vgl. ebenda.

[92] Vgl. ebenda, S. 14.

[93] Vgl. OZANNE, U.B./CHURCHILL, G.A. Jr.: Five Dimensions of the Industrial Adoption Process, a.a.O., S. 326.

Center oder das gesamte Abnehmer-Unternehmen kann hiernach als Client System bezeichnet werden.

Wie die vorstehenden Ausführungen zeigen, ist eine direkte Übertragbarkeit des Change Agent-Modells auf die Typologisierung einkaufsentscheidender Fachleute nicht vorzunehmen. Allerdings geben diese Ausführungen Hinweise für die Ausgestaltung und Rollen von Herstellern und Abnehmern in innovationsbezogenen Geschäftsbeziehungen.

Zur abschließenden Beschreibung der Typologie- und Gremienforschung seien Ergebnisse skizziert, die weitere Aussagen über einzelne Charakteristika von innovationsfreudigen Individuen und Gruppen treffen. PETERS und VENKATESAN weisen beispielsweise einen Zusammenhang zwischen Risikoneigung und dem Selbstvertrauen der Entscheider nach.[94] Darüber hinaus haben Ausbildung und Erfahrung einen erwiesenen Einfluß auf das Adoptionsverhalten.[95] STEFFENHAGEN führt aus, daß die Ausbildung und die Berufsgruppenzugehörigkeit als wichtige Einflußgrößen der Adoptionsbereitschaft hervorgehoben werden können.[96] Bei den Persönlichkeitsmerkmalen verweist er auf den innovationsfördernden Einfluß der Weltoffenheit einkaufsentscheidender Fachleute (»cosmopoliteness«), des Wagemuts (»venturesomeness«) und des genannten Selbstvertrauens. Darüber hinaus setzten sich Frühadopter intensiv mit Massenmedien auseinander und suchen schon in den Phasen der Produktentwicklung enge Kontakte mit der jeweiligen Anbieter-Organisation.[97]

Zu den Abgrenzungsmöglichkeiten auf der Ebene des Entscheidungskollektivs führt STEFFENHAGEN aus, daß Entscheidungsgremien mit einer großen Zahl von Mitgliedern in ihren Entscheidungen schwerfälliger sind, was eine spontane Adoption von Innovationen erschwert.[98] Gremien, die schon über eine längere Zeit zusammenarbeiten, scheinen wegen ihrer im Zeitverlauf abnehmenden Motivation adoptionshemmend zu wirken.[99]

Gremienstrukturen bei der Beschaffung systemtechnischer Innovationen lassen sich nach neueren Ergebnissen auch als *Buying-Network* verstehen,[100] ein Begriff, der eine realitätsadäquate Beschreibung der »verflochtenen Gesamtheit« von Entscheidungsbeteiligten aller Funktionsbereiche im Abnehmer-Unternehmen zuläßt.

---

[94] Vgl. PETERS, M.P./VENKATESAN, M.: Exploration of Variables Inherent in Adopting an Industrial Product, in: JoMR, 10 (1973), S. 313.

[95] Vgl hierzu auch: LUTSCHEWITZ, H./KUTSCHKER, M.: Die Diffusion von innovativen Investitionsgütern, a.a.O., S. 15 f.

[96] Vgl. STEFFENHAGEN, H.: Industrielle Adoptionsprozesse als Problem der Marketingforschung, a.a.O., S. 117.

[97] Vgl. ebenda, S. 118.

[98] Vgl. ebenda, S. 118 f.

[99] Vgl. ebenda, S. 119.

[100] Vgl. BILLER, M./PLATZEK, A./WERNTGES, U.: Ein Modell des organisationalen Beschaffungsverhaltens bei »Teilautonomen Flexiblen Fertigungsstrukturen« (TFFS) im Rahmen einer CIM-Strategie, in: KLEINALTENKAMP, M./SCHUBERT, K. (Hrsg.): Entscheidungsverhalten bei der Beschaffung neuer Technologien, a.a.O., S. 23 ff.

Konzepte der Typologie- und Gremienforschung werden von Autoren des Investitionsgütermarketing in komplexere System- bzw. Totalmodelle des organisationalen Kaufverhaltens eingebunden, um zu weitergehenden Aussagen über das organisationale Kaufverhalten zu gelangen.

2.3 Organisationale Totalmodelle

Die zu diesem Themenbereich vorliegenden Ansätze versuchen, vielfältige Einflußfaktoren
auf die Kaufentscheidung innerhalb der Abnehmer-Organisation sowie deren Wirkungs-
zusammenhang zu erfassen, zu ordnen und in ganzheitlichen Modellen abzubilden. Für das
traditionelle Investitionsgütermarketing wurden organisationale Totalmodelle beispielsweise von WEBSTER und WIND sowie von SHETH konzipiert.

Das Modell von WEBSTER und WIND

Eines der ersten Modelle dieses Bereichs, das als umfassend gewertet wird,[101] entwickelten die schon zitierten Autoren WEBSTER und WIND[102]. Aufbauend auf einer hierarchischen Stufung werden *umweltbezogene* Determinanten, *organisationale* Einflußgrößen,
interpersonale und *personale* Determinanten auf die industrielle Kaufentscheidung berücksichtigt (vgl. Abbildung 15). Es kann insgesamt als Verdienst dieser beiden Autoren angesehen werden, daß sie die möglichen Einflußfaktoren auf das organisationale Kaufverhalten in eine Systematik gebracht und multipersonelle Bezüge innerhalb der Abnehmer-
Organisation aufgehellt haben. Erkenntnisträchtig ist die Klassifizierung möglicher Einflußfaktoren (Determinanten) auf den industriellen Kaufentscheid. Bei der Beschreibung
ihres Modells verweisen sie auf ihren allgemeingültigen, dennoch mit Einschränkungen
versehenen Anspruch:

> »The model [...] is a general model. It can be applied to all organizatio-
> nal buying and suffers all the weaknesses of general models. [...] The
> model presents a comprehensive view of organizational buying that
> enables one to evaluate the relevance of specific variables and thereby
> permits greater insight into the basic processes of industrial buying be-
> havior.«[103]

---

[101] Vgl. BACKHAUS, K.: Investitionsgüter-Marketing, a.a.O., S. 50.

[102] Vgl. WEBSTER, F.E. Jr./WIND, Y.: A General Model for Understanding Organizational Buying Behavior, in: JoM, 36 (April 1972), S. 12 ff.; WEBSTER, F.E. Jr./WIND, Y.: Organizational Buying
Behavior, a.a.O.

[103] WEBSTER, F.E. Jr./WIND, Y.: A General Model for Understanding Organizational Buying Behavior,
a.a.O., S. 12.

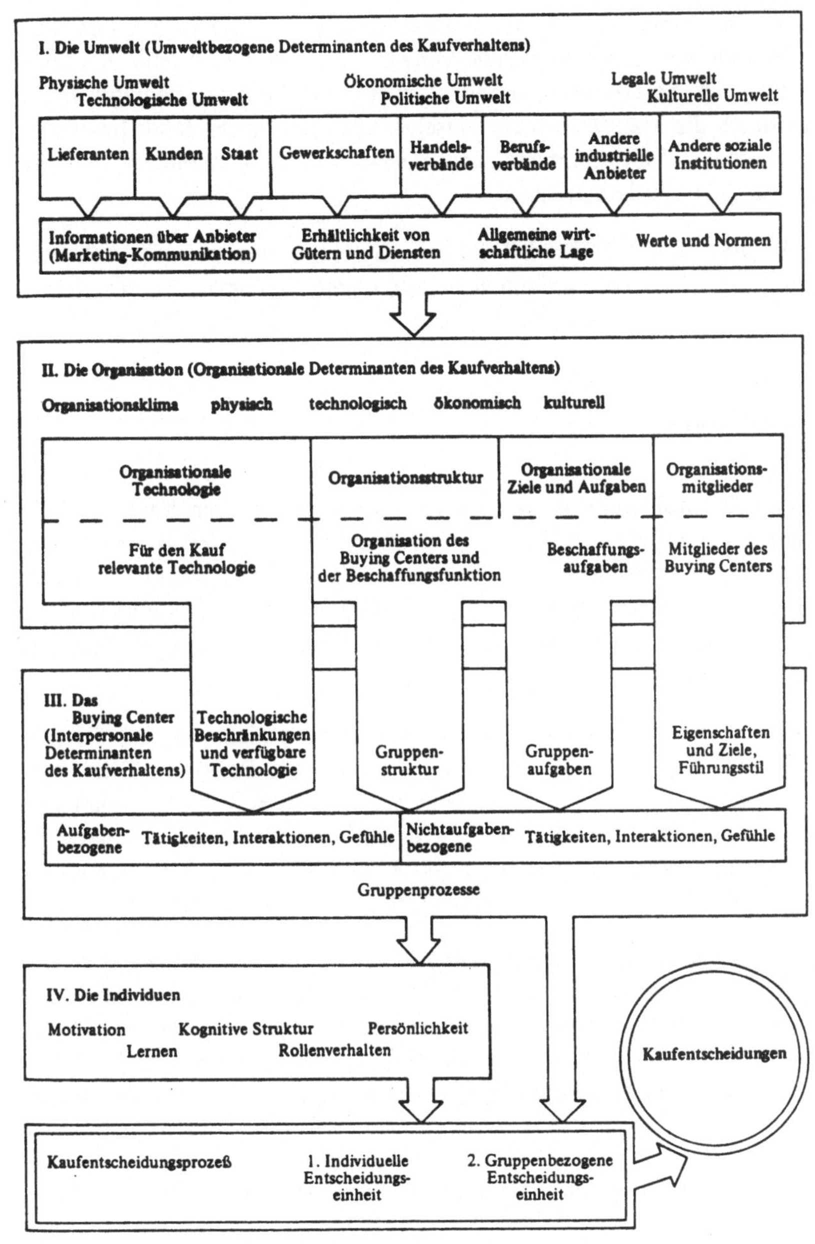

Abb. 15: Das Modell von WEBSTER und WIND[104]

---

[104] Quelle: WEBSTER, F.E. Jr./WIND, Y.: A General Model for Understanding Organizational Buying Behavior, a.a.O., S. 15; übersetzte Fassung aus: BACKHAUS, K.: Investitionsgüter-Marketing, a.a.O., S. 51.

Im Rahmen einer kurzen Beurteilung dieses Modells kann hervorgehoben werden, daß auch der Einfluß der technologischen Umwelt auf die industrielle Kaufentscheidung berücksichtigt wird. So können sich beispielsweise technologisch bedingte Nachfrageveränderungen durch die Marktpräsenz technischer und systemtechnischer Innovationen ergeben.[105] Interaktions- bzw. Verhandlungsprozesse zwischen Anbietern und Abnehmern werden allerdings zu wenig betrachtet.[106]

Eine dem WEBSTER/WIND-Modell ähnliche Systematisierung findet sich bei SHETH, der versucht, verschiedene Partialmodelle zu einem Systemansatz strukturell zu verknüpfen.

Das SHETH-Modell

Stellvertretend für strukturelle Betrachtungen des organisationalen Kaufverhaltens wird in der Literatur auch auf das 1973 von SHETH entwickelte Modell verwiesen, der mit seinem Ansatz an seine gemeinsame Arbeit mit HOWARD[107] anknüpft[108] und im wesentlichen zwischen drei großen Gruppen von Einflußfaktoren auf das Kaufverhalten differenziert:[109] *personen-*, *produkt-* und *unternehmens*spezifische Faktoren. Sie seien kurz beschrieben:

Zentrales Konstrukt im Bereich der *personenspezifischen Faktoren* sind die Erwartungshaltungen der am organisationalen Kaufprozeß beteiligten Personen. Diese sind – grob umrissen – wiederum vom Erfahrungshorizont, vom bisherigen Informationsverhalten, von der selektiven Wahrnehmung und der Zufriedenheit mit bereits getätigten Käufen abhängig. PLINKE und FLIEß fassen den Einfluß der Erwartungen am Kaufentscheid beteiligter Personen auf die zu treffenden Auswahlentscheidungen zusammen:

> »Aus dem Potential aller möglichen Anbieter und Problemlösungen, die geeignet wären, das gestellte Problem zu lösen, wählen die Beteiligten auf der Grundlage ihrer Erwartungen nur eine ganz bestimmte Anzahl aus. [...] Die Erwartungen bestimmen, welche Anbieter und Problemlösungen überhaupt <u>wahrgenommen</u> werden. [...] Die Anbieter und Pro-

---

[105] Vgl. hierzu auch: BACKHAUS, K.: Investitionsgüter-Marketing, a.a.O., S. 50.

[106] Vgl. ebenda, S. 53.

[107] Vgl. HOWARD, J.A./SHETH, J.N.: The Theory of Buyer Behavior, New York 1969.

[108] SHETH verweist darauf, daß sein Modell ähnlich dem HOWARD/SHETH-Ansatz ist, den er jedoch als eher generalisierend und als gebräuchlicher für die Erklärung des Konsumentenverhaltens ansieht. Vgl. SHETH, J.N.: A Model of Industrial Buyer Behavior, in: JoM, 37 (Oct. 1973), S. 52.

[109] Vgl. zu diesen und den nachfolgenden Ausführungen: SHETH, J.N.: A Model of Industrial Buyer Behavior, a.a.O., S. 50 ff.; vgl. hierzu auch: BACKHAUS, K.: Investitionsgüter-Marketing, a.a.O., S. 53 ff.; PLINKE, W./FLIEß, S.: Das industrielle Kaufverhalten, Teil II, in: Technischer Vertrieb, hrsg. v. W. PLINKE, Projektgruppe Technischer Vertrieb, Freie Universität Berlin, Berlin 1986, S. 09/01 ff.

blemlösungen, die als geeignet wahrgenommen werden, bezeichnet man als <u>evoked set</u>.«[110]

Mit dem Konzept des »evoked set« ist bereits eine Möglichkeit gegeben, wettbewerbsbezogene Auswahlentscheidungen der Abnehmer zwischen den Konkurrenten und ihren Angeboten analytisch zu erfassen. In das »Bewußtseins-Set der Alternativen« gelangen definitionsgemäß nur Anbieter und Leistungen, die als problemlösend wahrgenommen werden. Diese Sichtweise unterstützt das erwähnte Konzept des komparativen Konkurrenzvorteils, das aus Sicht der Herstellerseite auch auf die Notwendigkeit der Wahrnehmung eines Wettbewerbsvorteils durch einen Abnehmer abstellt.

SHETH beschreibt weiter, daß industrielle Kaufentscheidungen in Abhängigkeit vom anzuschaffenden Produkt und den Charakteristika der Organisation entweder von einzelnen Individuen oder im Kollektiv getroffen werden.[111] Wie die empirischen Ergebnisse zum Kaufverhalten bei technischen und systemtechnischen Innovationen zeigen, kann bei dieser Produktkategorie allerdings davon ausgegangen werden, daß zahlreiche Personen am Entscheidungsprozeß, aber auch an den nachgelagerten Teilprozessen beteiligt sein werden.[112] Die Anzahl involvierter Entscheidungsträger ist auch bei SHETH abhängig von produktspezifischen und unternehmensspezifischen Faktoren.

Als *produktbezogene Faktoren* ergeben sich bei SHETH die Kaufklasse der Güter, das mit dem anzuschaffenden Produkt im Zusammenhang stehende empfundene Risiko und der Zeitdruck bei der Entscheidung. Im Bereich der *unternehmensspezifischen Einflußfaktoren* werden die Größe der Organisation, der Grad der De- bzw. Zentralisierung und die Ausrichtung eines Unternehmens, beispielsweise in Richtung einer Technologieorientierung, genannt.

Neben diesen Klassen von Einflußfaktoren macht SHETH noch auf weitere *situative Faktoren* aufmerksam, die die industrielle Kaufentscheidung beeinflussen können. Hierzu führt er beispielsweise die vorherrschende makroökonomische Lage, einen möglichen Wandel auf den Märkten und wettbewerbliche Veränderungen in der anbietenden Industrie an. Letztere können sich nach SHETH u.a. aus Preisveränderungen oder dem Angebot von Innovationen ergeben und die Anbieterauswahl bestimmen.[113]

Eine Beurteilung des SHETH-Modells verdeutlicht, daß die Arbeiten mehr auf eine strukturalistisch ausgerichtete Verknüpfung möglicher Einflußfaktoren abstellen, die eine Gewichtung der einzelnen Faktoren und eine dynamische bzw. prozessuale Komponente vermissen läßt.[114] Der gegenüber den aufgezeigten Modellen prozessual ausgerichtete

---

110 PLINKE, W./FLIEß, S.: Das industrielle Kaufverhalten, Teil II, a.a.O., S. 09/02; vgl. hierzu auch: SHETH, J.N.: A Model of Industrial Buyer Behavior, a.a.O., S. 52.

111 Vgl. SHETH, J.N.: A Model of Industrial Buyer Behavior, a.a.O., S. 54.

112 Vgl. hierzu auch: I. Kapitel, Abschnitt 2.3.

113 Vgl. SHETH, J.N.: A Model of Industrial Buyer Behavior, a.a.O., S. 56.

114 Vgl. ENGELHARDT, W.H./GÜNTER, B.: Investitionsgüter-Marketing, a.a.O., S. 49 f.

Systemansatz von CHOFFRAY und LILIEN[115] wird als »fortschrittlicher« eingestuft. Mit einer den »Strukturalismus überwindenden Sichtweise« versuchen sie, den Beziehungszusammenhang zwischen dem in verschiedene Stufen zerlegten organisationalen Kaufprozeß und den individuellen bzw. kollektiven Verhaltenswirkungen darzustellen, und formulieren Aussagen zum bereits vorgestellten »evoked set«-Konzept.[116]

Insgesamt handelt es sich bei den hier besprochenen Ansätzen um aussagefähige, generalisierende Gesamtmodelle organisationalen Beschaffungsverhaltens, die auch schon Hinweise für wettbewerbsbezogene Betrachtungen geben. Ein spezielles, innovationsorientiertes Totalmodell wurde von den Autoren OZANNE und CHURCHILL entwickelt. Es ermöglicht eine weiterführende Analyse.

Das innovationsorientierte Totalmodell von OZANNE und CHURCHILL

Bereits 1971 haben OZANNE und CHURCHILL ein innovationsorientiertes Totalmodell in Vorschlag gebracht. Im Mittelpunkt ihres Ansatzes steht das oben genannte fünfstufige Modell des Adoptionsprozesses.[117] In ihrem Beitrag untersuchen sie weiterhin fünf Aspekte des industriellen Adoptionsprozesses:[118]

(1)   Faktoren, die den industriellen Adoptionsprozeß initiieren

(2)   Prozeßbeeinflussende Faktoren

(3)   Dauer des Adoptionsprozesses

(4)   Berücksichtigte Alternativen

(5)   Funktion und Nutzung von Informationsquellen

Von den prozeßinitiierenden Faktoren lassen sich in der Hauptsache Kapazitätsprobleme und eine Überalterung des Anlagenbestandes nennen.[119] Darüber hinaus stellen sie fest, daß größere Unternehmen und solche mit mehr technisch und wissenschaftlich orientierten Entscheidungsträgern öfter eine neue Aufgabe oder ein neues Produkt als auslösenden Faktor für die Einleitung eines industriellen Adoptionsprozesses angeben. Kaufprozeßbeeinflussende Faktoren sind nach ihrer Studie in der Hauptsache die schnelle Lieferbereit-

---

[115] Vgl. CHOFFRAY, J.-M./LILIEN, G.: Assessing Response to Industrial Marketing Strategy, in: JoM, 42 (April 1978), S. 20 ff.

[116] Vgl. ebenda, S. 24.

[117] Vgl. Abschnitt 2.1 dieses Kapitels, und: OZANNE, U.B./CHURCHILL, G.A. Jr.: Five Dimensions of the Industrial Adoption Process, a.a.O., S. 323; vgl. zu einem ähnlichen Modell aus dem Bereich der Diffusionsforschung: BAUMBERGER, J./GMÜR, U./KÄSER, H.: Ausbreitung und Übernahme von Neuerungen, ein Beitrag zur Diffusionsforschung, Bd. I u. II, Bern 1973.

[118] Vgl. OZANNE, U.B./CHURCHILL, G.A. Jr.: Five Dimensions of the Industrial Adoption Process, a.a.O., S. 325 ff.

[119] Vgl. ebenda, S. 325.

90

schaft des Anbieters sowie die Kosten-/Nutzen-Relation des jeweilig angebotenen Erzeugnisses. Die Dauer des Adoptionsprozesses variiert in Abhängigkeit von der Größe des Entscheidungsgremiums[120], und die Anzahl der berücksichtigten alternativen Lösungen ist im wesentlichen abhängig von der Typologie der am innovativen Entscheidungsprozeß beteiligten Personen, die je nach »Typ« unterschiedliche Informationsquellen nutzen[121].

Den Ausführungen von OZANNE und CHURCHILL kann entnommen werden, daß es ihnen – neben einer Abbildung von Gesamtzusammenhängen und der Beschreibung personaler sowie gruppenspezifischer Einflußfaktoren auf den Adoptionsprozeß – auch wichtig ist, Merkmale adoptionsorientierter Unternehmen zu erkunden. STEFFENHAGEN gibt in seinem Überblicksartikel einen tiefergehenden Einblick. Er faßt verschiedene Merkmale dieser »adoptionsfreudigen« Unternehmen zusammen. Sie zeichnen sich beispielsweise durch einen gewissen Spielraum in den finanziellen Ressourcen, ein entsprechendes Forschungs- und Entwicklungsbudget, eine technologische Flexibilität im Produktions- und Bürobereich sowie durch eine Dezentralisation der Entscheidungsbefugnisse aus.[122]

Ein anderes Konzept zwischen innovativen und nicht-innovativen Unternehmen zu unterscheiden ist die sogenannte HIP-MIP-NIP-Typologie, die im Rahmen einer innovationsorientierten Marktsegmentierung angewendet wird.[123]

Bei kritischen Würdigungen organisationaler Total- bzw. Systemmodelle wird immer wieder hervorgehoben, daß sie sich zu wenig auf eine Betrachtung der Interaktionen zwischen Anbietern und Abnehmern, beispielsweise in Verhandlungssituationen, beziehen. Es ist zu fragen, ob nicht die in der Literatur vorliegenden Interaktionsansätze eine bessere Beschreibung realer Kauf-/Verkaufsvorgänge zulassen.

2.4 Interaktionsansätze

Die Interaktionsansätze des Investitionsgütermarketing berücksichtigen den Tatbestand, daß sich insbesondere komplexe Investitionsentscheidungen über ein länger andauerndes »Wechselspiel« zwischen Anbietern und Abnehmern von Investitionsgütern vollziehen. Dieses »Wechselspiel« kann grundsätzlich zwischen zwei oder mehreren Personen bzw. Organisationen ablaufen. Interaktionsansätze machen damit die sich gegenseitig beeinflussenden, interdependenten Aktionen von Anbietern und Abnehmern bzw. von deren Reprä-

---

[120] Vgl. OZANNE, U.B./CHURCHILL, G.A. Jr.: Five Dimensions of the Industrial Adoption Process, a.a.O., S. 326.

[121] Vgl. ebenda, S. 327.

[122] Vgl. STEFFENHAGEN, H.: Industrielle Adoptionsprozesse als Problem der Marketingforschung, a.a.O., S. 120.

[123] Vgl. Abschnitt 3.1 dieses Kapitels, sowie: STROTHMANN, K.-H./KLICHE, M.: Innovationsmarketing, a.a.O., S. 74 ff.; dieselben: Marktsegmentierung für High-Tech-Anbieter, in: Marktforschung & Management, 33 (1989), 3, S. 82 ff.

sentanten in Verhandlungssituationen zum Gegenstand ihrer Analyse, um letztlich zu Aussagen über die optimale Gestaltung des Marketing zu gelangen. Einige Modelle zielen schon in gewissem Umfang auf eine Beschreibung längerfristiger Geschäftsbeziehungen zwischen den Marktpartnern ab, die als eine Abfolge einzelner Interaktionszeiträume interpretiert werden können.

In der Marketing-Wissenschaft wurden vor dem Hintergrund dieser interaktionstheoretischen Sichtweise verschiedene Modelle entwickelt, die zum Ziel haben, Interaktionsbeziehungen zwischen Personen bzw. Organisationen zu beschreiben und zu erklären. Neben den vielfältigen Interaktionsmodellen liegen aber auch unterschiedliche Abgrenzungen des Begriffs *Interaktion* vor. HOMANS, dessen interaktionstheoretisches Konzept als Basistheorie angesehen wird,[124] beschreibt, daß von Interaktion dann zu sprechen ist, wenn die Aktivität eines Individuums der Aktivität einer anderen Person folgt.[125] Aufbauend darauf definiert SCHOCH Interaktion als

> »... eine Folge von sinngemäß aufeinander bezogenen und aneinander orientierten verbalen und nicht-verbalen Handlungen (Aktionen) von zwei oder mehreren Individuen in unmittelbarer physischer Gegenwart.«[126]

Nach BACKHAUS und KERN ist allerdings eine definitorische Beschränkung des Begriffs »Interaktion« auf den Zeitraum der physischen Gegenwart nicht unbedingt erforderlich, »... da auch der Kontakt von Personen über Medien möglich ist«[127] und Innovationen der Büro- und Telekommunikation erweiterte Handlungsmöglichkeiten schaffen[128]. Darüber hinaus läßt sich mit KIRSCH, KUTSCHKER und LUTSCHEWITZ festhalten, daß Verwender und Hersteller von Investitionsgütern aus verschiedenen Anlässen mit der betrieblichen Umwelt interagieren. Die drei Autoren grenzen demzufolge diejenigen Interaktionen, deren Anlaß der Austausch von Gütern ist, als *Transaktionen* ab.[129]

---

124 Vgl. BACKHAUS, K.: Investitionsgüter-Marketing, a.a.O., S. 62 ff., und seine Bezugnahme auf: HOMANS, G.C.: Elementarfaktoren sozialen Verhaltens, Köln 1968, S. 44 ff. HOMANS wird von BACKHAUS als ein wichtiger Ausgangspunkt für die Interaktionstheorie genannt. In der von HOMANS formulierten, relativ allgemeinen und umstrittenen Theorie des Austausches bzw. Austauschverhaltens, wonach die Austauschbeziehungen nur dann aufrecht erhalten werden, wenn sie für beide Seiten profitabel sind, wird das Verhalten der Parteien auf fünf Hypothesen zurückgeführt, die dem Prinzip der Belohnung und Bestrafung folgen. Vgl. HOMANS, G.C.: Elementarfaktoren sozialen Verhaltens, a.a.O., S. 44 ff. Vgl. hierzu auch: KERN, E.: Der Interaktionsansatz im Investitionsgüter-Marketing, Arbeitspapier Nr. 9/1987 des Betriebswirtschaftlichen Instituts für Anlagen und Systemtechnologien der Westfälischen Wilhelms-Universität Münster, hrsg. v. K. BACKHAUS, Münster 1987, S. 8 ff.

125 Vgl. HOMANS, G.C.: The Human Group, New York 1950, S. 36.

126 SCHOCH, R.: Der Verkaufsvorgang als sozialer Interaktionsprozeß, Winterthur 1969, S. 94.

127 KERN, E.: Der Interaktionsansatz im Investitionsgüter-Marketing, a.a.O., S. 6.

128 Vgl. BACKHAUS, K.: Investitionsgüter-Marketing, a.a.O., S. 63; BUZELL, R.D.: An Agenda for Teaching and Research: Some Suggestions, in: BUZELL, R.D. (Ed.): Marketing in an Electronic Age, Boston, Mass. 1985, S. 18.

129 Vgl. KIRSCH, W./KUTSCHKER, M./LUTSCHEWITZ, H.: Ansätze und Entwicklungstendenzen im Investitionsgütermarketing, a.a.O., S. 76.

92

Neben den unterschiedlichen begrifflichen Deutungen bestehen nach BACKHAUS[130] auch Uneinigkeiten darüber, ob Kommunikationsstudien unter Interaktionsansätzen subsumiert werden sollen[131] und ob sich Interaktionsprozesse verstehen lassen als

- Problemlösungsprozeß[132]

- Aushandlungsprozeß[133]

- Lernprozeß[134] oder als

- Problemlösungs- und Konflikthandhabungsprozeß[135].

Grundsätzlich kann jedoch, wie bereits angedeutet, zwischen *personalen* und *organisationalen Interaktionsansätzen* differenziert werden, die sich wiederum danach unterteilen lassen, ob die Beziehungen zwischen zwei (dyadische Ansätze) oder mehreren (Multi-Aktoren-Ansätze) Personen bzw. Organisationen beschrieben werden.[136] Dieser Einteilung wird hier zunächst gefolgt.

Weitere Unterscheidungsmerkmale ergeben sich beispielsweise aus der zeitlichen Extension der Interaktionsmodelle, d.h. in der zeitlichen Erfassung des Interaktionsgeschehens.[137] So werden in einigen Ansätzen nur Zeitausschnitte analysiert, indem die Beziehungsmerkmale der interagierenden Parteien zu einem bestimmten Zeitpunkt erfaßt und beispielsweise Wirkungen eines Machtgefälles zwischen den Interaktionspartnern auf das Verhandlungsergebnis analysiert werden[138] (strukturanalytische Interaktionsansätze). Andere Modelle nehmen hingegen am Zeitverlauf orientierte Betrachtungen vor. Sie beziehen

---

[130] Vgl. zur folgenden Aufstellung: BACKHAUS, K.: Investitionsgüter-Marketing, a.a.O., S. 62.

[131] BACKHAUS bezieht sich hierbei auf die differierenden Ansichten von SCHOCH, R.: Der Verkaufsvorgang als sozialer Interaktionsprozeß, a.a.O., und: WILSON, D.T.: Dyadic Interactions, in: WOODSIDE, A.G./SHETH, J.N./BENNETT, P.D. (Eds.): Consumer and Industrial Buying Behavior, New York-Amsterdam-Oxford 1977, S. 355 ff.

[132] Vgl. WILLET, R.P./PENNINGTON, A.L.: Customer and Salesmen: The Anatomy of Choice and Influence in a Retail Setting, AMA-Proceedings, Chicago 1966, S. 598 ff.

[133] Vgl. PENNINGTON, A.L.: Customer-Salesman Bargaining Behavior in Retail Transactions, in: JoMR, 5 (1968), S. 255 ff.

[134] Vgl. HUGHES, G.D.: The Measurement of Changes in Attitude Induced by Personal Selling, in: Greyser, S.A. (Ed.): Toward Scientific Marketing, AMA-Proceedings, Chicago 1964, S. 175 ff.

[135] Vgl. GEMÜNDEN, H.G.: Transaktionsmarketing, Diss. Saarbrücken 1979.

[136] Vgl. BACKHAUS,K.: Investitionsgüter-Marketing, a.a.O., S. 64 ff.; KERN, E.: Der Interaktionsansatz im Investitionsgüter-Marketing, a.a.O., S. 16; KIRSCH, W./KUTSCHKER, M./LUTSCHEWITZ, H.: Ansätze und Entwicklungstendenzen im Investitionsgütermarketing, a.a.O., S. 77 ff..

[137] Vgl. hierzu auch: KERN, E.: Der Interaktionsansatz im Investitionsgüter-Marketing, a.a.O., S. 16.

[138] Vgl. beispielsweise: BLOIS, K.J.: Large Customers and Their Suppliers, in: EJoM, 11 (1977), S. 281 ff.

sich auf eine Analyse der gesamten Transaktionsepisode (prozeßanalytische Interaktionsansätze)[139] oder untersuchen episodenübergreifend die »... einzelne Interaktion nicht isoliert, sondern in einem System langfristig bestehender oder neuer Geschäftsbeziehungen ...«[140].

Personale Interaktionsansätze

Im Bereich der *dyadisch-personalen Interaktionsansätze* ist der Ansatz von EVANS zu nennen, dessen Arbeit von KIRSCH et al.[141] als Pionieruntersuchung eingestuft wird. EVANS[142] weist nach, daß das Interaktionsergebnis von demographischen und persönlichen Variablen der Verhandlungspartner sowie vom Verlauf der Interaktion abhängt. Der Erfolg wird vom Ähnlichkeitsmuster der beiden Verhandlungspartner bestimmt. Je ähnlicher sich Käufer und Verkäufer in ihren demographischen und Persönlichkeitsmerkmalen sind, desto höher ist die Wahrscheinlichkeit für einen positiven Vertragsabschluß. Hierbei stellt EVANS auf die subjektiv empfundene Ähnlichkeit ab. Weitere Arbeiten zur personalen Dyade haben die Sichtweise von EVANS unterstützt[143] und erweitert[144]; so beispielsweise die Arbeiten von BAGOZZI, die zwar im Bereich der Beschreibung des Konsumentenverhaltens angesiedelt sind, in der Literatur jedoch übertragen werden.

Erweiterungen erfährt die dyadisch-personale Sichtweise durch Ansätze, die ihre Beschreibung auf drei oder vier interagierende Personen in der »Käufer-Verkäufer-Dyade« beziehen,[145] und durch Ansätze, die darüber hinaus die Beziehungsmuster von Personen innerhalb der jeweiligen Organisationen in die Interaktionsanalyse einschließen[146]. Die letzte Gruppe, die auch mit dem Begriff *multipersonale Interaktionsansätze* belegt wird, weist schon starke Ähnlichkeiten mit den dyadisch-organisationalen Interaktionsmodellen auf, die auch Einflüsse der Organisation auf das Interaktionsgeschehen berücksichtigen. Die Übergänge zwischen beiden Ansatzgruppen werden hier fließend.

---

[139] Vgl. beispielsweise: BACKHAUS, K./GÜNTER, B.: A Phase-Differentiated Interaction Approach to Industrial Marketing Decisions, in: IMM, 5 (1976), S. 255 ff.

[140] KERN, E.: Der Interaktionsansatz im Investitionsgüter-Marketing, a.a.O., S. 18.

[141] Vgl. KIRSCH, W./KUTSCHKER, M./LUTSCHEWITZ, H.: Ansätze und Entwicklungstendenzen im Investitionsgütermarketing, a.a.O., S. 78.

[142] Vgl. EVANS, F.B.: Selling as A Dyadic Relationship - A New Approach, in: American Behavioral Scientist, 6 (May 1963), S. 76 ff.

[143] Vgl. TOSI, H.L.: The Effects of Expectation Levels and Role Consensus on the Buyer-Seller Dyad, in: JoB, 39 (Oct. 1966), S. 516 ff.

[144] Vgl. BAGOZZI, R.P.: Marketing as an Organized Behavioral System of Exchange, in: JoM, 38 (1974), 4, S. 77 ff.

[145] Vgl. TUCKER, W.T.: The social Context of Economic Behavior, New York 1964.

[146] Vgl. DAVIS, K.R./WEBSTER, F.E. Jr.: Sales Force Management, New York 1968.

Organisationale Interaktionsansätze

Zu den dyadisch-organisationalen Interaktionsansätzen lassen sich u.a. die Modelle von GEMÜNDEN[147] und HÅKANSSON/ÖSTBERG[148] zählen.[149] Allerdings beziehen dyadische Modelle wichtige Einflußgrößen auf das Interaktionsgeschehen in Investitionsgütermärkten nicht in ihre Analyse ein. So wird dem Modell von HÅKANSSON und ÖSTBERG in der Literatur entgegengebracht, daß es zu sehr an der dyadischen Betrachtungsweise ausgerichtet ist, »... ohne den in der Realität zweifellos festzustellenden Einfluß von Drittorganisationen zu berücksichtigen ...«[150]. Insbesondere im Bereich des CIM-Geschäfts ist jedoch eine Berücksichtigung des Einflusses von Drittorganisationen auf das Interaktionsgeschehen notwendig[151] (z.B. eingeschaltete Consultant-Engineers). Dies gilt auch für wettbewerbsorientierte Betrachtungen. Als multiorganisational können demgegenüber die Konzepte von BACKHAUS und GÜNTER sowie von KUTSCHKER und KIRSCH eingestuft werden.

Der multiorganisationale Interaktionsansatz von BACKHAUS und GÜNTER

Beispielhaft für die Mitwirkung von Drittparteien in Kauf-/Verkaufsprozessen nennt BACKHAUS den Staat, Anbieterkoalitionen, Kreditinstitute und Consultants und stellt damit auf die Multi-Organisationalität des Interaktionsgeschehens ab.[152] Der von ihm und GÜNTER gemeinsam entwickelte multiorganisationale Ansatz präsentiert einen konzeptionellen Rahmen zur prozeßorientierten Analyse und Beschreibung des Interaktionsverlaufs.[153]

In ihrem »Interactive Process Model« gehen sie von fünf verschiedenen Phasen aus. Sie ordnen diesen Phasen das jeweilige Aktivitätsspektrum der beteiligten Parteien zu. BACKHAUS, der sich bei seiner – als »Individualtransaktion« abgegrenzten – Beschreibung des Anlagen-Marketing an diesem Grundmodell orientiert, unterscheidet aufbauend auf seinem mit GÜNTER konzipierten Modell zwischen vier Phasen: Voranfragenphase, Angebotserstellungsphase, Kundenverhandlungsphase sowie Projektabwicklungs- und

---

147 Vgl. hierzu die Ausführungen im weiteren Verlauf dieses Abschnitts.

148 Vgl. HÅKANSSON, H./ÖSTBERG, C.: Industrial Marketing: An Organizational Problem?, in: IMM, 4 (1975), S. 113 ff.

149 Vgl. hierzu auch: BACKHAUS, K.: Investitionsgüter-Marketing, a.a.O., S. 65.

150 KIRSCH, W./KUTSCHKER, M./LUTSCHEWITZ, H.: Ansätze und Entwicklungstendenzen im Investitionsgütermarketing, a.a.O., S. 89.

151 Vgl. hierzu auch: STROTHMANN, K.-H./KLICHE, M.: Innovationsmarketing, a.a.O., S. 42 ff.

152 Vgl. BACKHAUS, K.: Investitionsgüter-Marketing, a.a.O., S. 69.

153 Vgl. BACKHAUS, K./GÜNTER, B.: A Phase-Differentiated Interaction Approach to Industrial Marketing Decisions, a.a.O., S. 255.

Gewährleistungsphase.[154] Eine Beschreibung des Ansatzes von BACKHAUS wird an späterer Stelle gegeben.[155]

Der multiorganisationale Interaktionsansatz von KUTSCHKER und KIRSCH

Die beiden Autoren KUTSCHKER und KIRSCH[156] haben im Jahre 1978 einen multiorganisationalen Interaktionsansatz vorgestellt,[157] der in der Literatur des Investitionsgütermarketing breite Beachtung findet und in ihren weiteren Arbeiten zum feldtheoretischen Interaktionsansatz ausgebaut wurde[158]. Das *Episoden-* und das *Potentialkonzept*, die den analytischen Rahmen ihrer Untersuchung zum Problemkreis der Verhandlungen in multiorganisationalen Entscheidungsprozessen bilden, können als zentrale Merkmale ihres Modells angesehen werden:

Transaktionsepisoden umfassen diejenigen Zeiträume, in denen kollektive Entscheidungs-, Planungs- und Verhandlungsprozesse innerhalb und insbesondere zwischen Hersteller- und Abnehmer-Organisationen ablaufen, »... die mit der Anbahnung, Vereinbarung und Realisation einer Transaktion verbunden sind«[159]. Insgesamt ergibt sich das Bild eines komplexen Problemlösungsprozesses (»joint decision process«), der von den beteiligten Mitgliedern der Organisationen gemeinsam bewältigt werden muß.[160] In diesem *gemeinsamen* Entscheidungsprozeß mit Problemlösungscharakter werden nach diesem Modell beispielsweise Preise, Garantieleistungen und Applikationsanpassungen des Produkts ausgehan-

---

[154] Vgl. BACKHAUS, K.: Investitionsgüter-Marketing, a.a.O., S. 159 ff.

[155] Vgl. Abschnitt 3.2 dieses Kapitels.

[156] Vgl. KUTSCHKER, M./KIRSCH, W.: Verhandlungen in multiorganisationalen Entscheidungsprozessen, München 1978.

[157] Vgl. zu einer ausführlicheren Besprechung dieses Ansatzes auch: KLICHE, M.: Zum Interaktionsansatz im Innovationsmarketing, a.a.O., S. 60 ff.

[158] Vgl. KUTSCHKER, M.: Feldtheoretische Perspektiven eines Interaktionsansatzes des Investitionsgütermarketing, Habil.schrift, München 1980; KIRSCH, W./KUTSCHKER, M./LUTSCHEWITZ, H.: Ansätze und Entwicklungstendenzen im Investitionsgütermarketing, a.a.O., S. 3 ff. BACKHAUS urteilt jedoch, daß noch nicht erkannt werden kann, ob es sich bei der feldtheoretischen Sichtweise um eine wesentliche Erweiterung der Interaktionsansätze handelt. Vgl. BACKHAUS, K.: Investitionsgüter-Marketing, a.a.O., S. 70. Vgl. hierzu aber auch die Arbeit von ZIEGLER, die einen Weg zur weiteren Ausgestaltung des feldtheoretischen Konzepts zeigt: ZIEGLER, R.: Die Relevanz feldtheoretischer Erkenntnisse für die Erklärung des interpersonellen und interorganisationalen Entscheidungsverhaltens bei Investitionen, Diss. Berlin 1981; und derselbe: Psychologische Aspekte des Interaktionsansatzes im Investitionsgüter-Marketing, in: Investitionsgütermarketing, hrsg. v. M. KLICHE, a.a.O., S. 77 ff.

[159] KUTSCHKER, M./KIRSCH, W.: Verhandlungen in multiorganisationalen Entscheidungsprozessen, a.a.O., S. 4.

[160] Vgl. ebenda, S. 4, S. 316; KERN, E.: Der Interaktionsansatz im Investitionsgüter-Marketing, a.a.O., S. 40.

96

delt,[161] wobei die Zahl der beteiligten Entscheidungs- bzw. Verhandlungsmitglieder mit zunehmender Verhandlungsintensität ansteigt[162]. Nach BACKHAUS kann die Transaktionsepisode in zeitlicher Hinsicht mit der Lebensdauer eines Projekts verglichen werden.[163]

Mit ihrem *Potentialkonzept* integrieren die Autoren auch Marketingaktivitäten in ihr Modell, »... die den strukturellen Rahmen für die einzelnen Transaktionen setzen«[164]. Die längerfristig wirkenden Potentiale einer Organisation werden u.a. durch bekannte Marketingaktivitäten wie Werbung, Marktforschung oder Produktinnovation aufgebaut.[165] Diese Marketingaktivitäten, die grundsätzlich auch außerhalb der einzelnen Episoden stattfinden, haben eher generellen Charakter: »Im Prinzip handelt es sich dabei um strategische Marketing-Entscheidungen, die den strukturellen Bedingungsrahmen für den Ablauf der Transaktionsprozesse festlegen.«[166]

Die Potentiale einer Organisation setzen nach KUTSCHKER und KIRSCH gewisse Machtgrundlagen,[167] die in Verhandlungssituationen der Aktivierung durch die interagierenden Mitglieder bedürfen. Potentiale können Verhandlungssituationen positiv oder negativ beeinflussen und setzen ein bestimmtes Kräfteverhältnis zwischen den Verhandlungspartnern fest. Nach Auffassung der Autoren ergibt sich »... das Potential einer Organisation aus der Konstellation der Attribute aller an der Transaktion beteiligten Organisationen und der Fähigkeit der Repräsentanten, diese Konstellation für Transaktionsepisoden zu nutzen«[168].

KUTSCHKER und KIRSCH verstehen unter den Potentialen einer Organisation beispielsweise auch *Wissens-* und *Konsenspotentiale* und formulieren allgemeingültig zum Potentialkonzept:

> »Es gibt [...] sicherlich noch eine Reihe weiterer Kriterien, nach denen [...] Potentiale einer Organisation differenziert und klassifiziert werden können. Ganz allgemein manifestieren sich solche Potentiale in den strukturellen Merkmalen der Repräsentanten, der Organisation und ihrer

---

161 Vgl. KUTSCHKER, M./KIRSCH, W.: Verhandlungen in multiorganisationalen Entscheidungsprozessen, a.a.O., S. 4.

162 Vgl. ebenda, S. 82 f.

163 Vgl. BACKHAUS, K.: Investitionsgüter-Marketing, a.a.O., S. 70.

164 KERN, E.: Der Interaktionsansatz im Investitionsgüter-Marketing, a.a.O., S. 41; vgl. hierzu auch: BACKHAUS, K.: Investitionsgüter-Marketing, a.a.O., S. 71.

165 Vgl. KUTSCHKER, M./KIRSCH, W.: Verhandlungen in multiorganisationalen Entscheidungsprozessen, a.a.O., S. 7.

166 BACKHAUS, K.: Investitionsgüter-Marketing, a.a.O., S. 71.

167 Vgl. KUTSCHKER, M./KIRSCH, W.: Verhandlungen in multiorganisationalen Entscheidungsprozessen, a.a.O., S. 5.

168 Ebenda, S. 318 f.

Umwelt. Solche Merkmale sind bei der Erfüllung bestimmter Bedingungen, also Aktivierung geeignet, die [...] Transaktionsepisoden in Ablauf und Ergebnis zu beeinflussen ...«[169].

Das Potentialkonzept, das nach ihrer Auffassung noch weiterer Untersuchungen bedarf,[170] kann insgesamt als ein Bindeglied zwischen strukturellen Merkmalen und dem Verlauf von Verhandlungsprozessen angesehen werden.[171] Zur Illustration ihres multiorganisationalen Modells verwenden sie die folgende Abbildung. Wie sie hervorheben, sind Potentiale »... nicht nur das Ergebnis bewußter Marketingaktivitäten, sondern auch das Ergebnis nicht intendierter Nebenwirkungen [z.B. langfristige Wirksamkeit einmaliger Preiszugeständnisse; Einschub d. Verf.], nicht zuletzt aber auch das Ergebnis von Entwicklungen exogener Art ...«[172]. Damit wird deutlich, daß exogene Faktoren auf die Ausgestaltung der Potentiale einwirken und diese relativieren, so z.B. der technologische Entwicklungsprozeß, der Wissensvorsprünge in dynamischer Weise obsolet werden läßt.[173]

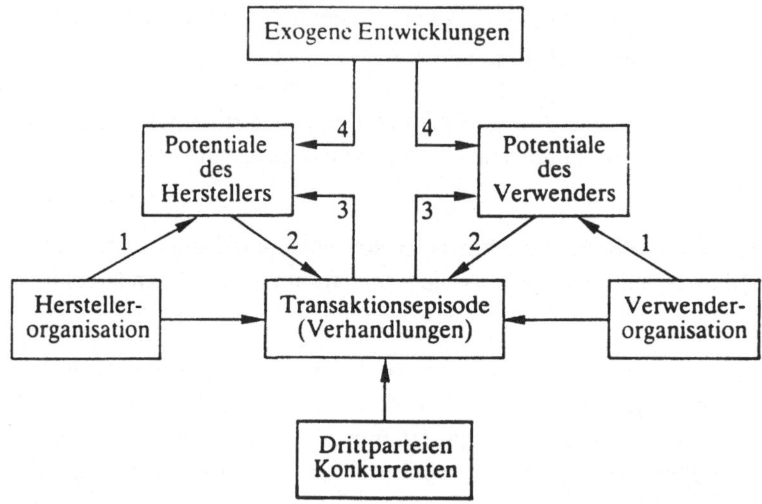

Abb. 16: Der Interaktionsansatz von KUTSCHKER/KIRSCH[174]

---

[169] KUTSCHKER, M./KIRSCH, W.: Verhandlungen in multiorganisationalen Entscheidungsprozessen, a.a.O., S. 5.

[170] Vgl. ebenda, S. 318 f.

[171] Vgl. KIRSCH, W./KUTSCHKER, M.: Das Marketing von Investitionsgütern - Theoretische und empirische Perspektiven eines Interaktionsansatzes, Wiesbaden 1978, S. 48.

[172] Ebenda, S. 40.

[173] Vgl. KUTSCHKER, M./KIRSCH, W.: Verhandlungen in multiorganisationalen Entscheidungsprozessen, a.a.O., S. 9.

[174] Quelle: ebenda, S. 8.

Wie KERN feststellt, vertritt KUTSCHKER in einer späteren Veröffentlichung die Meinung, daß es »... weniger auf die absoluten organisationalen Merkmale als vielmehr auf die relativen organisationalen Faktoren im Verhältnis zum Interaktionspartner ankommt ...«[175]. Damit wird ähnlich dem Konstrukt des komparativen Konkurrenzvorteils auf *inter-organisationale Potential-Relationen* abgestellt.[176]

Das Modell von KUTSCHKER und KIRSCH, das sich als generalisierender Ansatz zwar noch nicht direkt auf innovative Fragestellungen bezieht, gibt wesentliche Anhaltspunkte zur Entwicklung eines multiorganisationalen Bezugsrahmens für das Innovationsmarketing. Neben der Berücksichtigung einer multiorganisationalen Sichtweise könnte das Potentialkonzept beispielsweise dafür genutzt werden, die Wirkungen der zwischen Herstellern aus High-Tech-Industrien und einer Vielzahl ihrer Abnehmer bestehenden Informations- und Qualifikationslücke in Verhandlungssituationen besser zu erklären.

Allerdings ist das Modell der Autoren in starkem Maße von Aspekten der Machtdiskussion geprägt. Das Modell der »International Marketing and Purchasing Group« (IMP-Group)[177] berücksichtigt demgegenüber den Faktor »Atmosphäre« im Interaktionsgeschehen.

Der Interaktionsansatz der IMP-Group

Der Ansatz der »International Marketing and Purchasing Group«[178], der in der Literatur als umfassend gewertet wird[179], stellt den wichtigen Aspekt der zu beachtenden »Atmosphäre« zwischen Herstellern und Abnehmern im Interaktionsgeschehen heraus. Im Wege möglicher Abfolgen von Transaktionsepisoden zwischen Herstellern und Abnehmern, die in längerfristige Geschäftsbeziehungen münden können, bildet sich nach diesem Ansatz eine Atmosphäre zwischen den beteiligten Parteien heraus, die aktiv gestaltet werden kann. Die Atmosphäre resultiert aus der Verteilung der Machtabhängigkeit zwischen den Interaktionspartnern, dem Ausmaß der Konflikte, der Qualität der Zusammenarbeit,

---

175 KERN, E.: Der Interaktionsansatz im Investitionsgüter-Marketing, a.a.O., S. 41 f.; vgl. KUTSCHKER, M.: The Multi-Organizational Interaction Approach to Industrial Marketing, in: JoBR, 13 (1985), S. 394 ff.

176 Vgl. I. Kapitel, Abschnitt 2.4; und II. Kapitel, Abschnitt 1.1.

177 Die IMP-Group wurde 1976 gegründet und ist ein informeller Zusammenschluß von Forschern aus verschiedenen, in der Hauptsache Europäischen Ländern, deren Forschungsfokus auf der interaktions- und netzwerktheoretischen Analyse des Investitionsgüter- und Internationalen Marketing liegt. Vgl. TURNBULL, P.W./PALIWODA, S.J. (Eds.): Research in International Marketing, London-Sydney-Dover, New Hampshire 1986, Introduction.

178 Vgl. hierzu die Veröffentlichung des IMP-Ansatzes in: HÅKANSSON, H. (Ed.): International Marketing and Purchasing of Industrial Goods - An Interaction Approach, Chichester-New York-Brisbane 1982. Vgl. hierzu auch näher: KLICHE, M.: Zum Interaktionsansatz im Innovationsmarketing, a.a.O., S. 62 ff.

179 Vgl. beispielsweise: PARKINSON, S.T./BAKER, M.J./MOLLER, K.: Organizational Buying Behaviour, a.a.O., S. 202.

der Nähe oder der Distanz zwischen den beteiligten Partnern sowie aus den gegenseitigen Erwartungen.[180]

Insbesondere beim Marketing für systemtechnische Innovationen, bei dem es um die Gestaltung der Zusammenarbeit in gestaffelten bzw. »multi-step purchase processes« geht,[181] ist die Beachtung einer durch Zusammenarbeit und Nähe gekennzeichneten Atmosphäre von Bedeutung. Allerdings werden auch diese, aus der Sicht des Herstellers anzustrebenden, längerfristigen Geschäftsbeziehungen zu einem Abnehmer nicht immer konfliktfrei verlaufen. Sie erfordern die interaktive Bewältigung von Konflikt- und Problemlösungsaufgaben; Aspekte, die im Ansatz von GEMÜNDEN enthalten sind.

Der innovationsorientierte Interaktionsansatz von GEMÜNDEN

Der von GEMÜNDEN konzipierte innovationsorientierte Interaktionsansatz richtet sich auf die Untersuchung dyadischer Hersteller-Abnehmer-Beziehungen bei der erstmaligen Beschaffung von EDV-Anlagen.[182] GEMÜNDEN berücksichtigt in seinem Modell, daß innovative Investitionsgüter mit einem hohen technischen Komplexitätsgrad, hoher Erklärungsbedürftigkeit sowie mit organisationalen Wandlungsanforderungen in den Abnehmer-Unternehmen verbunden sind. Er stellt fest, daß der Transfer innovativer Investitionsgüter eines komplexen Interaktionsprozesses zwischen Anbieter und Abnehmer bedarf, in dem Problemlösungs- und Konflikthandhabungs-Aufgaben zu lösen sind.[183]

Die *Problemlösungsaufgabe* bezieht sich auf die »... Entwicklung und Auswahl einer neuartigen technisch-organisatorischen Konzeption ...«[184], und im Rahmen der *Konflikthandhabung* müssen sich die beteiligten Parteien über die von beiden zu erbringenden Leistungen und Gegenleistungen, wie Konditionen etc., einigen[185]. KERN merkt an, daß diese Differenzierung zwischen Problemlösungs- und Konflikthandhabungs-Interaktion der Unterscheidung von KRATZ ähnelt, der zwischen der Interaktion der Leistungsspezifikation

---

[180] Vgl. HÅKANSSON, H. (Ed.): International Marketing and Purchasing of Industrial Goods, a.a.O., S. 22; vgl. zu einer Besprechung auch: KLAIBER, U.: Der Erkenntniswert theoretischer Ansätze zur Beschreibung von Geschäftsbeziehungen, Diplomarbeit am Institut für Marketing der Freien Universität Berlin, 1989, S. 39.

[181] Vgl. I. Kapitel, Abschnitt 1.5.

[182] Vgl. hierzu die Schriften von GEMÜNDEN, H.G.: Transaktionsmarketing, Diss. Saarbrücken 1979; derselbe: Effiziente Interaktionsstrategien im Investitionsgütermarketing, in: Marketing ZFP, (März 1980), 1, S. 21 ff.; derselbe: Innovationsmarketing, Interaktionsbeziehungen zwischen Hersteller und Verwender innovativer Investitionsgüter, Tübingen 1981; derselbe: »Promotors« - Key Persons for the Development and Marketing of Innovative Industrial Products, a.a.O.

[183] Vgl. GEMÜNDEN, H.G.: Effiziente Interaktionsstrategien im Investitionsgütermarketing, a.a.O., S. 21.

[184] GEMÜNDEN, H.G.: Innovationsmarketing, a.a.O., S. 19.

[185] Vgl. ebenda,

und der sich anschließenden Interaktion zur Vereinbarung der Austauschkonditionen unterscheidet.[186]

Bei der Problemlösungshandhabung unterscheidet GEMÜNDEN zwischen den einzubringenden Leistungen *Technologie-* und *Nutzungskonzeption.* Sie sind erforderlich, um zu einer tragfähigen Gesamtlösung zu gelangen:

> »In der *Technologiekonzeption* wird festgelegt, welche technologischen Mittel verwendet werden und wie diese zu kombinieren sind. Zum Entwurf einer solchen Konzeption muß man sich zunächst einmal sachverständig machen über die innovationsspezifisch-technologischen Prinzipien und die am Markt angebotenen Produktalternativen. Sodann muß man sich überlegen, welche Konfiguration gewählt wird, zu welchem Zeitpunkt der Einsatz erfolgen soll und von wem die einzelnen Einsatzfaktoren bezogen, bereitgestellt oder entwickelt werden sollen. [...]
>
> In der *Nutzungskonzeption* wird festgelegt, welche Nutzungsziele mit der innovativen Problemlösung angestrebt werden. Hierzu muß man sich zunächst einmal eine grobe Vorstellung von der Innovationsnutzung machen und die bestehende organisationsspezifische Ausgangssituation erfassen. Die dabei zutage tretenden Möglichkeiten und Grenzen der Innovationsnutzung sind dann durch konkurrierende, detaillierende und strukturierende Analyse- und Entwurfsaktivitäten zu einem konkreten Anwendungskonzept auszubauen«.[187]

Grundsätzlich lassen sich nach GEMÜNDEN beide Konzeptionen den jeweiligen Interaktionspartnern unterschiedlich zuordnen. So besitzen – nach seinen Vorstellungen – Hersteller einen Informations- und Wissensvorsprung bei technologieorientierten Fragen und die Abnehmer bei nutzungsbezogenen Fragen.[188]

In seiner Untersuchung zur Effizienz von Problemlösungsinteraktionen bezieht der Autor Möglichkeiten der ausgewogenen Behandlung von Technologie- und Nutzungsproblemen sowie mögliche Prozesse mit dominanter Behandlung einer der beiden konzeptionellen Fragestellungen ein (Technologie- bzw. Nutzungs-Dominanz). Ferner wird in Differenzierung nach dem hauptsächlichen Träger analytisch unterschieden zwischen Interaktionsprozessen mit ausgeglichener Arbeitsteilung und solchen mit Hersteller- oder Abnehmer-Dominanz.

Als Ergebnis seiner Analyse der Problemlösungsinteraktion kann festgehalten werden, daß sich Hersteller und Abnehmer zuerst auf ein bestimmtes *Anspruchsniveau* der angestrebten

---

[186] Vgl. KERN, E.: Der Interaktionsansatz im Investitionsgüter-Marketing, a.a.O., S. 35; und: KRATZ, J.: Der Interaktionsprozeß beim Kauf von einzeln gefertigten Investitionsgütern, Diss. Bochum 1975.

[187] GEMÜNDEN, H.G.: Innovationsmarketing, a.a.O., S. 30.

[188] Vgl. ebenda, S. 30 f.

innovativen Lösung einigen müssen und anschließend die dazu korrespondierende Interaktionsstrategie zu wählen ist. Im einzelnen führt hiernach

- bei einem *geringen* Innovationsschritt ein herstellerdominanter und technologieorientierter Prozeß zu einer effizienten Abwicklung des Interaktionsgeschehens und

- bei einem *großen* Innovationsschritt eine ausgewogene Arbeitsteilung sowie eine ausgeglichene Berücksichtigung technologischer und nutzungsbezogener Fragestellungen zur effizienten Lösung.[189]

Geprägt durch die organisationstheoretischen Arbeiten um WITTE hat GEMÜNDEN auch den Einfluß bzw. die Beteiligung von Promotoren[190] im innovativen Interaktionsgeschehen untersucht. Hier kann als Ergebnis festgehalten werden, daß der Abnehmer bei anspruchslosen Konzeptionen seine Effizienz erhöhen kann, wenn er einen Fachpromotor einschleust, und daß bei anspruchsvollen Lösungen die Einschaltung von Macht- und Fachpromotoren mit intensiver Konfliktaustragung angezeigt ist.[191]

Die Autorin KRAUS, die auf den Arbeiten GEMÜNDENs aufbaut, hat 1986 Interaktionsprozesse bei der Vermarktung von Investitionsgütern am Beispiel von Verdichtungsgeräten untersucht.[192] Dabei hat sie besonderes Augenmerk der Analyse des Einflusses und des Ausmaßes von Konkurrenz-Konsultationen im Interaktionsgeschehen gewidmet. Im Ergebnis isoliert die Autorin – bezogen auf wettbewerbsbezogene Fragestellungen – zwei Interaktionstypen: den *konkurrenzfreien* sowie den *konkurrenzbeeinflußten Interaktionstyp.* Der konkurrenzfreie Typ läßt sich durch eine problemlösungsarme Interaktionsbeziehung beschreiben,[193] und der konkurrenzbeeinflußte Interaktionstyp weist hohe Problemlösungsbeiträge auf und findet »... vorzugsweise bei anspruchsvolleren Beschaffungssituationen, d.h. bei teuren Produkten oder Erstkäufen, Anwendung ...«[194]. KERN faßt zusammen, daß »... mit zunehmendem Anspruchsniveau der Kaufsituation für den Nachfrager [...] die Problemlösungsorientierung des Interaktionsprozesses und Konkurrenz-Konsultationen an Bedeutung ...«[195] gewinnen. Diese, hier unter wettbewerblichen Gesichtspunkten ausgewählten Ergebnisse bestätigen im Prinzip die Ausführungen GEMÜNDENs, »... indem sie den Zusammenhang zwischen Beschaffungssituation und Interaktionstyp ...«[196] aufzeigen.

---

[189] Vgl. GEMÜNDEN, H.G.: Effiziente Interaktionsstrategien im Investitionsgütermarketing, a.a.O., S. 30; derselbe: Innovationsmarketing, a.a.O., S. 444.; BACKHAUS, K.: Investitionsgüter-Marketing, a.a.O., S. 69.

[190] Vgl. Abschnitt 2.2 dieses Kapitels.

[191] Vgl. GEMÜNDEN, H.G.: Innovationsmarketing, a.a.O., S. 407 ff.

[192] Vgl. KRAUS, A.: Interaktionsprozesse bei der Vermarktung von Investitionsgütern, eine Analyse am Beispiel von Verdichtungsgeräten, Diss., Mainz 1986.

[193] Vgl. ebenda, S. 108.

[194] Ebenda, S. 109.

[195] KERN, E.: Der Interaktionsansatz im Investitionsgüter-Marketing, a.a.O., S. 37.

[196] Ebenda.

Insgesamt beschreibt GEMÜNDEN mit seinem Ansatz wichtige, im innovativen Interaktionsprozeß zwischen Anbieter und Abnehmer wahrzunehmende Aufgaben. Spezifizierung und Ausgestaltung von Technologie- und Nutzungskonzeption können als wesentliche Inhalte in der direkten Interaktion angesehen werden. Es bleibt jedoch im Rahmen der weiteren konzeptionellen Umsetzung in dieser Arbeit zu hinterfragen, ob nicht beim Marketing für technische und systemtechnische Innovationen eine prozessuale Aufgliederung notwendig ist, die auf eine phasenbezogene Zuordnung von Technologie- und Nutzungskonzeption im integrierten Adoptionsprozeß[197] abstellt.

Weitere Arbeiten zur innovationsorientierten Interaktion

Vom Verfasser wurde ein dyadischer, potentialorientierter Interaktionsansatz für das Innovationsmarketing formuliert,[198] der als »asymmetrisches Interaktionsmodell« u.a. das Potentialkonzept von KUTSCHKER und KIRSCH sowie das von GEMÜNDEN vorgestellte Modell der Technologie- und Nutzungskonzeption berücksichtigt und darüber hinaus die dynamischen Ungleichgewichte zwischen Herstellern und Abnehmern in die Betrachtung einbezieht[199]. Letztere können als eine Folge des gegenwärtig stark voranschreitenden technologischen Wandels interpretiert werden, wobei sich zwischen Herstellern und Abnehmern dynamische Kompetenzunterschiede in bezug auf technologische Fragestellungen bzw. technologisches Wissen ergeben. Die Hersteller technischer und systemtechnischer Innovationen vollziehen betriebliche Generierungsprozesse, die sie im Verhältnis zu einem Großteil ihrer Abnehmer in einen innovativen Fähigkeits- und Wissensvorsprung versetzen.

In Anlehnung an das Potentialkonzept von KUTSCHKER und KIRSCH kann dieses Wissen als Potential von Unternehmen verstanden werden, das auf Transaktionsepisoden einwirkt und die Verhandlungspartner in unterschiedliche Ausgangspositionen bei der Interaktion versetzt. Das bei den Herstellern von Innovationen im Zuge von Generierungsprozessen angesammelte Know-how-Potential wird sich dabei nicht nur auf produkttechnisches Wissen und das Know-how über neue Technologien beziehen, vielmehr werden die Hersteller im Wege ihrer Forschungs- und Entwicklungsarbeiten auch schon anwendungsbezogenes Wissen entwickelt haben. Dabei wird dieses Anwendungswissen um so stärker ausfallen, je öfter sie ihre innovativen Erzeugnisse vermarktet haben.

Ausgehend von den in der Mehrzahl der Fälle ungleichgewichtig verteilten Know-how-Potentialen werden Ausgangssituationen im direkten innovationsbezogenen Interaktionsgeschehen nach diesem Modell mit einem asymmetrischen Interaktionstyp beschrieben, der Herstellern technischer und systemtechnischer Innovationen eine höhere Know-how-Stärke

---

[197] Vgl. hierzu: Abschnitt 2.1 dieses Kapitels.

[198] Vgl. KLICHE, M.: Zum Interaktionsansatz im Innovationsmarketing, a.a.O.

[199] Vgl. I. Kapitel, Abschnitt 2.2 und 2.4.

in technologieorientierten Fragen zuordnet als den Abnehmern. Zur Beschreibung der *Ausgangssituation* in innovativen Interaktionsprozessen[200] wird damit das Know-how-Potential der beteiligten Unternehmen als trennende Größe genutzt: Sicherlich lassen sich auch andere Potentiale der Unternehmen zu einer Beschreibung verschiedener Interaktionsmuster heranziehen. Allerdings erscheint es im Innovationsmarketing sinnvoll, das Know-how-Potential der Unternehmen als trennende Größe zu nutzen. Dies ermöglicht im Innovationsmarketing eine adäquate Beschreibung der Interaktionssituation, die ja durch ein Kompetenzgefälle und den daraus resultierenden Unsicherheiten auf der Abnehmerseite gekennzeichnet ist.

Aus Sicht des Marketing für technische und systemtechnische Innovationen wäre nach diesem Modell vom Hersteller beim Eintritt in das Interaktionsgeschehen zunächst das relative Ausmaß technologieorientierter Informations- und Qualifikationsdefizite auf der Abnehmerseite zu analysieren, um auf den Interaktionsprozeß optimal einwirken und bestehende Unsicherheiten sowie die damit verbundenen Investitionsbarrieren beseitigen zu können. Nach einer »Kompetenzausstattung« des Abnehmers, die insgesamt zu einer Harmonisierung des Interaktionsprozesses, aber auch längerfristig zu einer Harmonisierung von Geschäftsbeziehungen führen kann, können dann Technologie- und Nutzungskonzeption von Herstellern und Abnehmern interdependent erstellt werden. Der damit vorangestellte »Ausgleich« von Informations- und Qualifikationsdefiziten schafft die Voraussetzungen für den Abnehmer, sich kompetent und gestaltend in das Verhandlungsgeschehen einbringen zu können und eine Nutzungskonzeption auszuarbeiten, die sich auch an den Möglichkeiten der angebotenen Technologie orientiert.

Dieses Modell berücksichtigt in gewissem Umfang auch schon multiorganisationale Bezüge, indem es beispielsweise die Einschaltung von Consultants zur Beseitigung von Informationsdefiziten etc. in die Betrachtung einschließt. Auch besteht bereits eine Zuordnung von Qualifizierungs-, Technologie- und Nutzungsarbeit zu den einzelnen Phasen im innovationsbezogenen Interaktionsgeschehen.

Zu anderen Vorstellungen über eine innovationsorientierte Interaktion zwischen Herstellern und Anwendern gelangt MATTSSON in einem 1978 publizierten Artikel. Ausgehend von der unterstellten Dauerhaftigkeit von Geschäftsbeziehungen im Investitionsgüterbereich entwickelt er in Abgrenzung zum »Separated Firm Model« ein »Integrated Model«, das sich auf die Interaktion zwischen Hersteller und Abnehmer bei der Entwicklung innovativer Lösungen bezieht.[201] Seine Ausführungen beruhen auf der Erkenntnis, daß innerhalb von Industrien, die durch vertikale Geschäftsbeziehungen gekennzeichnet sind[202], die

---

[200] Vgl.: III. Kapitel, Abschnitt 1.3.

[201] Vgl. MATTSSON, L.-G.: Impact of Stability in Supplier-Buyer Relations on Innovative Behavior of Industrial Markets, in: FISK/ARNDT/GRØNHAUG (Eds.): Future Direction for Marketing, Marketing Science Institute, 1978, S. 211.

[202] Vgl. I. Kapitel, Abschnitt 2.2.

Stabilität der Geschäftsbeziehungen zugenommen hat.[203] MATTSSON nimmt dies zum Anlaß, vorläufige Vorstellungen[204] über die Vorteilhaftigkeit interaktiv erarbeiteter, innovativer Lösungen zu unterbreiten.[205] Diese ist vor allem darin zu sehen, daß dem Käufer auf stabilen Märkten somit gleich ein entsprechender Abnehmer für sein innovatives Erzeugnis zur Verfügung steht. Er nähert sich damit der »HIPPELschen-Hypothese«[206]; jener sieht allerdings stärker die vorzunehmenden Vermarktungsanstrengungen gegenüber weiteren Abnehmern, was vor dem Hintergrund des dynamischen, durch ständige Veränderung gekennzeichneten Wettbewerbsgeschehens auf High-Tech-Märkten sinnvoll scheint.

Der von MATTSSON erörterte Fall kann als ein »Mosaikstein« zur Beschreibung des vielschichtigen innovativen Interaktionsgeschehens in High-Tech-Märkten und -Industrien angesehen werden. Das Modell erlangt sicherlich größere Tragfähigkeit bei der Analyse *intra*industrieller Strukturen, d.h. bei der Analyse auf der Ebene vertikaler Geschäftsbeziehungen. Auf der anderen Seite ist jedoch die Problematik der im Innovationsgeschäft zu erzielenden »Breakthroughs« in andere Geschäftsbeziehungen nicht im hinreichenden Umfang berücksichtigt. So ist es für Hersteller technischer und systemtechnischer Innovationen ja von besonderem Interesse, sich neue Märkte mit hinreichendem Marktpotential zu erschließen und auch neue Geschäftsbeziehungen anzubahnen.

Geschäftsanalytische Interaktionsansätze

Es wurde oben bereits erwähnt, daß sich die Interaktionsansätze des Investitionsgütermarketing in struktur- und prozeßanalytische Modelle untergliedern lassen. Eine Sonderstellung nehmen dabei die sogenannten geschäftsanalytischen Interaktionsansätze ein. Ähnlich den Ansätzen von KUTSCHKER und KIRSCH sowie von HÅKANSSON et al. gehen auch geschäftsanalytische Ansätze von einem episodenübergreifenden Konzept aus. Allerdings ist das wesentliche Systematisierungskriterium ihrer prozessualen Betrachtungsweise eine Differenzierung von einzelnen Phasen der gesamten Geschäftsbeziehung zwischen Herstellern und Abnehmern entlang einer gedanklichen Zeitachse. Aufbauend auf der Annahme, daß sich Geschäftsbeziehungen insgesamt über einen gewissen Zeitraum erstrecken, werden in geschäftsanalytischen Interaktionsansätzen verschiedene Phasen unterschieden.[207]

---

[203] Vgl. MATTSSON, L.-G.: Impact of Stability in Supplier-Buyer Relations on Innovative Behavior of Industrial Markets, a.a.O., S. 208.

[204] Vgl. ebenda, S. 216.

[205] Vgl. ebenda, S. 212 f.

[206] Vgl. I. Kapitel, Abschnitt 2.4.

[207] Vgl. hierzu auch: KLAIBER, U.: Der Erkenntniswert theoretischer Ansätze zur Beschreibung von Geschäftsbeziehungen, a.a.O., S. 12 ff.

Wesentliche Beiträge zu diesem Bereich stammen von den Autoren GUILLET DE MON-
THEAUX, FORD sowie von DWYER/SCHURR/SEJO OH und PLINKE.[208] Während
der erstgenannte Autor zwischen vier Phasen der Geschäftsbeziehung abgrenzt, sieht beispielsweise FORD fünf Phasen:[209]

(1)   The Pre-Relationship Stage (vorgeschäftliche Stufe)

(2)   The Early Stage (frühe Stufe des Geschäftseintritts)

(3)   The Development Stage (Entwicklungsstufe der Geschäftsbeziehung)

(4)   The Long-Term Stage (Etablierungsstufe der Geschäftsbeziehung)

(5)   The Final Stage (finale Stufe der gefestigten Geschäftsbeziehung)

In der vorgeschäftlichen Stufe werden vom Abnehmer potentielle neue Lieferanten
betrachtet. Auf der frühen Stufe des Geschäftseintritts finden erste Verhandlungen
zwischen den möglichen Interaktionspartnern statt. Die Entwicklungsstufe ist erreicht,
wenn Lieferungen kontinuierlich zu beschaffender Produkte anwachsen, oder wenn bei
komplexen Anlagen der Vertrag unterzeichnet ist. Schließlich zeichnet sich eine Etablierung der Geschäftsbeziehung dann ab, wenn ein intensivierter Austausch von Leistungen
zwischen den Geschäftspartnern stattfindet. Die Stufe einer gefestigten Geschäftsbeziehung
wird nach langer Zeit erreicht und ist durch ein hohes Maß an Institutionalisierung charakterisiert.

Weiter als die bislang vorgestellten Interaktionsansätze des Investitionsgütermarketing
greift der Netzwerkansatz in seinem Anspruch, wirtschaftliche Beziehungen zwischen verschiedenen Unternehmen zu beschreiben und zu erklären.

2.5 Netzwerkansatz

Der Netzwerkansatz, der von der Typologie her den Interaktionsansätzen nahe verwandt
ist bzw. auf diesen aufbaut, beschreibt marktliche Strukturen als Netze von Beziehungen
bzw. Geschäftsbeziehungen zwischen Unternehmen.[210] Er wurde von einer schwedischen

---

[208] Vgl. hierzu die einzelnen Beiträge von: GUILLET DE MONTHEAUX, P.: Organizational Mating and
Industrial Marketing Conservatism, in: IMM, 4 (1975), S. 25 ff.; FORD, D.: The Development of
Buyer-Seller Relationships in Industrial Markets, in: EJoM, 14 (1980), 5/6, S. 339 ff.; DWYER,
F.R./SCHURR, P.H./SEJO OH: Developing Buyer-Seller Relationships, in: JoM, 51 (April 1987), S.
11 ff.; PLINKE, W.: Die Geschäftsbeziehung als Investition, in: SPECHT, G./SILBERER, G./
ENGELHARDT, W.H. (Hrsg.): Marketing-Schnittstellen - Herausforderungen für das Management,
Stuttgart 1989, S. 305 ff.

[209] Vgl. FORD, D.: The Development of Buyer-Seller Relationships in Industrial Markets, a.a.O., S. 342.

[210] Vgl. JOHANSON, J./MATTSSON, L.G.: International Marketing and Internationalization Processes -
A Network Approach, in: TURNBULL, P.W./PALIWODA, S.J. (Eds.): Research in International Marketing, a.a.O., S. 248.

Forschergruppe, die der bereits zuvor zitierten IMP-Group angehört, in den letzten Jahren entwickelt und vorangetrieben.[211]

Die Beschreibung der Beziehungen zwischen den Unternehmen, wie sie von JOHANSON und MATTSSON vorgenommen wird, baut im Netzwerkansatz auf dem Grundprinzip der Arbeitsteilung auf. Die Koordination bzw. das Zusammenspiel der Unternehmen im Netzwerk, das insgesamt als ein industrielles System beschrieben wird, findet im Wege der Interaktion zwischen den Unternehmen statt.[212] Die Unternehmen sind grundsätzlich frei in der Wahl ihrer Marktpartner, zu denen sie jedoch zu Beschaffungs- und Absatzzwecken Austauschbeziehungen aufbauen, erhalten und unter Umständen auch abbrechen müssen. Beim Netzwerkansatz wird weiter davon ausgegangen, daß der Aufbau und die Etablierung von Geschäftsbeziehungen unternehmerischen Aufwand bzw. Investition bedeuten, womit gleichzeitig auch die Grenzen für das (häufige) Wechseln von Marktpartnern gesetzt sind.

Der analytische Rahmen des Netzwerkansatzes wird insbesondere dadurch deutlich, daß in diesem Modell die gesamten direkten und indirekten Beziehungen eines Unternehmens einbezogen werden sollen, so beispielsweise zu den Kunden, den Handelsunternehmen, den Anbietern auf der Beschaffungsseite, aber auch zu den Kunden der Kunden oder zu den Anbietern der Anbieter. Auch Konkurrenzbeziehungen zu Wettbewerbern sollen abgebildet werden.

Netzwerke sind nach Auffassung von MATTSSON und JOHANSON zugleich stabil und wandelnd.[213] In den meisten Fällen finden Transaktionen in länger bestehenden, d.h. etablierten Geschäftsbeziehungen statt. Jedoch werden auch neue aufgebaut bzw. alte, wenn es angezeigt ist, abgebrochen, oder sie werden durch Wettbewerbsaktivitäten gestört. Um in neue Märkte zu gelangen, kann es zur Auflösung alter Beziehungen kommen, oder die neuen Geschäftsbeziehungen werden zusätzlich integriert. Dabei können auch »Netzwerksprünge« bzw. Übergänge zu anderen industriellen Systemen auftreten. Während des Aufbaus und des Bestehens einer Geschäftsbeziehung werden Verbindungen in technischer, planender, sozialer, ökonomischer und rechtlicher Art geknüpft.

Aus den vorstehenden Ausführungen werden schon die Ähnlichkeiten bzw. Gemeinsamkeiten mit den Interaktionsansätzen – auch mit den dynamischen bzw. geschäftsanalytischen Modellen dieser Richtung[214] – sehr deutlich. Unterstreichen läßt sich der Netzwerk-

---

[211] Vgl. zu den Grundlagen des Netzwerkansatzes auch: HÅKANSSON, H.: Technical Exchange within Industrial Networks, in: TURNBULL, P.W./PALIWODA, S.J. (Eds.): Research in International Marketing, a.a.O., S. 355 ff.; JOHANSON, J./MATTSSON, L.G.: Interorganizational Relations in Industrial Systems: A Network Approach Compared with the Transaction-Cost Approach, in: International Studies of Management and Organization, 17 (Spring 1987), 1, S. 34 ff., und die dort angegebene schwedische Spezialliteratur.

[212] Vgl. zu diesen und den nachfolgenden Ausführungen: JOHANSON, J./MATTSSON, L.G.: International Marketing and Internationalization Processes, a.a.O., S. 242 ff.

[213] Vgl. hierzu auch: JOHANSON, J./MATTSSON, L.G.: Interorganizational Relations in Industrial Systems, a.a.O., S. 35.

[214] Vgl. Abschnitt 2.4 dieses Kapitels.

gedanke durch die Ausführungen, die von den Autoren zur Netzwerkposition eines Unternehmens gegeben werden. Insgesamt handelt es sich beim Aufbau und bei der Aufrechterhaltung von wirtschaftlichen Beziehungen in einem Netzwerk um sich kumulierende Anstrengungen, die letztlich die Position eines jeden Unternehmens im gesamten Netzwerk bestimmen bzw. ergeben. Hierbei wird im Netzwerkansatz zwischen der Makro- und Mikroposition unterschieden, wobei die Mikroposition die Beziehung zu einem bestimmten Geschäftspartner abbildet und die Makroposition Auskunft über die Stellung des Unternehmens im gesamten Netzwerk gibt.

Die Vertreter des Netzwerkansatzes, dessen Konzeption schon nahezu mesoökonomischen Charakter aufweist, geben auch genauere Hinweise, wie sich die Beziehungen zwischen den einzelnen Marktpartnern gestalten. Sie greifen dabei auf das auch von ihnen publizierte interaktionstheoretische Gedankengut zurück. MATTSSON und JOHANSON schildern, daß das übergeordnete Konzept der Geschäftsbeziehung durch gegen- bzw. wechselseitige Orientierung im Hinblick auf gemeinsames Wissen, Interessenwahrung und Interaktionsbereitschaft sowie durch gemeinsame »Bande« und Abhängigkeiten gekennzeichnet ist. Konkrete Interaktionen beinhalten darüber hinaus – als untergeordnetes Konstrukt – die sozialen und kommunikativen Austauschprozesse sowie die Transaktionen, die insgesamt nach JOHANSON und MATTSSON – ähnlich dem Modell von HÅKANSSON und ÖSTBERG[215] – Adaptionen bzw. Anpassungsprozesse zwischen den Marktpartnern auslösen können.

In diesem Zusammenhang lassen sich noch die früheren, ebenfalls »netzwerkorientierten« Ausführungen von MARTILLA[216] und CZEPIEL[217] erwähnen. Ausgehend von dem Konstrukt der »Word-of-Mouth Communication« nehmen diese beiden Autoren ihre Analyse vor. Sie spielt nach ihren Studien eine wichtige Rolle sowohl im industriellen Adoptionsprozeß als auch bei der Diffusion technischer Innovationen. Die von CZEPIEL vorgenommene diffusionsorientierte Untersuchung der Kommunikation geht von einem Kommunikations-Netzwerk zwischen den einzelnen Unternehmen aus. Dieses Netzwerk ist durch informale kommunikative Interaktionen zwischen einzelnen, den verschiedenen Unternehmen angehörenden, Personen gekennzeichnet und im Rahmen von diffusionsorientierten Betrachtungen zu analysieren.[218]

Insgesamt ist mit einem Netzwerkansatz sicherlich ein plausibler Rahmen für »Gesamtanalysen« vorgegeben, der darüber hinaus auch in gewissen Grenzen eine Ableitung strategischer Handlungsempfehlungen zuläßt. Jedoch ist die Ermittlung der Netz-

---

[215] Vgl. HÅKANSSON, H./ÖSTBERG, C.: Industrial Marketing: An Organizational Problem?, a.a.O., S. 113 ff

[216] Vgl. MARTILLA, J.A.: Word-of-Mouth Communication in the Industrial Adoption Process, a.a.O., S. 173 ff.

[217] Vgl. CZEPIEL, J.A.: Word-of-Mouth Process in the Diffusion of a Major Technological Innovation, in: JoMR, 11 (1974), S. 172 ff.

[218] Vgl. ebenda, S. 174 f.

werkposition eines Unternehmens mit umfassenden empirischen Analysen verbunden, so daß letztlich die Operationalisierbarkeit des Modells erschwert wird.

Die Kritik erschwerter Operationalisierbarkeit wird auch den anderen, bereits vorgestellten Ansätzen des Investitionsgütermarketing entgegengebracht. In einer kritischen Würdigung der Käufer- bzw. Interaktionsverhaltenserklärungen weist BACKHAUS darauf hin, daß eine umfassende Umsetzung von Erkenntnissen des organisationalen Beschaffungsverhaltens in konkrete Marketing-Mix-Ansätze noch nicht in genügendem Umfang vorliegt.[219] In Anführungszeichen könnten zu den »Ansätzen des organisationalen Kauf- und Entscheidungsverhaltens«, die unter dem Aspekt der praktischen Anwendbarkeit am weitesten entwickelt sind, auch Marktsegmentierungsansätze gezählt werden. Integraler Bestandteil dieser Modelle ist eine Analyse von Strukturen organisationalen Kauf- und Entscheidungsverhaltens, die dann in den jeweiligen Ansätzen als Ausgangspunkt für Marktsegmentierungsüberlegungen dient. Segmentierungsentscheidungen setzen somit direkt am industriellen Kaufverhalten an[220], wobei das Hauptaugenmerk dieser Ansätze jedoch auf handlungsempfehlender Ebene liegt.

Neben den Marktsegmentierungsansätzen greifen auch viele instrumentelle und Marketing-Management-Ansätze auf realitätsbeschreibende Modelle zurück. Sie haben ihr Schwergewicht jedoch ebenfalls auf handlungsempfehlender Ebene. Auch diese Ansätze sind Gegenstand der folgenden Betrachtung.[221]

---

[219] Vgl. BACKHAUS, K.: Investitionsgüter-Marketing, a.a.O., S. 74.

[220] Vgl. ebenda.

[221] Vgl. Abschnitt 3.2 dieses Kapitels.

3. Instrumentelle und Marketing-Management-Ansätze

3.1 Marktsegmentierungsansätze

Seitdem SMITH[1] im Jahre 1956 erstmals den Begriff »Marktsegmentierung« in die Literatur einführte, erfreut sich dieses Konzept, zumindest auf wissenschaftlicher Seite, großer Aufmerksamkeit. Älter als der Begriff der Marktsegmentierung ist jedoch das damit verbundene Gedankengut. Wie PLANK[2] feststellt, besitzt die Marktsegmentierung schon eine gewisse Tradition. Er verweist darauf, daß das Prinzip der Aufteilung von Märkten bereits in den frühen Arbeiten von FREDERICK Berücksichtigung fand, der 1934 hierzu ausführte:

> »The first step in analyzing an industrial market is to devide the whole market into its component parts. Any particular group of prospective or present users of a product to whom a concentrated advertising and sales appeal may be made should be considered as a component market.«[3]

Die Entwicklung von Marktsegmentierungsansätzen für den Investitionsgüterbereich wurde ab Mitte der siebziger Jahre durch die Wissenschaft verstärkt vorangetrieben, was in den Möglichkeiten der praktischen Nutzanwendung dieser Modelle begründet sein mag. Wesentliche Ansätze zur Marktsegmentierung, die heute als Inbegriff eines modernen Marketing angesehen wird,[4] werden im folgenden skizziert.[5]

Aus allgemeiner Sicht kann zunächst festgehalten werden, daß die Anwendung der Marktsegmentierung den Unternehmen Möglichkeiten zur Schaffung von Markttransparenz eröffnet[6] und das Erkennen echter Markt- und Marketing-Chancen ermöglichen soll[7]. Marktsegmentierung ist als eine Konzeption zur analytischen Aufbereitung des Absatzmarktes eines Unternehmens zu verstehen. Dabei sollen Wege zur Aufteilung des Ge-

---

[1] Vgl. SMITH, W.: Product Differentiation and Market Segmentation as Alternative Strategies, in: JoM, 21 (July 1956), S. 3 ff.

[2] Vgl. PLANK, R.E.: A Critical Review of Industrial Market Segmentation, in: IMM, 14 (1985), S. 79.

[3] FREDERICK, J.: Industrial Marketing, Prentice Hall, New York 1934, zitiert nach: PLANK, R.E.: A Critical Review of Industrial Market Segmentation, a.a.O., S. 79.

[4] Vgl. WIND, Y.: Issues and Advances in Segmentation Research, in: JoMR, 15 (1978), S. 317.

[5] Vgl. zu diesen und den nachfolgenden Ausführungen auch: STROTHMANN, K.-H./KLICHE, M.: Innovationsmarketing, a.a.O., S. 67 ff.; dieselben: Marktsegmentierung für High-Tech-Anbieter, a.a.O., S. 82 ff.

[6] Vgl. MEFFERT, H.: Marketing, a.a.O., S. 243.

[7] Vgl. KOTLER, Ph.: Marketing Management, Analysis, Planning and Control, 5. Edition, Englewood Cliffs, N.J. 1984, S. 275 f.

110

samtmarktes in homogene Teilmärkte bzw. Abnehmersegmente aufgezeigt[8] und somit die heterogene Struktur der Abnehmerschaft aufgelöst werden.

Die in den Definitionen der Marktsegmentierung enthaltene *Homogenitätsbedingung* stellt im Investitionsgütermarketing auf das Verhalten der industriellen Abnehmer ab. ENGEL-HARDT und GÜNTER definieren:

> »Man versteht unter Marktsegmentierung die Zerlegung eines gegebenen oder gedachten Marktes in Teilmärkte (Marktsegmente) mit Abnehmergruppen, die homogener als der Gesamtmarkt auf bestimmte absatzpolitische Aktivitäten reagieren, sowie die Ausrichtung des Marketing-Mix auf diese Marktsegmente.«[9]

Diese Definition, deren erster Teil sich ähnlich auch bei anderen Autoren findet,[10] beinhaltet auch die Ausrichtung des Marketing-Mix auf einzelne Segmente. Marktsegmentierung soll hier allerdings mehr als ein analytisches Instrument verstanden werden, das zwar die Voraussetzung für eine differenzierte Ausrichtung der Marketingaktivitäten schafft, diese aber nicht einschließt.[11] Die traditionelle Marktsegmentierung im Investitionsgüterbereich schafft insbesondere die Grundlage für einen effizienten und zielgerichteten Einsatz kommunikationspolitischer Marketing-Instrumente, die hinsichtlich ihrer Inhalte auf die unterschiedlich reagierenden Abnehmergruppen ausgerichtet werden können. Abgegrenzte Marktsegmente können mit einem nach Kundengruppen differenzierten Marketingprogramm erreicht werden. Sie sind Zielmärkte eines Unternehmens.[12]

Zur Segmentierung von Investitionsgütermärkten werden verschiedene Vorschläge unterbreitet. Zwar sind Segmentierungskonzeptionen im Investitionsgütersektor noch nicht in der Verbreitung zur Anwendung gelangt wie im Konsumgüterbereich,[13] jedoch geben die von wissenschaftlicher Seite formulierten Ansätze zahlreiche Hinweise für gezielte Abgrenzungen. Grundsätzlich kann zwischen *einstufigen* und *mehrstufigen Marktsegmentierungsansätzen* unterschieden werden:[14] Bei einstufigen Ansätzen werden aus der Vielzahl

---

8   Vgl. hierzu auch: MEFFERT, H.: Marketing, a.a.O., S. 243.

9   ENGELHARDT, W.H./GÜNTER, B.: Investitionsgüter-Marketing, a.a.O., S. 87.

10   Vgl. beispielsweise: BACKHAUS, K.: Investitionsgüter-Marketing, a.a.O., S. 76.

11   Vgl. GRÖNE, A.: Marktsegmentierung bei Investitionsgütern, Analyse und Typologie des industriellen Kaufverhaltens als Grundlage der Marketingplanung, Wiesbaden 1977, S. 20, S. 190; KLICHE, M.: Marktsegmentierung für technische Innovationen, a.a.O., S. 50.

12   Vgl. STROTHMANN, K.-H./KLICHE, M.: Innovationsmarketing, a.a.O., S. 68; GRÖNE, A.: Marktsegmentierung bei Investitionsgütern, a.a.O., S. 31.

13   Vgl. beispielsweise KÖHLER, R./UEBELE, H.: Marktsegmentierung in der Industrieelektronik, eine empirische Untersuchung von Kaufentscheidungskriterien beim Kauf von Produkten der Industrieelektronik, Würzburg 1983, S. 8.

14   Vgl. BACKHAUS, K.: Investitionsgüter-Marketing, a.a.O., S. 80; HAMMANN, P.: Marktsegmentierung - theoretische Grundlagen, in: Technischer Vertrieb, hrsg. v. W. PLINKE, Projektgruppe Techni-

111

der Abgrenzungsmöglichkeiten bestimmte Segmentierungskriterien herausgearbeitet, die problembezogen eine effiziente Marktsegmentierung ermöglichen sollen. Mehrstufige Segmentierungsansätze geben in eher konzeptioneller Orientierung eine gewisse Systematik zur möglichst vollständigen Segmentierung des Marktes vor.

Einstufige Marktsegmentierungsansätze

Obwohl über die Einordnung der Ansätze in die beiden genannten Kategorien nahezu Konsens besteht, sind weitergehende Systematisierungen schwierig. Dies gilt insbesondere für den Bereich einstufiger Ansätze.[15] Insgesamt beurteilt ist dieser Tatbestand jedoch nicht verwunderlich, da letztlich mit den oben beschriebenen generalisierenden Ansätzen zum industriellen Kaufverhalten, die ebenfalls zu Segmentierungszwecken herangezogen werden können, eine Vielzahl kategorisierbarer Modelle vorliegt.

In Anlehnung an BACKHAUS lassen sich zu den einstufigen Marktsegmentierungsansätzen beispielsweise folgende Konzeptionen zählen:[16]

- der bereits zitierte[17] Ansatz von WILSON[18], der auf einer Abgrenzung von Entscheidertypen nach ihren Entscheidungsstilen (risikofreudig oder sicherheitsbetont) und den damit korrespondierenden persönlichen Charakteristika (Offenheit für ökonomische Argumente oder Suche nach umfangreicher Information) beruht,

- der Ansatz von SPEKMAN[19], der in seinem Modell Segmentierungsmöglichkeiten der Unternehmen nach ihrem Organisationstyp darstellt (Staatliche Organisationen, Privatunternehmen und Nicht-kommerzielle Unternehmen),

- der Ansatz von HÅKANSSON/JOHANSON/WOOTZ[20], der sich auf das jeweilig empfundene Kaufrisiko bezieht,

---

scher Vertrieb, Freie Universität Berlin, Berlin 1987, S. 13; PLANK, R.E.: A Critical Review of Industrial Market Segmentation, a.a.O., S. 81.

15 Vgl. beispielsweise HAMMANN, P.: Marktsegmentierung - theoretische Grundlagen, a.a.O., S. 13 f.; PLANK, R.E.: A Critical Review of Industrial Market Segmentation, a.a.O., S. 81 ff.

16 Vgl. BACKHAUS, K.: Investitionsgüter-Marketing, a.a.O., S. 80.

17 Vgl. Abschnitt 2.2 dieses Kapitels.

18 Vgl. WILSON, D.T.: Industrial Buyers' Decision-Making Styles, a.a.O., S. 433 ff. »Market segmentation can be undertaken based on personality traits«; ebenda, S. 435.

19 Vgl. SPEKMAN, R.E.: Segmenting Buyers in Different Types of Organizations, in: IMM, 10 (1981), 1, S. 43 ff.

20 Vgl. HÅKANSSON, H./JOHANSON, J./WOOTZ, B.: Influence Tactics in Buyer-Seller Processes, in: IMM, 5 (1976), S. 319 ff.

– der Ansatz von CORDOZO[21], der situative Merkmale wie Kaufbedeutung, Wiederholungshäufigkeit des Kaufes etc. für die Segmentierung herausstellt, sowie

– das Typologie-Modell von STROTHMANN[22], das Möglichkeiten zur Abgrenzung von Entscheidern nach ihrem unterschiedlichen Entscheidungs- und Informationsstilen in Beschaffungsprozessen zuläßt.

Die mehrstufigen, konzeptionellen Segmentierungsansätze systematisieren verschiedene Marktsegmentierungsvorschläge und zeigen weitergehende Möglichkeiten einer sukzessiven Marktaufteilung auf.

Mehrstufige Marktsegmentierungsansätze

Aufbauend auf den grundlegenden Arbeiten von FRANK, MASSY und WIND[23] haben die beiden Autoren WIND und CARDOZO[24] im Jahre 1974 einen idealtypischen Marktsegmentierungsansatz formuliert, der als das Grundmodell mehrstufiger Segmentierungskonzeptionen angesehen wird[25]. WIND und CARDOZO empfehlen eine zweistufige Vorgehensweise, die sich in die Makro- und Mikrosegmentierung unterteilt.[26]

Für Abgrenzungen auf der Stufe der *Makrosegmentierung* geben sie organisationsbezogene Kriterien wie Unternehmensgröße, Branchenzugehörigkeit, Standort, Organisationsstruktur etc. vor, die einzeln oder in Kombination verwendet werden können. Segmentierungen auf der Makroebene sollen einen Überblick über die mögliche Abnehmergruppen verschaffen sowie eine gezielte Auswahl und Ansteuerung ermöglichen.[27] Die Stufe der Makrosegmentierung schließt mit einer »stop/go«-Entscheidung ab: In dem Fall, in dem sich auf Makrosegmentebene schon Abnehmergruppen mit homogen ausgeprägten Reaktionen auf die Marketing-Stimuli eines Herstellers erkennen lassen, ist nach WIND und CARDOZO eine tiefergehende Segmentierung wenig sinnvoll (vgl. folgende Abbildung).

---

21 Vgl. CARDOZO, R.: Situational Segmentation of Industrial Markets, in: Developments in Industrial Marketing, Sonderheft EJoM, 14 (1980), S. 264 ff.

22 Vgl. STROTHMANN, K.-H.: Investitionsgütermarketing, a.a.O., S. 90 ff.; vgl. hierzu auch: Abschnitt 2.2 dieses Kapitels.

23 Vgl. FRANK, R.E./MASSY, W.E./WIND, Y.: Market Segmentation, Englewood Cliffs, N.J. 1972, S. 92; PLANK, R.E.: A Critical Review of Industrial Market Segmentation, a.a.O., S. 84 f.

24 Vgl. WIND, Y./CARDOZO, R.: Industrial Market Segmentation, in: IMM, 3 (1974), S. 153 ff.

25 Vgl. BACKHAUS, K.: Investitionsgüter-Marketing, a.a.O., S. 80.

26 vgl. zu diesen und den nachfolgenden Ausführungen zum Modell von WIND und CARDOZO auch: STROTHMANN, K.-H./KLICHE, M.: Innovationsmarketing, a.a.O., S. 68 ff.

27 Vgl. WIND, Y./CARDOZO, R.: Industrial Market Segmentation, a.a.O., S. 155 f.

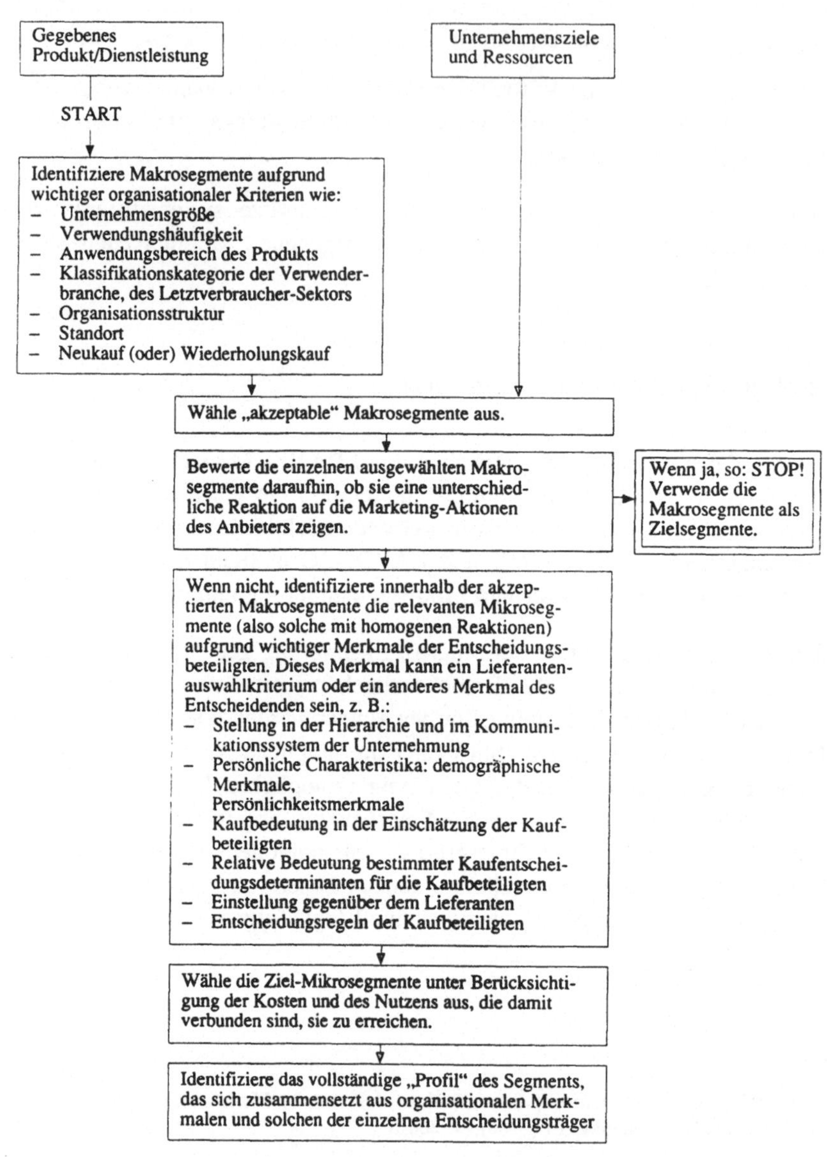

Abb. 17: Zweistufige Marktsegmentierung nach WIND und CORDOZO[28]

Abgrenzungen auf der Stufe der *Mikrosegmentierung* sollen dann vorgenommen werden, wenn sich keine gleich ausgeprägten Reaktionen auf die Marketingaktivitäten eines Anbieters abzeichnen. Mikrosegmente werden nach hierarchischem Prinzip *innerhalb* der akzep-

---

[28] Quelle: WIND, Y./CARDOZO, R.: Industrial Market Segmentation, a.a.O., S. 156; übersetzte Fassung
aus: ENGELHARDT, W.H./GÜNTER, B.: Investitionsgüter-Marketing, a.a.O., S. 91.

tierten Makrosegmente gebildet.[29] Die für diese tiefergehende Aufteilung gegebenen Segmentierungskriterien, deren Anwendung eine weitere Charakterisierung der Abnehmer ermöglichen soll, konzentrieren sich im wesentlichen auf Merkmale der am Einkaufsentscheid beteiligten Personen. Hierzu zählen die von WIND und CARDOZO beispielhaft genannten Kriterien wie Stellung der Personen in der Unternehmenshierarchie, persönliche Charakteristika etc. Die Autoren erheben nicht den Anspruch auf vollständige Nennung möglicher Segmentierungskriterien, sondern betonen vielmehr:

> »A marketer may choose key segmentation variables from an array of
> several dozen (or more).«[30]

Nach einer erfolgten Segmentierung, die die Stufen der Makro- und Mikrosegmentierung durchlaufen hat, ist das vollständige Profil der Segmente unter Verwendung der unternehmensbezogenen Merkmale und der Merkmale der Entscheidungsträger zu erstellen.

Neben dem konzeptionell orientierten Segmentierungsvorschlag von WIND und CARDOZO sind die ebenfalls auf einer kombinierten »Makro-Mikro-Sichtweise« basierenden Arbeiten von CHOFFRAY und LILIEN zu erwähnen.[31] Sie lehnen sich stark an den Vorschlag von WIND und CARDOZO an, beschreiben jedoch fünf einzelne Schritte zur erfolgreichen Marktsegmentierung, die sich im wesentlichen auf eine cluster-analytisch gestützte Herausbildung homogener Marktsegmente beziehen und beispielsweise von WEBSTER[32] zusammenfassend beschrieben werden.

Im deutschsprachigen Raum gliedert GRÖNE die Segmentierungskriterien in eine organisationale, eine kollektive und eine Individual-Ebene (O-, K- und I-Ebene).[33] Diese Sichtweise unterstützt die »dreistufige Segmentierungsfilterung« von SCHEUCH, der zwischen umweltbezogenen, innerorganisatorischen und Merkmalen der Mitglieder des Buying Centers unterscheidet.[34] Die Vorschläge von GRÖNE und SCHEUCH beziehen sich damit auf dreistufige Abgrenzungen, allerdings sind »... die konzeptionellen Unterschiede zwischen den Kriterien von SCHEUCH und GRÖNE minimal ...«[35]. Im Vergleich zum An-

---

29　Vgl. WIND, Y./CARDOZO, R.: Industrial Market Segmentation, a.a.O., S. 156; »The second stage involves dividing those macrosegments into microsegments«, ebenda.

30　Ebenda, S. 158; aus der Vielzahl möglicher Segmentierungskriterien müssen diejenigen herangezogen werden, die im jeweiligen Einzelfall eine zweckmäßige Segmentierung ermöglichen; vgl. hierzu auch: HAMMANN, P.: Marktsegmentierung, a.a.O., S. 01/09.

31　Vgl. CHOFFRAY, J./LILIEN, G.: A New Approach to Industrial Market Segmentation, in: SMR, 3 (Spring 1978), S. 17 ff.; dieselben: Industrial Market Segmentation by the Structure of the Purchasing Process, in: IMM, 9 (1980), S. 331 ff.

32　Vgl. WEBSTER, F.E. Jr.: Industrial Marketing Strategy, New York-Chichester-Brisbane-Toronto 1979, S. 84 f.

33　Vgl. GRÖNE, A.: Marktsegmentierung bei Investitionsgütern, a.a.O.

34　Vgl. SCHEUCH, F.: Investitionsgüter-Marketing, Grundlagen - Entscheidungen - Maßnahmen, Opladen 1975, S. 69.

35　BACKHAUS, K.: Investitionsgüter-Marketing, a.a.O., S. 82.

satz von WIND und CARDOZO wurde im Grunde eine weitergehende Systematisierung und Differenzierung der Kriterien auf der Mikroebene vorgenommen.[36]

Als neuere Konzeption ist noch der »multi-step-« bzw. »nested approach« von BONOMA und SHAPIRO zu nennen, der auf der Basis von fünf *verschachtelten Segmentierungsebenen* Makro- und Mikrosegmentierung fließend verbindet.[37] BONOMA und SHAPIRO stellen mit ihrem »nested approach« ein Konzept vor, das nach ihrer Meinung stärker an den eigentlichen Bedürfnissen des Marketing-Managers ausgerichtet ist. Der Ansatz geht von einer sich *sukzessiv vertiefenden Segmentierung* aus, wobei sich bei fortschreitender, nach »innen« gerichteter Segmentierung eine Vertiefung von leicht beobachtbaren Variablen hin zu schwerer beobachtbaren ergibt.

Weitere Ansätze der umfangreichen Lehre zum Spezialgebiet Marktsegmentierung fassen die Autoren CHÉRON/KLEINSCHMIDT und PLANK in ihren »Review-Artikeln« zusammen. Die von ihnen besprochenen Ansätze beziehen sich im wesentlichen auf den Nachweis weiterer Segmentierungskriterien.[38] »Gemeinsam ist nahezu allen Segmentierungsmodellen im Investitionsgüterbereich die Orientierung am industriellen Kauf- und Entscheidungsverhalten. Wie bereits erwähnt, sollen Segmente gebildet werden, in denen hinsichtlich des Kauf- und Entscheidungsverhaltens gleichgerichtete Strukturen vorherrschen, die somit effiziente und zielgerichtete Marketingaktivitäten zulassen.«[39] Segmentierungen auf Makroebene ermöglichen eine Charakterisierung potentieller Kundengruppen sowie Marktauswahlentscheidungen und eine zielgerichtete Marketing-Ansteuerung[40]; Segmentierungen auf der Mikroebene, zu denen zahlreiche einstufige Marktsegmentierungsansätze Anregungen liefern, zeigen Wege zur gezielten kommunikationspolitischen Ansprache einzelner Entscheider und -gruppen.[41]

Neben diesen eher traditionell ausgerichteten Marktsegmentierungsvorschlägen liegen auch schon einige innovationsorientierte Ansätze vor, die den beschriebenen Modellen konzeptionell ähneln.

---

[36] Vgl. hierzu auch die kritischen Anmerkungen bei: BACKHAUS, K.: Investitionsgüter-Marketing, a.a.O., S. 82.

[37] Vgl. SHAPIRO, B.P./BONOMA, T.V.: How to segment industrial markets, in: HBR, (1984), 3, S. 104 ff.; BONOMA, T.V./SHAPIRO, B.P.: Evaluating Market Segmentation Approaches, in: IMM, 13 (1984), S. 257 ff.

[38] Vgl. zu einem Überblick beispielsweise: CHÉRON, E.J./KLEINSCHMIDT, E.J.: A review of industrial market segmentation research and a proposal for an integrated segmentation framework, in: IJoRM, 2 (1985), S. 101 ff.; PLANK, R.E.: A Critical Review of Industrial Market Segmentation, a.a.O., S. 79 ff.

[39] STROTHMANN, K.-H./KLICHE, M.: Innovationsmarketing, a.a.O., S. 72.

[40] Vgl. ENGELHARDT, W.H./GÜNTER, B.: Investitionsgüter-Marketing, a.a.O., S. 90.

[41] Vgl. STROTHMANN, K.-H./KLICHE, M.: Innovationsmarketing, a.a.O., S. 72.

116

Innovationsorientierte Marktsegmentierung

Für den Bereich des Innovationsmarketing wurden Segmentierungsmodelle entwickelt, die neben einer Orientierung am industriellen Kauf- und Entscheidungsverhalten auch an den Bedürfnisstrukturen innerhalb der jeweiligen Makrosegmente anknüpfen, um damit marktgerichtete Innovationsaktivitäten zu gewährleisten.[42] Sie stellen damit auf eine innovationsorientierte Marktsegmentierung ab und ermöglichen gezielte Produktinnovationen.

Ein in diesem Zusammenhang vom Verfasser vorgestellter Segmentierungsvorschlag beruht – dem Ansatz von WIND und CORDOZO folgend – auf einer zweistufigen Vorgehensweise.[43] Auf der *ersten* Stufe bezieht sich dieses Modell auf eine frühzeitige, d.h. ex ante vorzunehmende Segmentierung, die bereits in den frühen Phasen des Innovationsentstehungsprozesses[44] einsetzt und unter Kombination strategischer, bedürfnisorientierter und organisationsbezogener Kriterien eine Abgrenzung zur zielgerichteten Innovationspolitik zuläßt. Es wird dabei zum einen nicht – wie in den traditionellen Segmentierungsmodellen des Investitionsgütermarketing zumeist üblich[45] – von einem gegebenen Produkt ausgegangen. Zum anderen wird der Wert einer strategischen, auf längerfristige Möglichkeiten und damit auch auf Diskontinuitäten ausgerichteten Sichtweise betont. Dies bedingt auch die Berücksichtigung einer *dynamischen Komponente* in diesem Modell, welche die aus technologieinduzierten Segmentveränderungen resultierenden Kontrollnotwendigkeiten und -möglichkeiten der Marktsegmentierung hervorhebt.[46] Auf der *zweiten* Stufe wird – ähnlich dem nachfolgend beschriebenen Ansatz – eine Abgrenzung innovationsorientierter Entscheider vorgeschlagen.

In einer neueren, hier bereits mehrfach zitierten Schrift zum Innovationsmarketing wird ein Segmentierungsmodell empfohlen, das die besonderen Belange zur Schaffung von Markttransparenz für Hersteller innovativer Systemtechnik berücksichtigt. »Ähnlich wie in dem von Wind und Cardozo konzipierten Marktsegmentierungsansatz wird auch in diesem Segmentierungsmodell für System-Anbieter eine zweistufige Vorgehensweise vorgeschlagen. Auf der *ersten* Stufe bzw. auf der Stufe der Makrosegmentierung sollten sich High-Tech-Anbieter einen differenzierten Überblick über die für den Kauf der Systeme und Komponenten in Frage kommenden Unternehmen verschaffen, um dann zum einen unter

---

[42] Vgl. KLICHE, M.: Marktsegmentierung für technische Innovationen, a.a.O.; HLAVACEK, J.D./REDDY, N.M.: Identifying and qualifying industrial market segments, in: EJoM, 20 (1986), S. 8 ff.

[43] Vgl. KLICHE, M.: Marktsegmentierung für technische Innovationen, a.a.O., S. 80 ff.

[44] Vgl. I. Kapitel, Abschnitt 1.1.

[45] Beispielsweise im Unterschied zum Ansatz von WIND und CORDOZO, vgl. die vorhergehende Abbildung.

[46] Vgl. hierzu auch: GÜNTER, B.: Markt- und Kundensegmentierung in dynamischer Betrachtungsweise, in: Investitionsgütermarketing, hrsg. v. M. KLICHE, a.a.O., S. 113 ff.

Berücksichtigung des Nachfragepotentials gezielt unter diesen Segmenten auswählen (erstes Screening) und sie zum anderen gezielt ansteuern zu können.«[47]

Zur Illustration der Segmentierung auf der ersten Stufe wurde eine kombinierte Abgrenzung der Unternehmen nach den drei Kriterien *Branchenzugehörigkeit, Unternehmensgröße und Innovationstyp der Unternehmen* gewählt. Die Abgrenzung nach dem Innovationstyp beruht auf einer Kategorisierung potentieller Abnehmer nach ihrem innovationsgerichteten Investitionsverhalten. In zwei empirischen Untersuchungen[48] konnte ermittelt werden, daß sich drei organisationale Innovationstypen abgrenzen lassen:[49]

- HIP's: Unternehmen mit hohem Innovationspotential

- MIP's: Unternehmen mit mittlerem Innovationspotential

- NIP's: Unternehmen mit niedrigem Innovationspotential

Die einzelnen Gruppen zeichnen sich durch bestimmte Merkmale aus, die eine gezielte Ansteuerung ermöglichen (vgl. Abbildung 18). Je mehr der einzelnen Merkmale in den aufgeführten Ausprägungen vorliegen, desto eher kann angenommen werden, daß es sich um ein Unternehmen des einen oder des anderen Typs handelt. Abgrenzungen nach dieser Typologie – auch in Kombination mit anderen Kriterien – können beispielsweise dazu dienen, Einstiegssegmente für entwickelte Innovationen zu definieren.

»Wird nicht von einem gegebenen Produkt ausgegangen bzw. soll erst ein neues Produkt für einen speziellen Markt entwickelt werden, so sind innerhalb der Makrosegmente zunächst noch die Bedürfnisstrukturen zu analysieren [...][50], beispielsweise mit Hilfe des Kriteriums 'Technische Anforderungen der Abnehmerorganisationen'. In die Segmentbewertung und Segmentauswahl sind dann auch die eigenen Entwicklungs- und Produktionsressourcen einzubeziehen.«[51] Damit ist in dieses Modell das zuvor vorgestellte Konzept der »ex ante-Segmentierung« eingebunden.

Auf der *zweiten* Stufe wird eine Abgrenzung der oben beschriebenen Innovatoren[52] vorgeschlagen. Innerhalb des zunächst bestimmten Makrosegments sind dabei diejenigen Personen herauszufiltern, die den Einsatz und die Durchsetzung technischer und systemtechni-

---

[47] STROTHMANN, K.-H./KLICHE, M.: Innovationsmarketing, a.a.O., S. 76.

[48] Vgl. hierzu: STROTHMANN, K.-H./BAAKEN, Th./KLICHE, M./PÖRNER, R./STIEFEL-RECHEN-MACHER, R.: Merkmale innovativer Unternehmen der Investitionsgüter-Industrie, a.a.O.; dieselben: Integrationspolitik und Technologie-Beobachtung im Innovationsmarketing, a.a.O.

[49] Die Gruppe der HIP's zeichnet sich beispielsweise durch eine geplante Nachfrage nach »Advanced Technologies« bzw. hochtechnologischen Systemen, wie CAD/CAM-Systeme und PC-Netzwerke, aus. MIP's und NIP's scheinen in ihren Investitionsvorhaben erst einen Nachholbedarf gegenüber den HIP's decken zu wollen. Die geplante Nachfrage der NIP's konzentriert sich auf den »Low-Tech«-Bereich.

[50] Vgl. KLICHE, M.: Marktsegmentierung für technische Innovationen, a.a.O., S. 88 ff.; HLAVACEK, J.D./REDDY, N.M.: Identifying and qualifying industrial market segments, a.a.O., S. 8 ff.

[51] STROTHMANN, K.-H./KLICHE, M.: Innovationsmarketing, a.a.O., S. 76.

[52] Vgl. Abschnitt 2.2 dieses Kapitels.

scher Innovationen im Unternehmen aktiv fördern, um somit die Voraussetzungen für eine effiziente kommunikationspolitische Ansteuerung zu schaffen. Einen frühen Ansatz hierfür könnte das seit längerem bekannte Promotorenmodell von WITTE darstellen,[53] das jedoch auf die spezifischen Segmentierungsbelange heutiger High-Tech-Anbieter noch nicht zugeschnitten war[54]. Mit der neuen *Innovatoren-Studie* liegen aber auch für den Bereich der Mikrosegmentierung systemadäquate Erkenntnisse vor, die eine Identifizierung von Innovatoren erlauben.[55]

Merkmale	HIP	MIP	NIP
Corporate Identity	oft	gelegentlich	kaum
Messebeschickung	zahlreich	durchschnittlich	durchschnittlich
Kontakte mit Universitäten und Hochschulen	sehr häufig	mittelmäßig	gelegentlich
Datenbankrecherchen	oft	gelegentlich	kaum
Produktinnovationen für neue Märkte	gelegentlich	kaum	keine
Produktprogramm	jung	durchschnittlich	alt
Kooperationen	häufig	gelegentlich	gelegentlich
Pressearbeit und Außendarstellung	intensiv	durchschnittlich	gering

Abb. 18: Charakterisierung von HIP-, MIP- und NIP-Unternehmen[56]

Marktsegmentierungsansätze bilden die erwähnte Grundlage eines zielgerichteten Einsatzes von Marketing-Instrumenten. Sie sind in den vorliegenden Standardwerken zumeist in umfassendere Marketing-Konzeptionen eingebunden.

---

[53] Vgl. WITTE, E.: Organisation für Innovationsentscheidungen, a.a.O., S. 14 ff.; und vgl. Abschnitt 2.2 dieses Kapitels.

[54] Vgl. SEL-Stiftung für technische und wirtschaftliche Kommunikationsforschung im Stifterverband für die Deutsche Wissenschaft (Hrsg.) (1987): Zusammenwirken von Mensch und Technik, a.a.O., S. 65 ff.

[55] Vgl. Abschnitt 2.2 dieses Kapitels.

[56] Quelle: STROTHMANN, K.-H./KLICHE, M.: Innovationsmarketing, a.a.O., S. 75.

3.2 Marketing-Konzeptionen

Neben den Marktsegmentierungsansätzen sind auf der hier besprochenen Ebene der Ansätze mit handlungsorientiertem Schwerpunkt vor allem die absatztheoretisch instrumentellen und die Marketing-Management-Konzeptionen zu erwähnen. Als Beispiele für die absatztheoretischen Instrumentalansätze, die in starkem Maße auch dem deutschsprachigen Raum entstammen, lassen sich nach KIRSCH, KUTSCHKER und LUTSCHEWITZ verschiedene Untersuchungen zu speziellen Problemkreisen nennen: Einige konzentrieren sich auf Probleme aus den Bereichen der Absatzorganisation, der Absatz- bzw. Marketingplanung und der Preispolitik. Andere machen hingegen die Werbung, die Marktforschung und die Verkaufsförderung zum Gegenstand ihres Erkenntnisinteresses.[57]

Die Marketing-Management-Ansätze im Investitionsgüterbereich, die in der Hauptsache dem anglo-amerikanischen Raum entstammen[58], sind durch eine Kombination managementtheoretischen Wissens mit der Marketingtheorie gekennzeichnet. Managementorientierte Marketingkonzeptionen stellen dabei auf eine marktorientierte Planung, Organisation und Kontrolle der Unternehmensaktivitäten ab.

---

[57] Vgl. KIRSCH, W./KUTSCHKER, M./LUTSCHEWITZ, H.: Ansätze und Entwicklungstendenzen im Investitionsgütermarketing, a.a.O., S. 40 f.; und vgl. eine Auswahl der dort sowie anderenorts angegebenen Literatur: zur *Absatzorganisation*: BACKHAUS, K.: Direktvertrieb in der Investitionsgüterindustrie, Wiesbaden 1974; SCHEUCH, F.: Die Organisation des Kundenkontakts beim Absatz von Investitionsgütern, in: IO, 43 (1974), S. 549 ff.; GÜNTER, B.: Anbieterkoalitionen bei der Vermarktung von Anlagegütern - Organisationsformen und Entscheidungsprobleme, in: ENGELHARDT, W.H./LASSMANN, G. (Hrsg.): Anlagen-Marketing, ZfbF-Sonderheft 7/1977, Opladen 1977, S. 155 ff.; zur *Preispolitik*: FARLEY, J.U./HOWARD, J.A./HULBERT, J.: An Organizational Approach to an Industrial Marketing Information System, in: SMR, 13 (1971), S. 35 ff., STROTHMANN, K.-H.: Die Bedeutung der Preispolitik im Investitionsgütermarketing, in: HAEDRICH, G. (Hrsg.): Operationale Entscheidungshilfen für die Marketingplanung, Berlin-New York 1977, S. 133 ff.; zur *Werbung*: BEREKHOVEN, L.: Die Werbung für Investitions- und Produktionsgüter, ihre Möglichkeiten und Grenzen, München 1961; ROST, D.: Aspekte der Werbung für Investitionsgüter in der Praxis, in: Investitionsgütermarketing, hrsg. v. M. KLICHE, a.a.O., S. 153 ff.; ROST, D./STROTHMANN, K.-H. (Hrsg.): Handbuch Werbung für Investitionsgüter, Wiesbaden 1983; STROTHMANN, K.-H.: Das Informations- und Entscheidungsverhalten einkaufsentscheidender Fachleute der Industrie als Erkenntnisobjekt der industriellen Markt- und Werbeforschung, in: REMBECK, M./EICHHOLZ, G.P. (Hrsg.): Der Markt als Erkenntnisobjekt der empirischen Wirtschafts- und Sozialforschung, Berlin-Stuttgart 1968, S. 174 ff.; STROTHMANN, K.-H.: Produktionsgüter: Verkauf als Informationsproblem, in: Marketing Journal, 1 (1968), Nr. 1, S. 15 ff.; LEHMANN, M.A./CARDOZO, R.N.: Product or Industrial Advertisements, in: JoAR, (April 1973), S. 43 ff.; zur *Marktforschung*: STROTHMANN, K.-H.: Marktforschung für Investitionsgüter, in: OTT, W. (Hrsg.): Handbuch der praktischen Marktforschung, München 1972, S. 787 ff.; HAMMANN, P.: Marktforschung für Investitionsgüter, in: ENGELHARDT, W.H./LASSMANN, G. (Hrsg.): Anlagen-Marketing, a.a.O., S. 87 ff.; zur *Verkaufsförderung*: SCHULZ, K.R.: Verkaufsförderung für Investitionsgüter, in: Marketing-Enzyklopädie, München 1974, Bd. 3, S. 493 ff.

[58] Vgl. beispielsweise ALEXANDER, R.S./CROSS, J.S./CUNNINGHAM, R.M.: Industrial Marketing, Homewood, Ill. 1961; HILL, R.M./ALEXANDER, R.S./CROSS, J.S.: Industrial Marketing, 4. Edition, Homewood, Ill. 1975.

Diesem »managerial approach« wird auch in den deutschsprachigen Standardwerken bzw. Lehrbüchern gefolgt.[59] Dabei greifen diese Werke auch auf das in diesem Sprachraum hervorgebrachte Instrumentalwissen zurück. Sie lassen sich jedoch nicht als rein normative Schriften einstufen. Vielmehr enthalten sie deskriptive/explikative Komponenten bzw. nehmen auf diese bei der Herausarbeitung instrumentell orientierter Handlungsempfehlungen Bezug. KIRSCH et al. führen dazu aus:

> »Typisch für Marketing-Management-Ansätze zum Investitionsgütermarketing ist dabei, daß sie [...] die Black-Box-Betrachtung des Nachfragers aufgeben und sich um eine Aufhellung des individuellen bzw. industriellen Kaufverhaltens und damit um eine realistischere Grundlage ihrer Empfehlungen bemühen.«[60]

BACKHAUS bewertet beispielsweise sein Werk zum Investitionsgütermarketing als »... eine managementorientierte Konzeption des Investitionsgüter-Marketing«[61] und hebt damit den handlungsempfehlenden Charakter seiner Schrift in den Vordergrund. Im weiteren betont er, daß keine geschlossene empirische Theorie des Investitionsgütermarketing beschrieben werden kann, »... soweit jedoch Verhaltenserklärungen wie z.B. im Beschaffungsbereich von Organisationen vorliegen, werden diese vorgestellt und in ihrer Relevanz für das Marketing-Management geprüft«[62].

Ebenso greifen auch ENGELHARDT/GÜNTER[63] und STROTHMANN[64] auf realitätsbeschreibende Modelle in ihren instrumentell-handlungsorientierten Werken zum Investitionsgütermarketing zurück. Die folgende kurze Beschreibung der drei hier zitierten deutschsprachigen Werke verdeutlicht die unterschiedliche Akzentsetzung dieser Autoren.

Die Ansätze von BACKHAUS und ENGELHARDT/GÜNTER

BACKHAUS unterscheidet in Orientierung am Grundkonzept der Interaktionstheorie[65] zwischen Individual- und Routinetransaktionen.[66] Aufbauend »... auf der grundlegenden These, daß Investitionsgüter-Marketing die Handhabung von Transaktionsbeziehungen im

---

59 Vgl. zu dieser Auffassung auch: KIRSCH, W./KUTSCHKER, M./LUTSCHEWITZ, H.: Ansätze und Entwicklungstendenzen im Investitionsgütermarketing, a.a.O., S. 42.

60 Ebenda.

61 BACKHAUS, K.: Investitionsgüter-Marketing, a.a.O., S. 7.

62 Ebenda.

63 Vgl. ENGELHARDT, W.H./GÜNTER, B.: Investitionsgüter-Marketing, a.a.O.

64 Vgl. STROTHMANN, K.-H.: Investitionsgütermarketing, a.a.O.

65 Vgl. Abschnitt 2.4 dieses Kapitels.

66 Vgl. BACKHAUS, K.: Investitionsgüter-Marketing, a.a.O., S. 92 ff.

Rahmen von Geschäftsbeziehungen ist«[67], bezieht er den Interaktionstyp der *Individualtransaktionen* auf Austauschprozesse zwischen Herstellern und Abnehmern, die einmalige oder nur selten mit einem Kunden abgewickelte Projekte umfassen, und nennt hierfür als klassisches Beispiel das industrielle Anlagengeschäft.[68] *Routinetransaktionen* beziehen sich demgegenüber auf Austauschprozesse, die vergleichsweise häufig auftreten, einer gewissen Habitualisierung unterliegen und beispielsweise Produkte der Serien- bzw. Massenfertigung betreffen.[69]

In Ausrichtung an diesen beiden Interaktionstypologien erfolgt bei BACKHAUS die Darstellung des für diese beiden Bereiche jeweilig zu betreibenden Marketing. Die vorgeschlagene Gestaltung der Marketingmaßnahmen bei Individualtransaktionen ist im wesentlichen an einer differenzierten Betrachtung eines interaktiven Prozeßverlaufs ausgerichtet, der sich in folgende Phasen gliedert:[70]

(1)   die Voranfragenphase

(2)   die Angebotserstellungsphase

(3)   die Kundenverhandlungsphase sowie

(4)   die Projektabwicklungs- und Gestaltungsphase

Der Schwerpunkt der Betrachtungen liegt auf der Angebotserstellungsphase, in der insbesondere die Anfragenselektion und die Preispolitik detailliert beschrieben und als wichtige Instrumente innerhalb des gegebenen Instrumentariums bewertet werden.[71]

Die Darstellung der Marketingmaßnahmen für den Bereich der Routinetransaktionen nimmt einen vergleichsweise geringen Raum ein. Vor dem Hintergrund der Zielsetzung dieser Arbeit ist jedoch festzuhalten, daß im Bereich der Routinetransaktionen auch Aussagen zur »Innovations-Strategie« subsumiert werden,[72] wobei doch offensichtlich ist, daß der Übergang von Innovationen zu einem Kunden aufgrund des Neuigkeitscharakters nicht der Routine bzw. Habitualisierung unterliegt. Allerdings räumt BACKHAUS ein, »... daß gerade die Einführung neuer Produkte in den Markt noch intensiver erforscht werden muß, will man zu umfassenden Aussagen über die Gestaltung des Marketing-Mix bei der Einführung neuer Produkte gelangen«[73].

---

[67] BACKHAUS, K.: Investitionsgüter-Marketing, a.a.O., S. VI.

[68] Vgl. ebenda, S. VI und S. 92 f.

[69] Vgl. ebenda.

[70] Vgl. ebenda, S. 160.

[71] Vgl. ebenda, S. 178 ff.

[72] Vgl. ebenda, S. 310 ff.

[73] Ebenda, S. 327.

Ebenso wie BACKHAUS[74] legen auch ENGELHARDT und GÜNTER einen an Interaktionsphasen orientierten Ablauf im industriellen Anlagenbereich ihren Überlegungen zugrunde. In ihrem Ansatz, der einem »Commodity Approach«, d.h. güterspezifischen Ansatz, folgt,[75] unterscheiden sie im Bereich des Marketing für Anlagegüter zwischen sechs Phasen:

(1)   Vor-Anfragenphase

(2)   Anfragen- bzw. Vorstudienphase

(3)   Angebotsphase

(4)   Nachverhandlungsphase

(5)   Lieferphase und

(6)   Gewährleistungsphase.[76]

Eine vergleichende Betrachtung der Ansätze zeigt, daß diese sich insbesondere im Bereich des Anlagengeschäfts ähneln. Der generalisierende Charakter des Konzepts von ENGEL-HARDT und GÜNTER und auch der Unterschied zum Ansatz von BACKHAUS dokumentiert sich in ihrer sehr ausführlichen Beschreibung der Marketing-Probleme und -Vorgehensweisen bei Anlagen, Einzelaggregaten, Teilen, Roh- und Einsatzstoffen sowie Energieträgern.

Der Ansatz von STROTHMANN

Im Unterschied zu diesen beiden Konzeptionen wird im Ansatz von STROTHMANN eine umfangreichere Ausformulierung einzelner Marketing-Instrumente vorgenommen.[77] Insbesondere der kommunikationspolitische Teil seines Werkes hebt sich deutlich von den beiden anderen Werken ab und gibt differenzierte Aussagen zum Einsatz einzelner Subinstrumente. STROTHMANN baut sein instrumentelles Aussagengebäude zentral auf den deskriptiven/explikativen Erklärungsmustern der Typologie- sowie Buying Center-Forschung[78] und der entscheidungsprozeßorientierten Sichtweise auf. Dabei entspricht die entscheidungsprozeßorientierte Sichtweise der oben beschriebenen Analyse industrieller Kauf- und Entscheidungsprozesse in Abnehmerorganisationen.[79] Die Kopplung zwischen reali-

---

[74]   Vgl. hierzu auch die Ausführungen: BACKHAUS, K.: Auftragsplanung im industriellen Anlagengeschäft, Stuttgart 1980, S. 4.

[75]   Vgl. ENGELHARDT, W.H./GÜNTER, B.: Investitionsgüter-Marketing, a.a.O., S. 20 ff.

[76]   Vgl. ebenda, S. 115 ff.

[77]   Vgl. STROTHMANN, K.-H.: Investitionsgütermarketing, a.a.O., S. 111 ff.

[78]   Vgl. Abschnitt 2.2 dieses Kapitels.

[79]   Vgl. Abschnitt 2.1 dieses Kapitels.

tätsbeschreibenden Teilen und handlungsempfehlenden, instrumentellen Bereichen wird hier offensichtlich.

STROTHMANN bezieht sein Aussagengebäude nicht auf das interaktionstheoretische Konzept. Er betont vielmehr für das klassische Investitionsgütergeschäft die Notwendigkeit der entscheidungsprozeßorientierten Sichtweise. Im einzelnen untergliedert der Autor, dessen Ansatz in Richtung eines Totalmodells mit aufbauendem handlungsempfehlenden Charakter geht, abnehmerseitig verlaufende Entscheidungsprozesse aufgrund empirischer Erkenntnisse[80] in die drei Phasen: Vorüberlegungsphase, vertiefende Informationsphase und Entscheidungsphase.[81] Jede dieser drei Phasen erfordert ein spezifisch ausgerichtetes Marketing, wobei darüber hinaus – wie auch in den anderen Ansätzen – nach dem zu übertragenden Produkt und den anzusprechenden Zielpersonen das kommunikationspolitische Marketingprogramm zu differenzieren ist.

Mit dem Instrumentarbereich der *Produkt- und Entwicklungspolitik* unterstreicht STROTH-MANN die Notwendigkeit einer Marktorientierung der Hersteller bei Produktneu- und Produktweiterentwicklungen.[82] Die Instrumente der *Kommunikationspolitik* sollen einzeln oder in Kombination die wichtige Rolle wahrnehmen, steuernden Einfluß auf abnehmerseitig verlaufende Entscheidungsprozesse auszuüben.[83] Die *Funktionspolitik* umfaßt schließlich die Leistungen eines Anbieters, die nach einem getroffenen Kaufentscheid einsetzen und der »Funktionssicherung« verkaufter Güter dienen[84].

Neben den bisher referierten instrumentell-managementorientierten Ansätzen zum Investitionsgütermarketing ist im deutschsprachigen Raum noch auf die früheren Arbeiten von SCHEUCH zu verweisen, dessen Werk insbesondere im Bereich der Marktsegmentierungslehre zu würdigen ist.[85] Auf internationaler Ebene können die weit adaptierten, dem US-amerikanischen Raum entstammenden Arbeiten von HUTT und SPEH[86] als richtungsweisend für das Marketing-Management im Investitionsgüterbereich angesehen werden. Ähnlich wie die zuvor genannten Autoren kombinieren sie in ihrem Lehrbuch realitätsbeschreibende Ansätze des industriellen Kauf- und Entscheidungsverhaltens mit handlungsempfehlenden Konstrukten. Dies ist auch als wesentliches Ergebnis der hier besprochenen Ansätze festzuhalten: sie versprechen insbesondere dann Tragfähigkeit und marketingpolitische Wirksamkeit, wenn es ihnen gelingt, realitätsbeschreibende Theorieelemente mit dem handlungsempfehlenden Aussagengebäude zu verknüpfen.

---

[80] Vgl. SPIEGEL-Verlag (Hrsg.): Entscheidungsprozesse und Informationsverhalten in der Industrie, Hamburg 1972.

[81] Vgl. STROTHMANN, K.-H.: Investitionsgütermarketing, a.a.O., S. 46 ff.; S. 180 f.

[82] Vgl. ebenda, S. 118 ff.

[83] Vgl. ebenda, S. 122 ff.

[84] Vgl. ebenda, S. 190.

[85] Vgl. SCHEUCH, F.: Investitionsgüter-Marketing, a.a.O.

[86] Vgl. HUTT, M.D./SPEH, T.W.: Industrial Marketing Management, A Strategic View of Business Markets, 2. Edition, Chicago etc. 1985.

Auch ein Marketingmodell für den Bereich der Vermarktung technischer und systemtechnischer Innovationen ist an einer solchen Vorgehensweise zu orientieren, wobei aus den zuvor dargestellten generalisierenden Ansätzen wesentliche Richtlinien und allgemeingültige Inhalte zu entnehmen sind. Inwieweit für das Marketing von Innovationen bereits Ansätze und Modelle vorhanden sind, die spezielle Aussagen für diesen Geschäftsbereich zulassen, wird nachfolgend untersucht. Allerdings liegen für die Gestaltung eines industriellen Innovationsmarketing, im Gegensatz zum traditionellen Investitionsgütermarketing, bislang nur wenig geschlossene Konzeptionen in der Literatur vor. So läßt sich zwar eine gewisse Vielzahl von Beiträgen erkennen, die parallel zu den − durch den informationstechnologischen Wandel ausgelösten − ansteigenden Marketingproblemen bei innovativen Erzeugnisse veröffentlicht wurden, jedoch handelt es sich bei diesen Publikationen oft nur um Partialvorschläge zur Durchführung eines Innovationsmarketing im Investitionsgüterbereich[87], oder sie sind verstärkt orientiert an Problemen eines Innovationsmarketing auf Konsumgütermärkten[88]. Ein als eher geschlossenes Konzept zu bezeichnender Ansatz wurde von GÜNTER und KLEINALTENKAMP vorgelegt.

Der Ansatz von GÜNTER und KLEINALTENKAMP

Unter dem Titel »Marketing-Management für neue Fertigungstechnologien« haben die beiden genannten Autoren im Jahre 1987 einen managementorientierten Ansatz für das Mar-

---

[87] Vgl. hierzu beispielsweise: BACKHAUS, K./WEIBER, R.: Systemtechnologien, a.a.O.; BAKER, M.J.: Marketing New Industrial Products, Bristol 1975; BENDER, H.: Das Marketing von Technologieprodukten, in: ASW, (1988), 5, S. 116 ff.; BLOIS; K.J.: Matching New Manufacturing Technologies to Industrial Markets and Strategies, in: IMM, 14 (1985), S. 43 ff.; DAVIDOW, W.H.: In High-Tech Markets, »Slightly Better« is Dangerous, in: BM, 71 (June 1986), S. 58 ff.; GESCHKA, H.: Marketingkonzepte für Innovationen, in: HM, (1984), 4, S. 7 f.; KESSLER, C.: Marketing für Informationssysteme, in: Siemens-Zeitschrift, 59 (1985), 4, S. 2 ff.; LUCAS, G.H. Jr./BUSH, A.J.: Guidelines for Marketing a New Industrial Product, in: IMM, 13 (1984), S. 157 ff.; MEISSNER, H.G.: Marketing für Innovationen, in: WiSt, (1979), 8, S. 359 ff.; MITTAG, H.: Technologiemarketing, a.a.O.; RAO, S./RABINO, S.: Product-Market Strategies in the Minicomputer Industry, in: IMM, 9 (1980), S. 325 ff.; SASS, W.: Marketing-Kultur für High-Tech-Märkte, in: absatzwirtschaft, (1988), 4, S. 55 ff.; SCHULTZ, D.E./DEWAR, R.D.: Technology's Challenge to Marketing Management, in: BM, 69 (March 1984), S. 30 ff.; TROMMSDORFF, V./TRIMTER, R./SCHNEIDER; P.: Innovation und Marketing, in: THEXIS, 5 (1988), 2, S. 8 ff.; ZIMMERMANN, A.: High-Tech-Marketing, eine neue Dimension, in: THEXIS, 4 (1987), 1, S. 17 f.

[88] Vgl. hierzu beispielsweise: DAVIDOW, W.H.: High Tech Marketing, der Kampf um den Kunden - Erfahrungen und Rezepte eines Insiders, Frankfurt/M. 1987; HASELOFF, O.W.: Marketing für Innovationen, Ausbreitung, Akzeptierung und strategische Durchsetzung des Neuen in Wirtschaft und Gesellschaft, Savosa 1989; MIDGLEY, D.F.: Innovation and New Product Marketing, London 1977; ROBERTSON, T.S.: Innovative Behavior and Communication, New York u.a. 1971; SAMLI, A.C./WILLS, J.: Strategies for Marketing Computers and Related Products, in: IMM, 15 (1986), S. 23 ff.; SHETH, J.N./RAM, S.: Bringing Innovation to Market, How to Break Corporate and Customer Barriers, New York-Chichester-Brisbane-Toronto-Singapore 1987; SOMMERLATTE, T.: Technologiemarketing, Neue Märkte gezielt erschließen, in: HM, (1987), 1, S. 22 ff.

keting innovativer, industrieller Produkte vorgestellt.[89] In ihrem Beitrag leiten sie zunächst drei grundlegende Strategiealternativen für die herstellerseitige Bearbeitung des CIM-Marktes ab:

(1) »das ausschließliche Angebot von CIM-Komponenten oder Bausteinen,

(2) eine Profilierung durch das Angebot von Insellösungen und stufenweiser Integration, was evtl. das Angebot spezieller 'stand alone'-Systeme einschließt und auf deren Vernetzung gerichtet ist,

(3) eine Profilierung als Anbieter von CIM-Turnkey-Lösungen.«[90]

Die Entscheidung für eine Form dieser drei Geschäftsarten, die grundsätzlich auch additiv durchgeführt werden können[91], ist nach GÜNTER und KLEINALTENKAMP eine unternehmensstrategische.[92]

Aufbauend auf dieser Abgrenzung besprechen die Autoren Einsatzmöglichkeiten des Marketinginstrumentariums für die beiden Geschäftsarten »Turnkey-CIM« und »sukzessive Integration der CIM-Bestandteile«. Im einzelnen untersuchen sie neben dem wichtigen Bereich der Informationsgewinnung die Ausgestaltungsmöglichkeiten der folgenden Instrumentarbereiche:

- Programmpolitik

- Vertriebsorganisation, Personal Selling und Kommunikationspolitik

- Preispolitik und Absatzfinanzierung sowie Vertragspolitik.

Neben dieser Konzeption liegt in der Literatur ein neuerer Ansatz zum Innovationsmarketing vor, der sich auf das Marketing für innovative unternehmens-integrierende Systeme[93] (CIC-, CIM- und CIB-Systeme) konzentriert.

Der Ansatz von STROTHMANN und KLICHE

Für das Marketing systemtechnischer Innovationen wurde ein Ansatz konzipiert,[94] der zum Teil auf die zuvor erörterten realitätsbeschreibenden Konstrukte zurückgreift. Zu diesen realitätsbeschreibenden Modellen gehört insbesondere das erweiterte entscheidungspro-

---

89 Vgl. GÜNTER, B./KLEINALTENKAMP, M.: Marketing-Management für neue Fertigungstechnologien, in: ZfbF, 39 (1987), S. 323 ff.

90 Ebenda, S. 338.

91 Vgl. ebenda.

92 Vgl. ebenda, S. 340.

93 Vgl. I. Kapitel, Abschnitt 1.5.

94 Vgl. STROTHMANN, K.-H./KLICHE, M.: Innovationsmarketing, a.a.O.

zeßorientierte Modell, das die von den Abnehmern systemtechnischer Innovationen geforderte Vorbereitungszeit in die Betrachtung einschließt.[95] Es wurde in der vorliegenden Arbeit als Modell eines integrierten Adoptionsprozesses interpretiert.[96] Darüber hinaus werden die Innovatorentypologie sowie die veränderten Gremienstrukturen bei der Adoption innovativer unternehmens-integrierender Systeme berücksichtigt.[97]

Dieser Ansatz, der bereits an den Anforderungen des gegenwärtig fortschreitenden informationstechnologischen Wandels ausgerichtet ist, beinhaltet des weiteren auf handlungsempfehlender Ebene ein modifiziertes und erweitertes Instrumentarium für das Marketing im innovativen Systemgeschäft. Als wesentliche Komponente ist neben den leicht modifizierten Instrumentarbereichen der Produkt-, Kommunikations- und Funktionspolitik hier der neue Instrumentarbereich *Integrationspolitik* zu erwähnen, der den abnehmerseitigen Anforderungen an eine *Vorbereitungszeit* sowie dem Sachverhalt eines *gestaffelten Investitionsprozesses* bei der Adoption systemtechnischer Innovationen Rechnung trägt. Unter Integrationspolitik werden dabei diejenigen Maßnahmen von Herstellern innovativer unternehmens-integrierender Systeme subsumiert, die unter dem Ziel stehen, einen reibungslosen System-Implementierungsprozeß beim Abnehmer vorzubereiten.[98] Damit soll gewährleistet werden, daß den auf der Abnehmerseite durch den Einsatz innovativer Systemtechnik entstehenden Anforderungen und Aufgaben der technologischen, qualifikatorischen und organisationalen Veränderung entsprochen werden kann.[99] »Hiermit wird zunächst erreicht, daß das Unternehmen des Abnehmers optimal auf den nachfolgenden Implementierungsprozeß hin präpariert wird. Darüber hinaus ist zu berücksichtigen, daß unternehmens-integrierende Systeme nicht in einem einfachen Verkaufsakt vom Hersteller zum Abnehmer übergehen, sondern vielmehr in einem langfristigen, gestaffelten Investitionsprozeß beim Abnehmer 'entstehen'. Dieser Investitionsprozeß unterteilt sich dabei in einzelne Investitionsschritte, zwischen denen ebenfalls wiederum vorbereitende Maßnahmen erforderlich sind.«[100]

Die Integrationspolitik wurde hierzu idealtypisch in die beiden Bereiche *Präparations-* und *Implementierungpolitik* unterteilt. Die Präparationspolitik umfaßt diejenigen Leistungen, die während der erstmaligen Vorbereitungsphase auf die Systemimplementierung erforderlich sind, und die Implementierungpolitik beinhaltet die Leistungen, die die einzelnen Investitionsschritte begleiten bzw. vorbereiten. Zur Verdeutlichung dieses Zusammenhangs dient Abbildung 19.

---

[95] Vgl. I. Kapitel, Abschnitt 2.3.

[96] Vgl. Abschnitt 2.1 dieses Kapitels.

[97] Vgl. Abschnitt 2.2 dieses Kapitels.

[98] Vgl. STROTHMANN, K.-H./KLICHE, M.: Innovationsmarketing, a.a.O., S. 95.

[99] Vgl. ebenda.

[100] STROTHMANN, K.-H./KLICHE, M.: Integrationspolitik im Innovationsmarketing, a.a.O., S. 137.

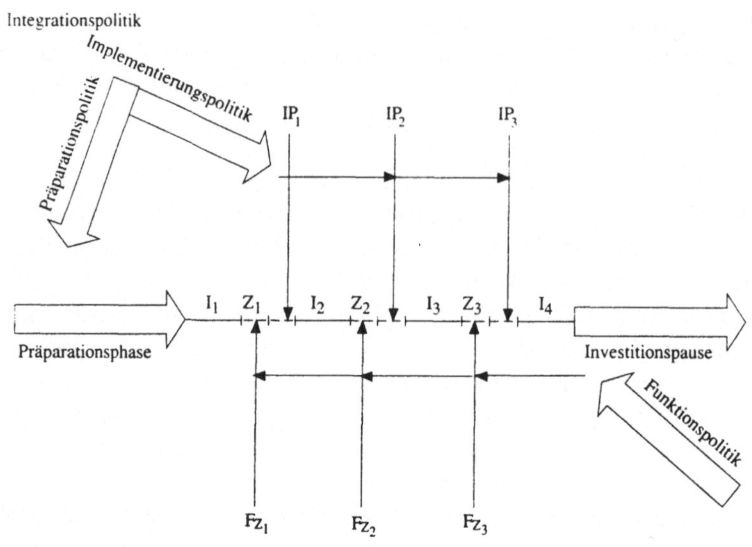

Abb. 19: Integrationspolitik im systemtechnischen Investitionsprozeß[101]

Ungeachtet gemeinsamer Instrumente beider Bereiche ist diese Unterscheidung zwischen Präparations- und Implementierungspolitik zur Verdeutlichung der *im* und *vor* dem gesamten System-Implementierungsprozeß zu erbringenden Leistungen angebracht. Wie aus der oben stehenden Abbildung weiterhin deutlich wird, umfaßt die klassische Funktionspolitik, die im traditionellen Investitionsgütermarketing das »Funktionieren« der Erzeugnisse nach abgeschlossener Investition gewährleisten soll, hier Leistungen, die als wesentliches *Korrektiv* nach jedem einzelnen Investitionsschritt einzubringen sind. Dazu zählen im Innovationsmarketing die Kontrolle des jeweilig abgeschlossenen Investitionsschrittes und die technische Nachjustierung ebenso wie die Angleichung des Unternehmens an geschaffene Gegebenheiten, der Reparatur und Ersatzteildienst sowie das Bediener- und Nutzertraining.[102]

---

[101] Quelle: STROTHMANN, K.-H./KLICHE, M.: Innovationsmarketing, a.a.O., S. 96.

[102] Vgl. STROTHMANN, K.-H./KLICHE, M.: Integrationspolitik im Innovationsmarketing, a.a.O., S. 138.

Zu den Instrumenten der Präparationspolitik zählen die folgenden Maßnahmen:[103]

(1) Entwicklung einer Investitionsstrategie: Sie umfaßt die Festlegung der einzelnen Investitionsschritte, die Fixierung der Investitionszeiträume sowie eine zeitraumbezogene Investitionsrechnung

(2) Verobjektivierung des technischen Entwicklungsprozesses

(3) Planung der Organisationsanpassung

(4) Auswahl der Investitionsobjekte mit Zuordnung zu den einzelnen Investitionszeiträumen und Präzisierung der Gesamtlösung

(5) Methoden der Mitarbeitermotivation

(6) Entwicklung von Qualifizierungsprogrammen für das Management, für Spezialisten sowie für Bediener und Nutzer

(7) Klarstellung der sozioökonomischen Folgen und Beratung

Die Implementierungspolitik umfaßt ebenfalls die aufgeführten Instrumente, sie werden jedoch mutmaßlich nicht in gleicher Tragweite zwischen den einzelnen Investitionsschritten zum Einsatz gelangen, wenn die Maßnahmen der Präparationspolitik bereits erfolgreich zur Vorbereitung auf die Gesamtinvestition in innovative Systeme angewendet wurden.

Insgesamt ist der in diesem Ansatz zum Innovationsmarketing vorgestellte Instrumentarbereich Integrationspolitik auf die Entwicklung einer partnerschaftlichen Geschäftsbeziehung zwischen Herstellern und Abnehmern innovativer Systeme ausgerichtet. Er wird deshalb mit seinen beiden Bereichen Präparations- und Implementierungspolitik als eine wesentlicher Bestandteil eines an den Anforderungen des informationstechnologischen Wandels ausgerichteten Innovationsmarketing betrachtet.

4. Zusammenfassende Gegenüberstellung ausgewählter Ansätze

Im vorliegenden Kapitel wurden generalisierende und innovationsorientierte Ansätze des Investitionsgütermarketing diskutiert, die »traditionelle« Sichtweisen und Erkenntniswege dieser Fachrichtung erkennen lassen. Insgesamt folgen diese Ansätze letztlich dem Prinzip, Möglichkeiten zur optimalen Gestaltung der Anbieter-Markt-Beziehungen bzw. Anbieter-Abnehmer-Beziehungen aufzuzeigen. Modelle des organisationalen Kauf- und Entscheidungsverhaltens sowie des industriellen Interaktionsverhaltens können in die damit schon gekennzeichneten Gruppen eingeteilt werden: Erstere wurden eher vor dem Hintergrund eines »Stimulus-Response (SR-)-Paradigmas« formuliert, »... bei dem die Käufer

---

[103] Vgl. STROTHMANN, K.-H./KLICHE, M.: Innovationsmarketing, a.a.O., S. 98.

lediglich auf das Marketing-Mix reagieren ...«[104], letztere folgen einem sogenannten
»Interdependenz-Paradigma«, »... bei dem die Kauf- und Verkaufsanstrengungen als
Prozesse wechselseitiger Beeinflussung gesehen werden, in denen Leistung und Gegenlei-
stung konkretisiert werden«[105].

Ob es sich dabei letztlich um Paradigmen handelt, sei an dieser Stelle dahingestellt. Allerdings ist in diesem Zusammenhang auf einen vorsichtigen Gebrauch des Paradigmen-
Begriffes hinzuweisen.[106] So zeigt sich bei genauerer Betrachtung, daß es sich durchaus
auch um ergänzende »Paradigmen« handeln kann: Es läßt sich argumentieren, daß aus
übergeordneter, geschäftstheoretischer Sichtweise im Bereich der Anbahnung von Geschäftsbeziehungen durchaus der »SR-Sichtweise« gefolgt werden kann; sind Geschäftsbeziehungen dann etabliert oder werden im jeweiligen Fall dann die einzelne Transaktionsepisode sowie die darin stattfindenden interdependenten Aktionen betrachtet, so erschließen Interaktionsansätze weitergehende Erkenntnismöglichkeiten. Insgesamt verwun-
dert dieser Sachverhalt der »Paradigma-Ergänzung« nicht, handelt es sich doch – auch
wenn verschiedenen »theoretischen Wurzeln« entstammend – beim Investitionsgütermarketing um eine Schule mit gleichgerichtetem Erkenntnisinteresse.

Die zu bewältigende »Stoffülle der Realität« hat jedoch zu der aufgeführten Vielzahl von
Erklärungsbeiträgen und Gestaltungsempfehlungen für das Investitionsgütermarketing geführt. Die hier ausgewählten Ansätze, die in der Literatur zumeist nicht überschneidungs-
frei formuliert sind, werden in der nachfolgenden Übersicht exemplarisch gegenüber-
gestellt Die angesprochenen Überschneidungen zwischen den Ansätzen und Modellen des
Investitionsgütermarketing und die damit verbundenen »theoretischen Disharmonien« sind
jedoch nicht unbedingt negativ zu bewerten. Sie lassen auch Integrationsmöglichkeiten erkennen, die bei einer Überwindung der theoriebezogenen Schnittstellenprobleme weiterführende Erkenntniswege erschließen. Für die Theorie des Innovationsmarketing ließe sich
unter Einbindung bereits vorhandener Erklärungs- und Gestaltungsmodelle eine weitergehende Ausformulierung erreichen, die zu einem besseren Verständnis von Anbieter-
Kunden- bzw. Anbieter-Markt-Beziehungen bei innovativen Geschäften beitragen kann.
Wettbewerbstheoretische Überlegungen wären darüber hinaus hinzuzufügen.

Den vorstehenden Worten sind zwei Forderungen zu entnehmen, die die Gestaltung dieser
Arbeit bislang begleitet haben: Zum einen der stärkere Einbezug der Wettbewerbstheorie
in das Innovationsmarketing, zum anderen die Weiterentwicklung des Theoriegebäudes des
Innovationsmarketing durch Integration existierender Ansätze. Beide Forderungen sind eng

---

[104] BACKHAUS, K.: Investitionsgüter-Marketing, a.a.O., S. 61.

[105] Ebenda.

[106] Vgl. hierzu auch BÖTTGER, der sich u.a. an KUHN anlehnt: BÖTTGER, Chr.: Wissenschaftstheoretische Grundlagen des Investitionsgütermarketing, Diplomarbeit am Institut für Marketing der Freien Universität Berlin, 1989, Abschnitt 2.3.1.1, 3.4.1-3.4.3; vgl. beispielsweise auch die Veröffentlichungen
von: KUHN, Th: Die Entstehung des Neuen, Frankfurt a.M. 1977; derselbe: Die Struktur wissenschaftlicher Revolutionen, 3. Aufl., Frankfurt a.M. 1978.

miteinander verknüpft und sollen im folgenden Kapitel in ein gemeinsames theoretisches Konzept münden.

	Generalisierende Ansätze	Innovationsorientierte Ansätze
Ansätze des industriellen Kauf- und Interaktionsverhaltens		
Modelle des industriellen Kauf-/Entscheidungsprozesses	- Robinson/Faris/Wind (1967) - Webster/Wind (1972)	- Rogers (1962) - Ozanne/Churchill (1971)
Entscheider-Typologien und das Buying Center-Konzept	- Wilson (1971) - Webster/Wind (1972) - Witte (1973) - Strothmann (1979)	- Witte (1973) - Peters/Venkatesan (1973) - Strothmann (1988, hrsg. v. Spiegel-Verlag)
Organisationale Totalmodelle	- Webster/Wind (1972) - Sheth (1973) - Choffray/Lilien (1978)	- Ozanne/Churchill (1971)
Interaktions- und Netzwerkansätze	- Evans (1963) - Backhaus/Günter (1976) - Kutschker/Kirsch (1978) - Ford (1980) - IMP-Group (1982, hrsg. v. Håkansson) - Johanson/Mattsson (1982) - Kraus (1986)	- Martilla (1971) - Czepiel (1974) - Mattsson (1978) - Gemünden (1981) - Kliche (1989)
Instrumentelle und Marketing-Management-Ansätze		
Marktsegmentierungsansätze	- Wilson (1971) - Wind/Cardozo (1974) - Scheuch (1975) - Gröne (1977) - Spekman (1981) - Bonoma/Shapiro (1984)	- Kliche (1985) - Strothmann/Kliche (1989)
Marketing-Konzeptionen	- Strothmann (1979) - Engelhardt/Günter (1981) - Backhaus (1982)	- Günter/Kleinaltenkamp (1987) - Strothmann/Kliche (1989)

Abb. 20: Ausgewählte generalisierende und innovationsorientierte Ansätze
des Investitionsgütermarketing

III. Kapitel

Innovationsmarketing:
Konzeption eines integrierten Ansatzes

Im Verlauf dieser Arbeit wurde mehrfach herausgestellt, daß wettbewerbstheoretische Überlegungen in den Ansätzen zum Innovationsmarketing im Systemgeschäft zur Zeit nur unzureichend berücksichtigt werden und daß darüber hinaus Möglichkeiten zur weiteren Ausgestaltung des Innovationsmarketing auf deskriptiver Ebene in der Integration bereits vorhandener Theorien und Teiltheorien gesehen werden. Dieses auf Integration und Erweiterung ausgerichtete Erkenntnisziel wurde im Zuge der bewertenden Vorarbeiten in den beiden ersten Kapiteln bereits teilweise realisiert. So konnten folgende Punkte herausgearbeitet werden:

- Im Rahmen des ersten Kapitels wurde gezeigt, von welcher Bedeutung eine Wettbewerbsorientierung insbesondere auch für den Bereich des Innovationsmarketing ist. Der Aufbau unternehmerischer Erfolgspotentiale bzw. *komparativer Konkurrenzvorteile* ist als Zielgröße nicht nur für Unternehmen interessant, die ein traditionelles Produktspektrum am Markt anbieten und vermarkten wollen; gerade hochinnovative Firmen, die auf dynamischen Märkten mit intensivierten Wettbewerbsstrukturen agieren, sehen sich in stark verkürzten Intervallen herausgefordert, betriebliche Generierungsprozesse zu vollziehen. Den theoretischen Hintergrund für diese und die weitere Argumentation bietet die SCHUMPETERsche Analyse sowie die unter Verwendung einiger Ergebnisse von PORTER dargestellte industriespezifische Betrachtung.

Aus Sicht eines weiterzuentwickelnden Innovationsmarketing entsteht aus dem Vorhergesagten die Notwendigkeit, einen Ansatz zu konzipieren, der nicht nur wettbewerbliche Überlegungen bei Verhandlungs- bzw. Transaktionsprozessen berücksichtigt, sondern der darüber hinaus auch Anhaltspunkte für die Gestaltung der zu diesen Prozessen vorgeschalteten bzw. parallel verlaufenden betrieblichen Generierungsprozesse gibt. Erst der permanente Aufbau betrieblicher Fähigkeits- und Know-how-Potentiale – so die Argumentation im ersten Kapitel – schafft auch die Voraussetzungen für innovative Unternehmen, ein zukunftsweisendes Produktspektrum am Markt anbieten und durchsetzen zu können. Als ein in diesem Zusammenhang schon vorgreifendes Ergebnis ist festzuhalten, daß betriebliche Generierungsprozesse nur dann erfolgversprechend durchgeführt werden können, wenn sie auch in klarer Marktorientierung erfolgen. Dies schließt eine Wettbewerbsorientierung ein.

Neben diesen wettbewerbsbezogenen Aspekten lassen sich zur weiteren Ausgestaltung des Innovationsmarketing, wie erwähnt, die beschriebenen Theorien und Teiltheorien des Investitionsgütermarketing generalisierenden und innovationsorientierten Charakters nutzen. Die Ergebnisse dieser im zweiten Kapitel vorgenommenen Analyse können wie folgt umrissen werden:

- Im Bereich des Investitionsgütermarketing wurden zahlreiche generalisierende und innovationsorientierte Ansätze entwickelt, in denen – je nach Schwerpunktsetzung der Autoren – realitätsbeschreibende und/oder handlungsempfehlende Komponenten hervorgehoben werden. Die Ausführungen im zweiten Kapitel haben gezeigt, daß starke Ähnlichkeiten zwischen generalisierenden und innovationsorientierten Konzepten vorhanden sind. Beispielhaft läßt sich hierfür die konzeptionelle Gleichartigkeit bei den Prozeßmodellen und den Ansätzen der sogenannten Typologieforschung anführen. Am Beispiel des von WITTE aufgestellten Promotorenmodells[1] wird auch deutlich, daß Erkenntnisse der innovationsorientierten Forschung generalisiert werden und damit einen eher allgemeingültigen Charakter erhalten.

Insgesamt können die hier besprochenen Ansätze des Investitionsgütermarketing dabei helfen, theoretische Lücken des Innovationsmarketing zu schließen. Der gegenwärtige Erkenntnisstand des Innovationsmarketing im Systemgeschäft, der sich – grob umrissen – verstärkt auf eine Abbildung intraorganisationaler Kaufverhaltensstrukturen sowie auf die damit verbundenen marketingpolitischen Handlungsempfehlungen bezieht, könnte durch Integration vorhandener Ansatzkategorien auf ein weiterführendes Niveau gehoben werden. Hierzu ist allerdings nicht nur eine begriffliche Vereinheitlichung zur Beschreibung der einzelnen Realphänomene notwendig, darüber hinaus ist ein übergeordneter Bezugsrahmen zu entwickeln, der auch die Integration verschiedener Partialtheorien erlaubt. Ein solcher Bezugsrahmen könnte beispielsweise in der geforderten Theorie der Geschäftsbeziehungen[2] gesucht werden.

Mit den letztgenannten Aspekten sind bereits Forderungen beschrieben, die neben den oben besprochenen wettbewerbstheoretischen Inhalten bei der Konzeption eines weiterführenden Ansatzes für das Innovationsmarketing zu berücksichtigen wären. Diese Anforderungen werden im folgenden näher spezifiziert.

1. Grundlegende Ausführungen zur Modellkonzeption

1.1 Zur theoretischen Einordnung

Unter Würdigung des derzeitigen theoretischen Standes des Investitionsgütermarketing läßt sich mit BACKHAUS noch einmal zusammenfassend betonen, daß von einer einheitlichen Theorie in diesem Bereich noch nicht gesprochen werden kann.[3] Vielmehr liegt eine Reihe von Partialtheorien vor, die mehr oder weniger umfassend wesentliche Aspekte dieser besonderen Marketingdisziplin auf- bzw. herausgreifen. Der über die letzten ca. 30 Jahre hinweg erzielte Fortschritt in der Theorie des Investitionsgütermarketing kann somit vor-

---

[1]   Vgl.: II. Kapitel, Abschnitt 2.2.

[2]   Vgl.: II. Kapitel, Abschnitt 1.2.

[3]   Vgl. hierzu auch: BACKHAUS, K.: Investitionsgüter-Marketing, a.a.O., S. 7, S. 72 ff.

rangig in den entstandenen Teiltheorien gesehen werden, die sich bei näherer Betrachtung nach einem *»Schachtel in Schachtel«-Prinzip* hierarchisch ordnen lassen.

So läßt sich eine gewisse Stufung der Partialmodelle bzw. -theorien von den Typologie- und Prozeßansätzen über die Total- bzw. Systemmodelle bis hin zu den multiorganisationalen Interaktionsansätzen erkennen. Diese hierarchische Stufung kann als Ausgangspunkt für eine vereinheitlichte Theorie des Investitionsgütermarketing dienen. Dabei ist allerdings nicht nur zu fordern, daß bei den realitätsbeschreibenden Ansätzen die aus der Vielfalt der Modelle resultierende Schnittstellenproblematik überwunden wird, darüber hinaus muß die beispielsweise von BACKHAUS aufgestellte Forderung nach einer integrativen Gesamtkonzeption, die auf dem zitierten Zusammenhang zwischen realitätsbeschreibenden und handlungsempfehlenden Theorieelementen aufbauen sollte,[4] aufrecht erhalten bleiben.

Was hier zunächst relativ allgemein für das Investitionsgütermarketing ausgesagt wurde, gilt gleichsam auch für das Innovationsmarketing. Innovationsmarketing soll hier verstanden werden als Marketing für eine spezifische Geschäftsart im Investitionsgüterbereich. Partialmodelle des Innovationsmarketing müßten demnach immer dann zur Anwendung gelangen, wenn innovative Geschäftsverhältnisse bzw. innovative Kauf-/Verkaufsakte vorliegen. Wie die Ausführungen des letzten Kapitels gezeigt haben, liegen auch zur Erklärung des innovativen Kauf- bzw. Interaktionsverhaltens schon eine Reihe von Erklärungsansätzen vor, die sich ebenso wie die generalisierenden Ansätze des Investitionsgütermarketing in eine hierarchische Ordnung bringen lassen. Diese Ordnung würde von den innovationsorientierten Typologie- und Prozeßansätzen bis hin zu innovationsbezogenen Interaktionsansätzen reichen. Auch läßt sich eine schlüssige Angliederung handlungsempfehlender Theoriekomponenten an die realitätsbeschreibenden Theorieelemente vornehmen.

Mit der vorstehenden Beschreibung ist zunächst ein Sachverhalt skizziert, der im wesentlichen auf Strukturierungsnotwendigkeiten im Investitionsgütermarketing hinweist. Dies kann allerdings nicht der Hauptaspekt der vorliegenden Arbeit sein, auch wenn im vorangegangenen Kapitel schon wichtige Vorarbeiten für eine solche Aufgabenstellung durchgeführt wurden. Des weiteren muß bemerkt werden, daß die »Vereinheitlichung des Investitionsgütermarketing« nicht nur im Rahmen dieser Arbeit nicht zu leisten ist, sondern darüber hinaus – wenn sie überhaupt lösbar ist – wohl noch viele Jahre an Forschungskapazität in Anspruch nehmen wird. Vielleicht wird ein richtiger Schritt in diese Richtung über die weitere Entwicklung von Partialtheorien getan, die mit Erklärungversuchen zu neu zu integrierenden Realphänomenen – für die vorliegende Arbeit ist hier der informationstechnologische Wandel zu nennen – sukzessive weitere Elemente einer Theorie des Investitionsgütermarketing aufhellen.

Mit diesen Ausführungen zur theoretischen Einordnung ist das Feld beschrieben, in dessen Rahmen sich die weiteren Überlegungen vollziehen. Es soll ein Beitrag geleistet werden, der es ermöglicht, zu einem besseren Verständnis von innovativen Kauf-/Verkaufsprozes-

---

4   Vgl. BACKHAUS, K.: Investitionsgüter-Marketing, a.a.O., S. 74; vgl. hierzu auch: II. Kapitel, Abschnitt 2.5.

sen und dem »geschäftstheoretischen Umfeld« dieser Prozesse zu gelangen und der darauf aufbauend Handlungsmöglichkeiten für ein Innovations-Marketing-Management aufzeigt. Hierzu werden zum einen die Ergebnisse der ersten Kapitels genutzt, zum anderen sollen ausgewählte Modelle des Investitionsgütermarketing in die Konzeption des im weiteren vorgestellten Ansatzes integriert werden.

1.2 Integrationsmöglichkeiten bestehender Ansätze

Im zweiten Kapitel wurde deutlich, daß sowohl auf realitätsbeschreibender als auch auf handlungsempfehlender Ebene schon einige Ansätze und Modelle vorliegen, die sich für die weitere Argumentation nutzen lassen. Hinsichtlich der existierenden *Prozeßmodelle* des organisationalen Beschaffungsverhaltens ist zunächst festzuhalten, daß mit dem bei OZANNE und CHURCHILL berücksichtigten Modell des Adoptionsprozesses[5] und dem von STROTHMANN und KLICHE an der Vorbereitungszeit ausgerichteten Prozeßmodell[6] bereits Konzepte vorhanden sind, die in eine weiterführende Modellbildung für das Innovationsmarketing einbezogen werden können. Das an der Vorbereitungszeit orientierte Prozeßmodell, das die Teilprozesse Entscheidungsprozeß, Vorbereitungszeit und Investitionsprozeß umfaßt, läßt sich dabei in Verbindung mit dem Adoptionsprozeßmodellen als integriertes Modell des Adoptionsprozesses verstehen. Dieser Prozeß, der idealtypisch mit der Implementierung und Funktionssicherung eines innovativen Teilsystems oder Gesamtsystems endet, ist als ein kollektiver Prozeß zu verstehen, der durch vielfältige interpersonale bzw. intra- und interorganisationale Interaktionen der beteiligten Parteien gekennzeichnet ist. Er kann sowohl einzelne als auch gekoppelte Transaktionsepisoden umfassen. Hierauf wird im weiteren noch näher eingegangen.[7]

Für eine Beschreibung der an diesen Prozessen beteiligten *Personen* bzw. *Gremien* können das Innovatorenmodell sowie das in der Literatur angedeutete Konzept der sich im Adoptionsprozeß »überlappenden« Gremien (Buying-Center, Präparations-Center und Investitions-Center) angewendet werden. Eine nähere Betrachtung dieses Gremienkonzepts weist aber darauf hin, daß hier mono- und multiorganisationale Bezüge bei der Beschreibung dieser Gremien noch genauer zu berücksichtigen wären. Um einer Beschreibung der in der Realität auftretenden multiorganisationalen Bezüge gerecht zu werden, lassen sich hierfür beispielsweise die Begriffe *Präparations-Center* und *Investitions-Center* nutzen. In diesen Gremien wird es zur kollektiven Wahrnehmung der anstehenden Aufgaben kommen, wobei Repräsentanten unterschiedlicher Organisationen gemeinsam die Problemlösungs- und Konflikthandhabungsaufgaben wahrnehmen. Der Begriff *Buying-Center* sowie das damit verbundene Konzept stellen hingegen auf eine mehr an den Abnehmergegebenheiten ausgerichtete Analyse des Kaufverhaltens ab. Sollen die in der Realität auftretenden interak-

---

[5] Vgl.: II. Kapitel, Abschnitt 2.1 und 2.3.

[6] Vgl.: II. Kapitel, Abschnitt 2.1.

[7] Vgl. Abschnitt 2.1 dieses Kapitels.

138

tionsbezogenen Aktivitäten zwischen Herstellern und Verwendern im Entscheidungsprozeß beschrieben werden, so wäre der Begriff *Verhandlungs-Center* geeigneter. Dieses Center würde sich modellhaft aus den interagierenden *Subgremien* Buying- und Selling-Center zusammensetzen.

Die bisherigen Überlegungen zeigen, daß sich auf der Basis interaktionstheoretischer Annahmen Partialkonzepte aufrechterhalten und in einen interaktionsorientierten Bezugsrahmen integrieren lassen. Eine interaktionstheoretische Sichtweise innovativer Kauf-/Verkaufsprozesse erlaubt dabei eine Betrachtung der in der Realität auftretenden Beteiligung mehrerer Personen bzw. Organisationen an innovativen Kauf-/Verkaufsprozessen.

Etwas schwieriger lassen sich Interaktionsansätze allerdings dann anwenden, wenn es um eine Beschreibung der Wirkungen von Marketingaktivitäten der Hersteller geht, die *außerhalb* bzw. *zwischen* den einzelnen *Transaktionsepisoden* stattfinden und eher genereller Natur sind. Nennen lassen sich in diesem Zusammenhang beispielsweise kommunikationspolitische Maßnahmen wie die Werbung und die Messebeschickung. Diese Maßnahmen wirken nicht nur bei deren Aktivierung in den einzelnen Transaktionsepisoden, sie wirken vielmehr auch im Umfeld der Transaktionsepisoden bzw. vor, bei, zwischen und nach den einzelnen Transaktionen. Eine nähere Betrachtung von *vor-, zwischen- und nachgeschäftlichen Phasen* bzw. »Inter-Transaktions-Phasen« würde sich für die weitere Betrachtung in dieser Arbeit anbieten. Schließlich sind in diesen Phasen auch diejenigen Zeitintervalle zu identifizieren, in denen Wettbewerber am ehesten die Chance haben, Hersteller aus bestehenden Geschäftsbeziehungen zu drängen. KIRSCH und KUTSCHKER greifen zur Erklärung und Einbettung der angesprochenen generellen Marketing-Maßnahmen in ihrem Interaktionsmodell auf das Potentialkonzept zurück.[8] Dies soll bei der folgenden Modellkonzeption berücksichtigt werden. Zuvor sollen jedoch die Erweiterungsnotwendigkeiten konkretisiert werden.

1.3 Erweiterungsnotwendigkeiten

Einbezug der Wettbewerbskomponente

Spätestens seit den viel beachteten Arbeiten PORTERs[9] wird verbreitet die Notwendigkeit erkannt, Management- und Marketingmodelle verstärkt unter Einbezug von Wettbewerbsaspekten zu konzipieren. Auch im Investitionsgütermarketing zeichnet sich zunehmend eine stärkere Berücksichtigung der Komponente *Wettbewerb* ab. Dies zeigt sich beispiels-

---

8   Vgl.: II. Kapitel, Abschnitt 2.4.

9   Vgl. hauptsächlich: PORTER, M. E.: Wettbewerbsstrategie (Competitive Strategy), a.a.O.; derselbe: Wettbewerbsvorteile (Competitive Advantage), a.a.O.

weise in dem neueren Begriffsverständnis des Investitionsgütermarketing.[10] Damit tritt neben die bereits bestehende Begriffsauffassung in jüngerer Zeit auch verstärkt die Wettbewerbskomponente.

Dies verdeutlicht, daß das empfohlene Marketing für Investitionsgüter-Hersteller zunehmend von der Erkenntnis geprägt ist, Wettbewerbsüberlegungen in das Theoriegebäude einzubeziehen. Vorteilspositionen gegenüber der Konkurrenz zu erringen und Kompetenz am Markt nachzuweisen sind wesentliche Inhalte dieser neuen Entwicklungsstufe des Investitionsgütermarketing bzw. dieses *»Neuen Investitionsgütermarketing«*. Das Konzept stellt dabei implizit auch auf die in den Hersteller-Unternehmen vorzunehmenden marktorientierten Generierungsprozesse[11] ab.

Mit diesem Marketing-Konzept, das letztlich auch auf den Aufbau einer am Markt wirkenden Hersteller-Kompetenz zielt, wird allerdings das Gedankengut des »traditionellen« Investitionsgütermarketing etwas in den Hintergrund gedrängt. Hiermit sind die marketingpolitischen Steuerungsaufgaben hinsichtlich abnehmerseitiger Kauf- und Entscheidungsprozesse angesprochen. In der weiteren Argumentation wird dem Gedanken gefolgt, daß die herkömmlich im Investitionsgütermarketing verankerten Aufgaben der Steuerung von Kauf- und Entscheidungsprozessen weiterhin im dargelegten Umfang zu berücksichtigen sind.[12] Somit soll neben dem neueren Konstrukt der *»marktorientierten Kompetenzfindung«* das traditionelle Merkmal der *»Steuerung von Kauf- und Entscheidungsprozessen«* aufrechterhalten bleiben:

> *Investitionsgütermarketing* läßt sich hiernach – unter Berücksichtigung beider Merkmale – als ein *marktorientiertes unternehmerisches Handeln* verstehen, das zum einen auf die *Erringung wettbewerblicher Vorteilspositionen* zielt, und zum zweiten die *marktorientierte Umsetzung geschaffener Erfolgspotentiale* zum Ziel hat (incl. der damit verbundenen Steuerung von Kauf- und Entscheidungsprozessen).

Mit dieser begrifflichen Abgrenzung ist ein umfangreiches Aufgabenspektrum für das Investitionsgütermarketing insgesamt abgesteckt. Im Innovationsmarketing, das sich, wie beschrieben, einer speziellen Geschäftsart im Investitionsgüterbereich widmet,[13] erfährt dieses *integrierte Marketingkonzept mit Wettbewerbsbezug* besondere Bedeutung. Im ersten Kapitel konnte hierzu herausgearbeitet werden, daß sich innovative Hersteller auf High-Tech-Märkten einer starken Wettbewerbsintensität ausgesetzt sehen. Für sie ist es nicht nur wichtig, die direkten Konkurrenten bei ihren marktorientierten Handlungsentscheidungen zu berücksichtigen, auch aus anderen Industrien können Wettbewerbskräfte wirksam werden, die beispielsweise im Wege der Hervorbringung von Substitutionsprodukten die Er-

---

10 Vgl.: II. Kapitel, Abschnitt 1.1.

11 Vgl.: I. Kapitel, Abschnitt 2.4.

12 Vgl.: II. Kapitel, Abschnitt 1.1.

13 Vgl. Abschnitt 1.1 dieses Kapitels.

140

ringung von Innovationspositionen im Markt erschweren können.[14] Die Intensität des Wettbewerbs auf High-Tech-Märkten wird dabei entscheidend durch die dynamische unternehmerische Umsetzung neuer Technologien bestimmt. Sie eröffnet einer Vielzahl von Unternehmen Chancen zur Generierung von Innovationspositionen. Wettbewerbsbetrachtungen erlangen somit im Innovationsmarketing zentrales Gewicht.

Hinweise zum Einbezug der Wettbewerbskomponente geben bereits die Autoren KIRSCH und KUTSCHKER in ihrem multiorganisationalen Interaktionsansatz.[15] Die in diesem Modell vorrangig auf die Wirkung von Wettbewerbern in der Transaktionsepisode ausgerichtete Betrachtung müßte allerdings erweitert werden. Unterstellt man längerfristige Geschäftsbeziehungen, so ergeben sich gerade zwischen den einzelnen Transaktionsepisoden besondere Einwirkungsmöglichkeiten des Wettbewerbs, die zu einem Aufbruch bestehender Geschäftsbeziehungen führen können.

Neben Wettbewerbsaspekten sollte zur Formulierung eines realitätsangenäherten Modells des Innovationsmarketing auch der das Interaktionsgeschehen zwischen Herstellern und Abnehmern beeinflussende Faktor des »technologischen Kompetenzgefälles« berücksichtigt werden.

Berücksichtigung von Ungleichgewichtsbeziehungen

Im ersten Kapitel wurde dargestellt, daß die Beziehungen zwischen Herstellern und Abnehmern von Innovationen in der Mehrzahl der Fälle durch technologieinduzierte Ungleichgewichte gekennzeichnet sind.[16] Diese Ungleichgewichte, die aus den ungleich verteilten Know-how-Potentialen gegenüber neuen Technologien resultieren, treten sowohl intraindustriell, d.h. im Rahmen vertikaler Geschäftsbeziehungen auf, aber insbesondere auch zwischen Herstellern und Abnehmern verschiedener Industrien. Ein Interaktionsansatz, der diese Ungleichgewichtsbeziehungen in die Betrachtung einbezieht, wurde hierzu vorgestellt.[17] In Abbildung 21, die drei grundsätzlich mögliche Verteilungen technologiebezogener Know-how-Potentiale zwischen Herstellern und Abnehmern im innovationsbezogenen Interaktionsgeschehen aufzeigt, sind die auf High-Tech-Märkten in der Mehrzahl der Fälle auftretenden ungleichgewichtigen Beziehungen mit dem Typ 2 gekennzeichnet. Dieser kann auch als ein asymmetrischer Interaktionstyp bezeichnet werden.[18]

---

14 Vgl.: I. Kapitel, Abschnitt 2.2.

15 Vgl.: II. Kapitel, Abschnitt 2.4.

16 Vgl.: I. Kapitel, Abschnitt 2.2.

17 Vgl.: II. Kapitel, Abschnitt 2.4.

18 Vgl. zu einer Betrachtung *asymmetrischer Hersteller-Abnehmer-Beziehungen* auch: BACKHAUS, K.: Zulieferer-Marketing - Schnittstellenmanagement zwischen Lieferant und Kunden, in: SPECHT, G./ SILBERER, G./ENGELHARDT, W.H. (Hrsg.): Marketing-Schnittstellen, a.a.O., S. 290; und unter anderer Themenstellung: LITTOW, E.D.: Die Planung des Technologietransfers bei Produktionsverlage-

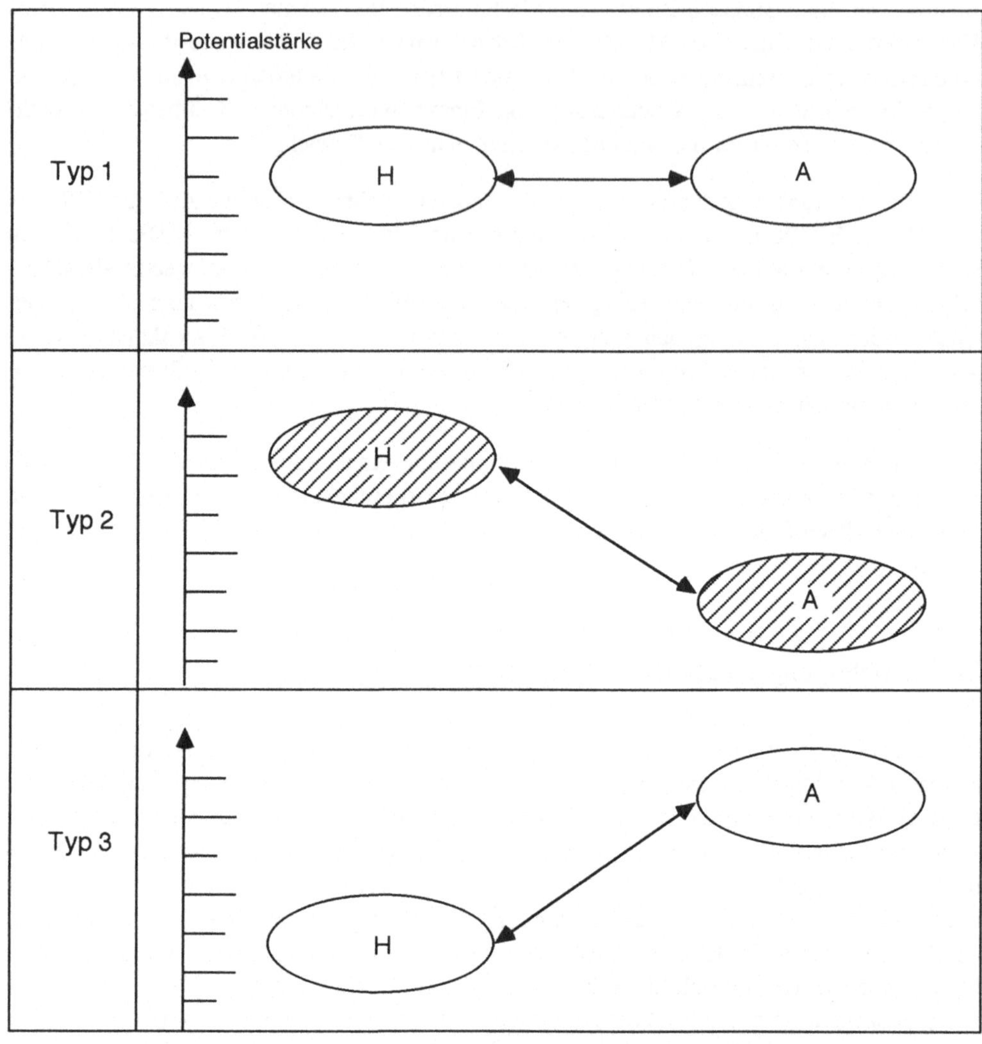

Abb. 21: Potentialverteilung im Interaktionsgeschehen[19]

Im Bereich des Innovationsmarketing ist es nun notwendig, diese spezielle Know-how-Verteilung zu berücksichtigen. Diese Forderung ist nicht nur bei der Ausgestaltung eines möglichen Ansatzes auf deskriptiver Ebene aufrechtzuerhalten, sondern darüber hinaus ist es insbesondere angezeigt, auch die handlungsempfehlenden Komponenten an diesen – vorrangig durch den informationstechnologischen Wandel hervorgerufenen – Kompetenzunterschieden zwischen Hersteller- und Abnehmer-Unternehmen auszurichten.

---

rungen in der Investitionsgüterindustrie, VDI-Fortschritt-Berichte, Reihe 16, Nr. 9, Düsseldorf 1981, S. 22.

[19] Quelle: KLICHE, M.: Zum Interaktionsansatz im Innovationsmarketing, a.a.O., S. 69.

Geschäftsanalytische Betrachtung

Es wurde im Verlauf dieser Arbeit schon darauf hingewiesen, daß von einschlägigen Autoren des Investitionsgütermarketing die künftigen Entwicklungsmöglichkeiten dieser Disziplin in der Formulierung einer Theorie der Geschäftsbeziehung gesehen werden. Ob eine solche Theorie aufgrund der damit verbundenen forschungsprogrammpolitischen Schwierigkeiten überhaupt generierbar sein wird, sei an dieser Stelle dahingestellt. Verwiesen sei in diesem Zusammenhang auf die Schwierigkeiten der Einbindung *interpersoneller, psychologischer Aspekte,* die besondere *Harmonien,* aber auch *Disharmonien* zwischen Geschäftspartnern hervorrufen können. Auch wenn es gelänge, eine Geschäftstheorie für das Investitionsgütermarketing mit strukturellen und dynamischen Komponenten zu entwickeln, so blieben wohl die Probleme der theoretischen Einbindung dieser psychologisch determinierten Sachverhalte zwischen einzelnen Interaktionspartnern vorerst erhalten.

Betrachtet man den ersten Punkt der vorstehenden Aussage, so läßt sich durchaus ein interpretierbarer und weiterführender *geschäftstheoretischer Bezugsrahmen* entwickeln, der *strukturelle und dynamische Komponenten* beinhaltet und die Einbindung vorhandener Partialtheorien des Investitionsgütermarketing generalisierenden und innovationsorientierten Charakters ermöglicht. Ein solcher Bezugsrahmen könnte aufbauend auf den geschäftsanalytischen Interaktionsansätzen[20] entwickelt werden und müßte darüber hinaus bei der Einbindung verschiedener Partialtheorien von einer begrifflichen Vereinheitlichung getragen werden. So ist ein Hauptproblem der Weiterentwicklung des Investitionsgütermarketing und damit auch des Innovationsmarketing in der Tatsache zu sehen, daß von verschiedenen Autoren gleichartige Sachverhalte mit differierenden Begriffen belegt werden. Dies wurde im obigen Gliederungspunkt schon näher angedeutet.[21]

Zusammenfassend läßt sich zu diesem Abschnitt aussagen, daß beim jetzigen Erkenntnisstand des Investitionsgütermarketing geschäftstheoretische Überlegungen zwar sehr wohl zu Strukturierungszwecken genutzt werden können, daß die finale Ausformulierung einer solchen Theorie jedoch eine Forschungsaufgabe mit Tragweite darstellt.

Komplexitätsreduktion bei der Modellbildung

Ein wesentliches Problem bei der Formulierung betriebswirtschaftlicher Modelle besteht – auch in der Marketingtheorie – in einer adäquaten und sinnvollen Abgrenzung des zu beschreibenden Realphänomens aus der komplexen Wirtschaftsrealität. Modelle zielen darauf ab, die für den jeweiligen Untersuchungsgegenstand relevanten Realitätsaspekte herauszufiltern, in einen logischen Verbund zu bringen und damit sinnvoll interpretierbar zu machen.

---

[20] Vgl.: II. Kapitel, Abschnitt 2.4.

[21] Vgl. Abschnitt 1.1 dieses Kapitels.

Ausgehend von diesem Sachverhalt kann es für eine Modellbildung im Rahmen des Innovationsmarketing kaum zweckmäßig sein, eine Realitätsbeschreibung vorzunehmen, die beispielsweise vollends mesoökonomische Bezüge aufweisen würde. Allerdings sind die Grenzen fließend. Werden Wettbewerbsbetrachtungen in die Theorie des Innovationsmarketing integriert, so ist auch die Betrachtung inter- und intraindustrieller Strukturen notwendig. Auch für die Beschreibung von Ungleichgewichtsbeziehungen zwischen Hersteller- und Abnehmer-Unternehmen sind industrielle Analysen sinnvoll. Sie können somit als ein wesentlicher Faktor bei der Modellbildung angesehen werden.

In diesem Zusammenhang ist auch die Frage aufzuwerfen, ob eine Realitätsbeschreibung, wie sie die Vertreter des Netzwerkansatzes vorschlagen, adäquat ist. So gibt der Netzwerkansatz sicherlich Aufschlüsse darüber, wie sich Hersteller und Abnehmer im Verhältnis zu ihren Wettbewerbern, Kunden etc. im industriellen Umfeld positionieren, der zu betreibende empirische Aufwand zur Positionierung von Unternehmen in industriellen Netzwerken wiegt jedoch – insbesondere wenn sich diese Netze in Zeiten des informationstechnologischen Wandels dynamisch entwickeln – die mit einer Netzwerk-Analyse ermöglichten Gestaltungsoptionen für das Marketing kaum auf. Wichtig ist jedoch, deskriptive Modelle für das Innovationsmarketing weiterreichend als bisher zu entwickeln. Die damit angesprochene Multiorganisationalität sollte sich zumindest auf die Erfassung und *integrative Sichtweise von Hersteller, Abnehmer und Wettbewerb* beziehen. In der neueren Literatur wird in diesem Zusammenhang vom sogenannten »Marketing-Dreieck«[22] gesprochen. Eine derartige Betrachtung läßt die im Rahmen dieser Arbeit geforderte Einbindung wettbewerbstheoretischer Überlegungen in die Modellbildung zu.

Die mit den vorstehenden Gliederungspunkten aufgezeigten Erweiterungsnotwendigkeiten und Anforderungen an die Entwicklung eines erweiterten Ansatzes für das Innovationsmarketing beziehen sich vornehmlich auf den deskriptiven Theoriebereich. Sie sind um Forderungen zu ergänzen, die auch für den handlungsorientierten Theoriebereich einen gewissen Entwicklungsrahmen abstecken. Konkret sind hiermit die Entwicklungsnotwendigkeiten im Rahmen der Marktsegmentierung und des Einsatzes von Marketinginstrumenten angesprochen.

Zur handlungsorientierten Theoriekomponente

Marktsegmentierungsüberlegungen und zum Teil auch Empfehlungen zum Einsatz des Marketinginstrumentariums sind bislang sehr stark an den realitätsbeschreibenden Spezialtheorien des organisationalen Kauf- und Interaktionsverhaltens ausgerichtet. Soweit diese Kopplung realitätsbeschreibender und handlungsorientierter Theoriekomponenten in der Literatur bereits vorhanden ist – von BACKHAUS wird in diesem Zusammenhang die erwähnte Forderung vertreten, auf eine verstärkte Integration beider Komponenten hinzuar-

---

[22] Vgl. BACKHAUS, K.: Investitionsgütermarketing, 2. Aufl., a.a.O., S. 7; BACKHAUS, K./MEYER, M: Integrierte Marketing-Logistik, a.a.O., S. 243.

beiten[23] –, wäre immer noch auf den Sachverhalt hinzuweisen, daß es sich dabei um Modelle handelt, die wettbewerbstheoretische Überlegungen nur unzureichend einbinden. Wenn Innovationsmarketing auf deskriptiver Ebene auch wettbewerbstheoretisch konzipiert werden soll, dann sollten auch die handlungsempfehlenden Komponenten eines solchen Ansatzes diesen Aspekt berücksichtigen. So sind Marktsegmentierungsüberlegungen auch unter Berücksichtigung der Wettbewerbskomponente vorzunehmen, und Empfehlungen zum Einsatz des Marketinginstrumentariums sollten nicht nur – wie traditionell üblich und oben erwähnt – auf eine bestmögliche Steuerung von Kauf- und Entscheidungsprozessen abzielen, sondern sie sollten darüber hinaus auch an dem Erfordernis der Erzielung komparativer Konkurrenzvorteile ausgerichtet sein. Die für diese Zwecke zu berücksichtigende Datengrundlage bzw. die damit geforderten Marktforschungsaufgaben sollen hier nicht näher besprochen werden. Es sei jedoch auf die entsprechende Literatur verwiesen, die für den Bereich des Innovationsmarketing wettbewerbsorientierte Marktforschungsaufgaben berücksichtigt.[24]

Insgesamt ist nunmehr ein Aufgabenbündel beschrieben, das in eine erweiterte Konzeption des Innovationsmarketing einzubringen ist. Die nachstehende Beschreibung dieses Ansatzes konzentriert sich zunächst auf eine Darstellung der deskriptiven Theorieelemente. Anschließend werden Überlegungen zur Ausgestaltung der handlungsempfehlenden Theoriekomponente gegeben.

2. Modellkonzeption

Im weiteren werden die einzelnen Elemente der deskriptiven Theorieebene entsprechend der gliederungstechnischen Aufbereitung des zweiten Kapitels besprochen. Auf folgende Punkte wird eingegangen:

- Darstellung des integrierten Adoptionsprozesses

- Multipersonelle und -organisationale Bezüge im integrierten Adoptionsprozeß

- Darstellung singulärer und gekoppelter Transaktionsepisoden bei der Adoption technischer und systemtechnischer Innovation

- Einbindung des Transaktionsepisodenkonzepts in einen geschäftsanalytischen Strukturrahmen

- Beschreibung vorherrschender Wettbewerbskräfte

- beispielhafte Darstellung eines industriellen Netzwerkes unter Berücksichtigung des »Marketing-Dreiecks« und möglicher Kooperations- sowie Substitutionsbeziehungen

---

[23] Vgl. hierzu die Ausführungen in Abschnitt 1.1 dieses Kapitels.

[24] Vgl. STROTHMANN, K.-H./KLICHE, M.: Innovationsmarketing, a.a.O., S. 58 ff.

2.1 Der integrierte Adoptionsprozeß

Im zweiten Kapitel wurden Prozeßmodelle und produktabhängige Kaufsituationskonzepte vorgestellt.[25] Es wurde dabei betont, daß organisationale Kaufentscheidungen als das Ergebnis eines Prozesses aufgefaßt werden können, der von Organisationen bei Beschaffungsvorgängen durchlaufen wird. Des weiteren wurde darauf verwiesen, daß neben der Vielfältigkeit einzelner Prozeßmodelle insbesondere auch starke Ähnlichkeiten zwischen Modellen des konventionellen und innovativen Kauf- und Entscheidungsprozesses vorhanden sind. Grundsätzlich ist dieser Sachverhalt jedoch nicht weiter bemerkenswert, da die Modelle des organisationalen Adoptionsprozesses einen Spezialfall industrieller Kaufentscheidungsprozesse abbilden sollen.

Vor dem Hintergrund des gegenwärtig noch stark voranschreitenden informationstechnologischen Wandels wurde das oben ebenfalls vorgestellte Modell des integrierten Adoptionsprozesses[26] entwickelt, der sich in die Teilprozesse Entscheidungssuche, Vorbereitungszeit und Investition gliedern läßt. Dieses Modell, das im Prinzip noch vorläufigen Charakter besitzt und auf der Basis jüngerer Forschungsaktivitäten zum Themenkreis *»Innovationsmarketing im Systemgeschäft«* formuliert wurde, soll im folgenden diskutiert und erweitert werden. Bei dieser Erweiterung sollen auch wettbewerbliche Aspekte sowie die damit verbundene Modellfassung einzelner, »vergleichender« Implementierungsentscheidungen in Abnehmer-Unternehmen berücksichtigt werden. Auf diese wettbewerblichen Aspekte wird dann zum späteren Zeitpunkt näher eingegangen.[27]

Zunächst wird auch hier grundsätzlich davon ausgegangen, daß sich innovative Kaufentscheidungen als ein Ergebnis eines darauf gerichteten Prozesses abbilden lassen. Das nachstehend beschriebene erweiterte Modell des integrierten Adoptionsprozesses wird ähnlich den Ausführungen von KUTSCHKER und KIRSCH als ein »Joint Decision Process« verstanden.[28] Es handelt sich damit um einen *kollektiven Prozeß*, an dem nicht nur Vertreter der Hersteller- und Abnehmer-Organisationen beteiligt sind, sondern unter Umständen auch eingeschaltete Drittparteien. Zu diesen Drittparteien lassen sich beispielsweise »Industrial Engineers«, Consultants und Finanzierungsinstitutionen zählen. Alle möglichen Parteien nehmen spezifische Funktionen innerhalb des interaktiv bestrittenen Prozesses wahr, sie gestalten ihn, können ihn *forcieren, verzögern* oder gar zum *Abbruch* bringen. Die Handlungen der am kollektiven Adoptionsprozeß bei der Einführung innovativer Technik beteiligten Wirtschaftssubjekte beeinflussen sich dabei gegenseitig, sie sind voneinander abhängig und prägen die Gesamtstruktur sowie das Ergebnis dieses Prozesses.

---

[25] Vgl.: II. Kapitel, Abschnitt 2.1.

[26] Vgl. ebenda.

[27] Vgl. Abschnitt 2.4 dieses Kapitels.

[28] Vgl.: II. Kapitel, Abschnitt 2.4.

Darüber hinaus kann zum vorgestellten Modell des integrierten Adoptionsprozesses ausgesagt werden, daß sich Entscheidungen nicht nur im Rahmen des dort gekennzeichneten vorgelagerten Entscheidungsprozesses vollziehen bzw. nach Ende der Vorbereitungszeit noch einmal geprüft oder verabschiedet werden, sondern es soll in dem hier beschriebenen Konzept vielmehr davon ausgegangen werden, daß Entscheidungen den integrierten Adoptionsprozeß *fortwährend* begleiten können. Dies gilt beispielsweise für die Phase der Vorbereitungszeit, in der zahlreiche Subentscheidungen interaktiver Prägung vorrangig auf der Hersteller- und Abnehmerseite getroffen werden, es gilt insbesondere aber auch für den nachgelagerten Teilprozeß der Investitionen. Allerdings ist hierbei zu differenzieren zwischen Prozessen, die auf die *Adoption technischer Innovationen* zielen, und solchen, die eine sukzessive *Adoption systemtechnischer Innovationen* bzw. die Einrichtung eines funktionsbereichs-übergreifenden Gesamtsystems zum Ziel haben. Erstere Adoptionsprozesse werden nach der Fabrikatsentscheidung, d.h. im Teilprozeß der Investition, mutmaßlich nur noch funktionssichernde Subentscheidungen beinhalten, die sich beispielsweise auf Maßnahmen des Mitarbeiter- bzw. Nutzer-Trainings und nachträgliche Korrekturen sowie Schnittstellenanpassungen der Innovation an das bestehende organisationstechnische Gefüge beziehen. Der zweite Prozeßtyp, der hier die Adoption systemtechnischer Innovationen beschreiben soll, weist im Gegensatz zum ersten Typ zahlreiche »Haupt-Entscheidungen« auf, die den *gestaffelten Investitionsprozeß* in unternehmens-integrierende Systeme begleiten und einen »Stop/Go-Charakter« haben.

Zur sprachlichen Vereinheitlichung der theoretischen Grundlagen des hier vorgestellten Ansatzes sei in Anlehnung an KUTSCHKER/KIRSCH der Begriff der Transaktionsepisode verwendet und erweitert. Handelt es sich um integrierte Adoptionsprozesse, die sich auf die Adoption technischer Innovationen beziehen, so wird von *singulären Transaktionsepisoden* gesprochen. Im Falle des integrierten Prozeßtyps bei der Adoption systemtechnischer Innovationen wird die Formulierung *gekoppelte Transaktionsepisoden* verwendet. Die damit gekennzeichnete Kopplung des Leistungsübergangs von einem Hersteller zum Abnehmer in zeitlich aufeinanderfolgenden, grundsätzlich zusammenhängenden Teilprozessen beschreibt *Intervalle eines gekoppelten »Geschäftsaustauschs«* zwischen den beiden zitierten Parteien, in denen erneute Entscheidungsüberprüfungen stattfinden und zwischen denen verkürzte Vorbereitungszeiten liegen. Darüber hinaus beinhalten die Zeiträume zwischen den Transaktionsintervallen auch die den jeweiligen Implementierungsschritten nachgelagerten funktionssichernden Korrekturphasen. In Abbildung 22 werden noch einmal die Inhalte singulärer und gekoppelter Transaktionsepisoden zusammengefaßt.

Die damit beschriebenen beiden Typen des integrierten Adoptionsprozesses weisen schon Möglichkeiten für die theoretische Integration in eine mögliche Theorie der Geschäftsbeziehungen auf. Hierauf soll an späterer Stelle noch näher eingegangen werden.[29] Dann können auch weitere Aussagen zum Einfluß des Wettbewerbs auf Adoptionsprozesse getroffen werden. Es läßt sich jedoch bereits an dieser Stelle festhalten, daß der wettbewerbliche Einfluß im Teilprozeß der vorgelagerten Entscheidungssuche sowie, bei systemtech-

---

[29] Vgl. Abschnitt 2.3 dieses Kapitels.

nischen Innovationen, auch im Teilprozeß der Investition besonders hoch ist. Während dieser Zeiträume, dabei insbesondere auch zwischen den einzelnen Transaktionsepisoden, hat der Wettbewerb Möglichkeiten, angebahnte oder bestehende Geschäftsbeziehungen zwischen Herstellern und Abnehmern aufzubrechen.

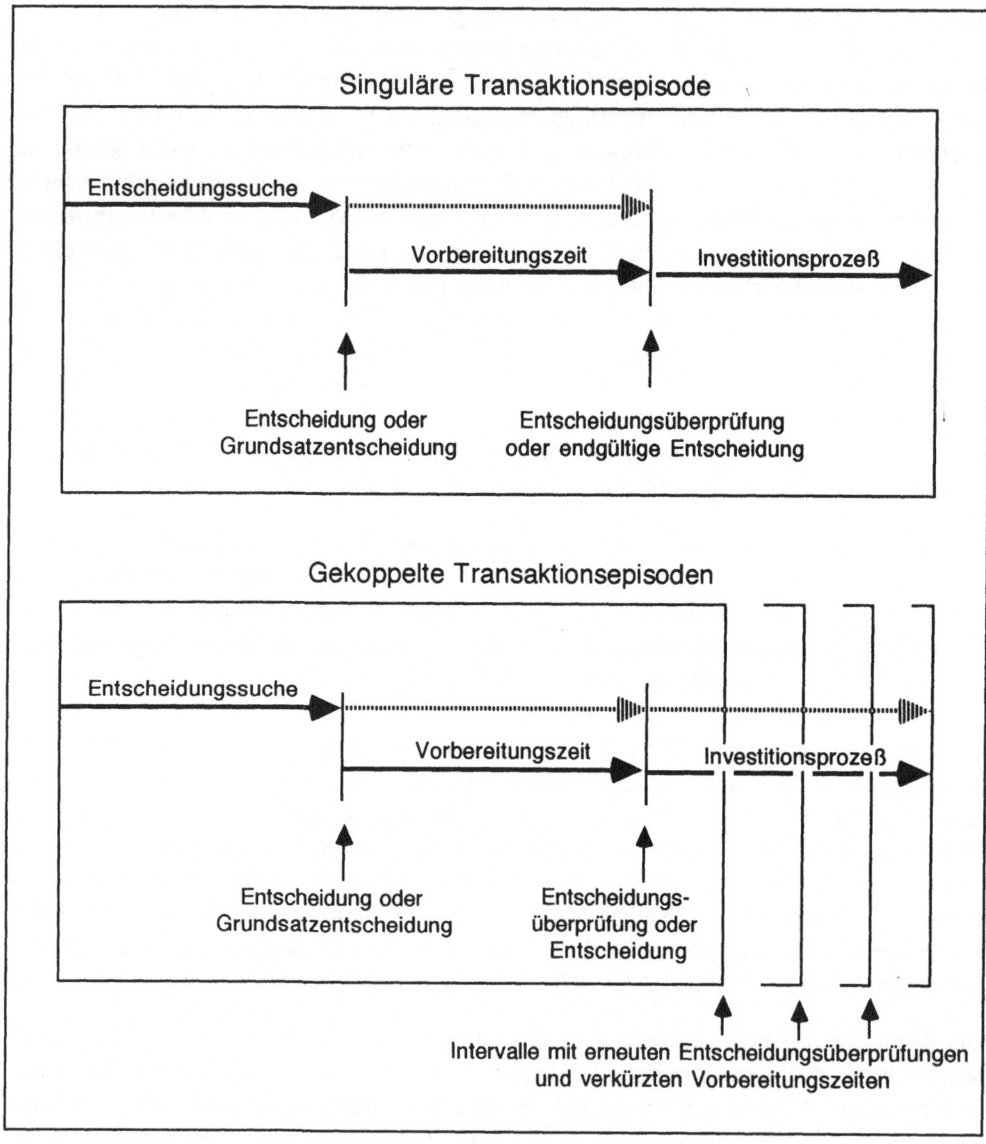

Abb. 22: Singuläre und gekoppelte Transaktionsepisoden

148

Es sei in diesem Zusammenhang abschließend darauf hingewiesen, daß die vorstehende Unterscheidung zwischen singulären und gekoppelten Transaktionsepisoden die grundlegenden Gedanken des vorgestellten BUYGRID-Modells[30] integriert.

2.2 Das personale Netzwerk in integrierten Adoptionsprozessen

Bislang wurde der integrierte Adoptionsprozeß – in seinen beiden Ausprägungen als singuläre bzw. gekoppelte Transaktionsepisode – als ein kollektiver Prozeß charakterisiert. Dieser kollektive Aspekt soll nun vertieft werden:

Traditionell stehen dem Investitionsgütermarketing als Erklärungsmodelle zum kollektiven Entscheidungsverhalten in Beschaffungsprozessen u.a. das Buying Center-Modell sowie die Ausführungen von KUTSCHKER/KIRSCH zum »Joint Decision Process« zur Verfügung. Für den Bereich des Innovationsmarketing wurden kürzlich neuere Ergebnisse vorgelegt, die an dem vorstehend formulierten Modell des integrierten Adoptionsprozesses entsprechen und idealtypisch drei sich überlappende Gremienstrukturen im Rahmen dieses Prozesses beschreiben. Hierzu zählen, wie beschrieben, das Buying-, das Präparations- sowie das Investitions-Center.[31] Diese Gremien, die aus theoretischer Sicht grundsätzlich konstant besetzt sein können oder einer Fluktuation unterliegen, gliedern modellhaft die bei der Adoption systemtechnischer Innovationen vorliegenden Entscheider- und Mitentscheiderstrukturen. Auf der Grundlage der bereits geführten Diskussion soll in diesem Zusammenhang jedoch darauf hingewiesen werden, daß der Begriff des Buying-Centers oder auch der neuere Begriff des *Buying-Network* nur einen Teilbereich der real auftretenden Strukturen bei Kauf-/Verkaufsprozessen kennzeichnet. Auch ist grundsätzlich zu betonen, daß das Investitions-Center bei einer Differenzierung zwischen der Adoption technischer und systemtechnischer Innovationen unterschiedlich besetzt sein wird.

Zur Lösung des erstgenannten Problems wurde bereits der Begriff *Verhandlungs-Center* vorgeschlagen, der auf eine Beschreibung kollektiver, interaktiver, interdependenter Strukturen während des Teilprozesses »Entscheidungsvorbereitung« abstellt. Die Subgremien dieses Verhandlungs-Centers lassen sich mit den beiden Begriffen Buying-Center (Gremium auf der Abnehmerseite) und Selling-Center (Gremium auf der Herstellerseite) fassen. Sie beeinflussen sich während entscheidungsvorbereitender Maßnahmen gegenseitig. Damit sei an dieser Stelle deutlich das »Interaktions-Paradigma« für die Beschreibung von innovativen Transaktionsepisoden hervorgehoben. Ob das »Interaktions-Paradigma«[32] allerdings auch zwischen den einzelnen Transaktionsepisoden bzw. in vor- und nachgeschäftlichen Phasen volle »Gültigkeit besitzen« soll, wird an späterer Stelle diskutiert.[33]

---

[30] Vgl.: II. Kapitel, Abschnitt 2.1.

[31] Vgl.: II. Kapitel, Abschnitt 2.2.

[32] Vgl.: II. Kapitel, Abschnitt 4.

[33] Vgl. Abschnitt 3.3 dieses Kapitels.

Den beiden im weiteren beschriebenen Gremien *Präparations- und Investitions-Center* fallen die mit ihrer Bezeichnung herausgestellten Aufgaben zu: Dem Präparations-Center wird dabei idealtypisch die Aufgabe der Vorbereitung auf die Implementierung technischer und systemtechnischer Innovation zugeschrieben und das Investitions-Center soll die Adoption insbesondere systemtechnischer Investitionen funktional begleiten. Mit der »Funktionssicherung« der Implementierung durch das Investitions-Center ist jedoch bereits auf eine Erweiterungsnotwendigkeit des vorliegenden Konzepts hingewiesen. Insbesondere bei der Investition in systemtechnische Innovationen werden im Rahmen des Investitions-prozesses nicht nur Aufgaben der Funktionssicherung und technischen Adoption wahrge-nommen. Gerade diese gekoppelten Transaktionsepisoden sind ja idealtypisch durch suk-zessiv aneinander gekoppelte »Haupt-Entscheidungen« hinsichtlich der weiteren Implemen-tierung gekennzeichnet. Auch liegen zwischen den verbundenen Transaktionsphasen dieje-nigen Zeiträume, in denen »Stop oder Go«-Entscheidungen der Zusammenarbeit eines Ab-nehmers mit einem Hersteller getroffen werden können. Eine Umorientierung eines Ab-nehmers zu einem Wettbewerber ist insbesondere in den Fällen möglich, in denen der durch die Systemkonzeption eines Herstellers getragene Schnittstellenstandard[34] keinen ausreichenden Schutz vor Abwanderungen eines Abnehmers zu einem Wettbewerber gibt.

Die Argumentation verdeutlicht, daß der Begriff Investitions-Center inhaltlich die in der Realität möglichen Strukturen nur begrenzt wiedergibt. Eine Lösung dieses Problems bie-tet sich im Wege des vorstehend beschriebenen Modells mit dem theoretischen – und wohl auch in der Realität auftretenden – Aspekt der »Überlappung« von Einzel-Gremien. Im Prinzip handelt es sich bei der Beschreibung überlappender Strukturen um eine modell-hafte Kennzeichnung der real auftretenden »Mehrgremien-Mitgliedschaft« einzelner Ent-scheider und Mitentscheider.

Insgesamt lassen sich diese Strukturen mit dem Begriff des *personalen Netzwerks* besser fassen. Das personale Netzwerk im integrierten Adoptionsprozeß würde dabei alle Mit-glieder der einzelnen Teilprozeß- und Subgremien umfassen, die unterschiedlichen Organi-sationen – aber insbesondere den Hersteller- und Abnehmer-Unternehmen – entstammen können und sich als Mehrpersonengruppe auf kollektivem Wege interaktiv beeinflussen bzw. beeinflußbar sind. Grundlage für ihr interaktives Handeln sind u.a. die im jeweiligen Transaktionsprojekt oder auch außerhalb dieser Projekte gesammelten Informationen und Erfahrungen. Insbesondere der letztgenannte Aspekt des vom anstehenden Projekt unab-hängig gewonnenen Erfahrungsschatzes ist für das Innovationsmarketing von besonderem Interesse. Im Vorgriff auf die weiteren Ausführungen sei in diesem Zusammenhang nur an die Wirkungen der Marktkommunikation eines Herstellers erinnert, die nicht unbedingt auf die Steuerung einzelner Transaktionsepisoden abzielt, sondern eher generellen Charakter hat. Zu diesem Zweck wird im handlungsempfehlenden Modellteil noch die Unterschei-dung zwischen Marktkommunikation und Verhandlungskommunikation in die Betrachtung eingeführt.

---

[34] Vgl.: I. Kapitel, Abschnitt 1.5.

150

Der Begriff des personalen Netzwerks läßt umfangreiche Möglichkeiten zur Charakterisierung kollektiver, interaktiver Gremien im integrierten Adoptionsprozeß zu. Neben der Hersteller- und Abnehmer-Organisation sind es in der Praxis häufig die oben genannten *Consultants* oder *Finanzierungsinstitutionen,* die am kollektiven Prozeßgeschehen teilhaben. Gerade bei innovativen Entscheidungsprozessen bzw. Adoptionsprozessen werden häufig Finanzierungsfragen tangiert, die die Einschaltung von *Banken* und ihrer Repräsentanten erfordern. Bei systemtechnischen Investitionsprozessen können *Industrial Engineers* oder Consultants hinzugezogen sein.

Wird der Blick zur Erfassung kollektiver Strukturen im integrierten Adoptionsprozeß auf die Herstellerseite gerichtet, so läßt sich feststellen, daß wohl kaum ein Anbieter oder nur sehr wenige in der Lage sein werden, systemtechnische Innovationen am Markt zu offerieren. *Kooperationspartner* werden hinzugezogen, um das Angebot bzw. Leistungsspektrum zu ergänzen und eine Problemlösung anbieten zu können, die sich auch an den Bedürfnissen der jeweiligen Abnehmer-Organisation orientiert. Zur Verdeutlichung der kollektiven Gremienstrukturen im integrierten Adoptionsprozeß dient Abbildung 23:

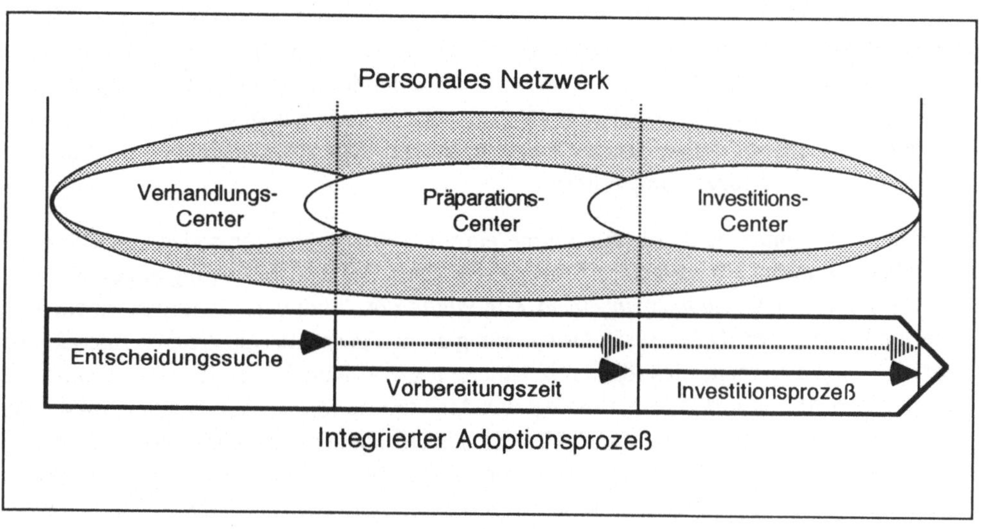

Abb. 23: Gremien im integrierten Adoptionsprozeß

Bislang wurde auf die in den einzelnen Gremien agierenden Personen nicht näher eingegangen. Möglichkeiten zur Abbildung und näheren Charakterisierung der einzelnen Entscheider sind durch die Ergebnisse der sogenannten Typologieforschung gegeben. Neben dem *Promotorenmodell* von WITTE sei in diesem Zusammenhang vor allem auf die *Innovatorentypologie* von STROTHMANN hingewiesen, die eine abnehmerseitig-orientierte Abgrenzung von Innovationsförderern und damit eine gezielte Marketing-Ansteuerung ermöglicht.[35] Es soll in diesem Zusammenhang den weiteren Ergebnissen der Typologie-forschung vorbehalten bleiben, ob sich die erwähnten Typologien nicht auch für einen Hersteller zur Personalbesetzung seines Selling-Centers oder zur Abgrenzung innovations-fördernder Drittparteien, z.B. Consultants, nutzen lassen. Die damit angesprochene Be-schreibung eines personalen Netzwerks auf Individualebene erfordert jedoch umfangreiche Studien, die wegen der damit aufzuhellenden Interaktionsstrukturen eine hohe Forschungs-komplexität besitzen. Das Konzept des »Opinion Leadership«[36] ließe sich unter Umständen in ein damit angesprochenes umfassendes Modell integrieren.

2.3 Transaktionsepisoden und Geschäftsbeziehungen

Bisher wurden Transaktionsepisoden sowie die darin vorherrschenden kollektiven perso-nalen Strukturen insbesondere als *temporäre Ereignisse* vorgestellt. Transaktionsepisoden – seien sie singulärer oder gekoppelter Art – sind jedoch oft in ein *Kontinuum längerfri-stiger Geschäftsbeziehungen* eingebunden. Auf diesen Sachverhalt haben bereits die Auto-ren KUTSCHKER und KIRSCH hingewiesen.[37] Es wurde auch mehrfach erwähnt, daß von wissenschaftlicher Seite für die Theorie des Investitionsgütermarketing eine Modell-bildung in Richtung einer Theorie der Geschäftsbeziehungen gefordert wird. Dabei wurde auch auf die Schwierigkeiten, die besonders in der Abbildung persönlicher »Commitments« und Beziehungen liegen, für die Herausbildung einer solchen Theorie verwiesen.[38] Sicher-lich lassen sich jedoch einige Aspekte erörtern, die auf dem vorgezeichneten Pfad zu einer Theorie der Geschäftsbeziehungen liegen.

Grundsätzlich können dabei die Zeiträume einzelner Transaktionsepisoden als »Strecken« eines übergeordneten Prozesses der Entwicklung einer Geschäftsbeziehung angesehen wer-den. Sie bilden somit *Etappen in einem Kontinuum der Bindungen* zwischen einem Her-steller und Abnehmer. Dabei sei in Orientierung an den geschäftsanalytischen Interaktions-ansätzen[39] angenommen, daß dieses Kontinuum grundsätzlich von der *anzubahnenden* Bindung über die *konsolidierte* Bindung bis hin zur *Auflösung* der Bindung bzw. Ge-schäftsbeziehung reichen kann. Geschäftsbeziehungen können durch Marktkommunikation oder »spontane« Verhandlungskommunikation angebahnt werden. Im ersten Fall steht am Beginn einer Geschäftsbeziehung zwischen einem Hersteller und Abnehmer die beidersei-tige Wahrnehmung infolge der Marktkommunikation (z.B. durch Werbung des Herstellers oder Außendarstellung des Abnehmers). Im zweiten Fall kann die Geschäftsanbahnung, die über die Transaktionsepisode in eine spätere Geschäftsbeziehung einmünden kann, im

---

35 Vgl.: II. Kapitel, Abschnitt 2.2.

36 Vgl. ebenda.

37 Vgl.: II. Kapitel, Abschnitt 2.4.

38 Vgl. Abschnitt 1.3 dieses Kapitels.

39 Vgl.: II. Kapitel, Abschnitt 2.4.

152

Wege der spontanen, direkten Kontaktaufnahme stattfinden. Beide Ausgangspunkte für Geschäftsbeziehungen sind theoretisch denkbar, wobei zumeist wohl eher der erstere Fall anzutreffen sein wird.

Zwischen den einzelnen Etappen bzw. Transaktionsepisoden der Geschäftsbeziehungen liegen idealtypisch einzelne Phasen, die oben schon als *zwischengeschäftliche Phasen* bzw. Inter-Transaktions-Phasen beschrieben wurden. In diesen Phasen hat der Wettbewerb besondere Chancen, Beziehungen zwischen einem Hersteller und Abnehmer zu stören bzw. aufzubrechen. Demgegenüber erweisen sich die Transaktionsepisoden selbst – aufgrund der bestehenden »Commitments« – als etwas geschützter, obwohl Wettbewerbseinbrüche auch hier von einem Hersteller stets zu befürchten sind.

Für das Marketing konventioneller oder innovativer Produkte erwächst daraus die Notwendigkeit, zwischengeschäftliche Phasen besonders zu schützen bzw. im Wege der Marktkommunikation, die modellhaft auch außerhalb der Verhandlungskommunikation von Transaktionsepisoden greift, für eine hinreichende und nachhaltige kommunikative Bindung eines Abnehmers an einen Hersteller zu sorgen. Die Marktkommunikation kann damit auch als eine episodenübergreifende Aktivität verstanden werden, die Geschäftsbeziehungen insgesamt umspannt (vgl. Abbildung 24).

Vorstehend wurden bereits handlungsempfehlende Maßnahmen angedeutet. Insbesondere für das Innovationsmarketing ließe sich aus dieser geschäftsanalytischen Betrachtung[40] ableiten, daß nicht nur den einzelnen Transaktionsepisoden mit ihren durch die (potentielle) Adoption ausgelösten Aufgaben besondere Aufmerksamkeit zu widmen ist, sondern daß aufgrund der Wettbewerbsdynamik auf innovativen Märkten, die sich am ehesten auf der Grundlage der SCHUMPETERschen Analyse[41] beschreiben läßt, die Gestaltung von zwischengeschäftlichen Phasen durch einen Hersteller von besonderer Bedeutung ist.

Grundsätzlich können neben den direkten Wettbewerbern auch die erwähnten Kooperationspartner und beispielsweise Consultants zum *direkten Umfeld* von Geschäftsbeziehungen gezählt werden (vgl. Abbildung 24). Das *indirekte Umfeld* bilden dann der Markt, die Industriezugehörigkeit, die in den jeweiligen Industrien angewandte Technologie sowie der Staat und die Gesellschaft allgemein. Von zunächst indirektem Einfluß, jedoch immer auch – nach SCHUMPETER und PORTER – als potentielle Bedrohung für einen Hersteller zu sehende Geschäftskonkurrenz, können Unternehmen bzw. Hersteller anderer Industrien sein. Sie sind ebenfalls dem Wettbewerbsumfeld zuzurechnen, sie bilden ein indirektes Wettbewerbsverhältnis und können im Zuge der Anwendung neuer Technologien Produktinnovationen hervorbringen, die zu Substitutionsprozessen in der Branche des erstgenannten Herstellers führen können.[42]

---

40 Vgl. hierzu auch: II. Kapitel, Abschnitt 2.4.

41 Vgl.: I. Kapitel, Abschnitt 2.1.

42 Vgl.: I. Kapitel, Abschnitt 2.2 und 2.4.

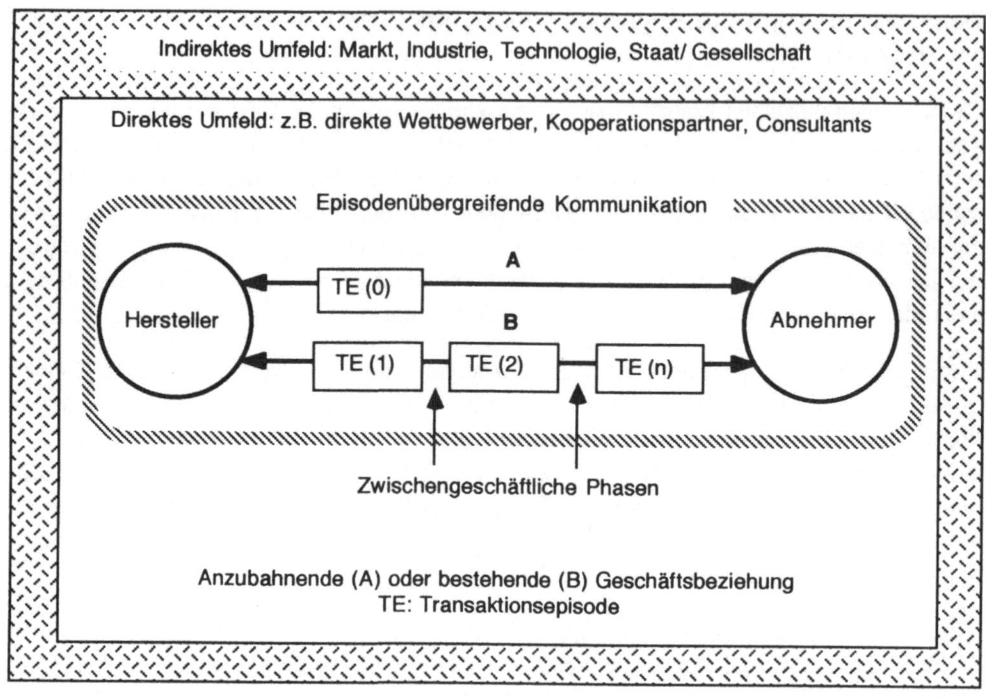

Abb. 24: Transaktionsepisoden und Geschäftsbeziehungen

Geschäftsbeziehungen können nach verschiedenen Kriterien gegliedert werden. In dieser Arbeit eingeführt wurde eine Unterscheidung zwischen vertikalen und horizontalen Geschäftsbeziehungen, die die Beziehung zwischen Hersteller- und Abnehmer-Unternehmen nach Industriezugehörigkeit ordnet. Eine Geschäftsbeziehung wurde dabei als eine *auf längere Sicht eingerichtete ökonomische Austauschbeziehung zwischen Marktakteuren* beschrieben.[43]

Weitere Möglichkeiten zur Charakterisierung von Geschäftsbeziehungen bestehen beispielsweise in der Untergliederung nach ihrer zeitlichen Extension (z.B. anzubahnende oder bestehende Geschäftsbeziehung), nach der Potential- bzw. Kräfteverteilung zwischen den beiden Geschäftspartnern (z.B. asymmetrische oder symmetrische Geschäftsbeziehung) oder nach der Häufigkeit des darin stattfindenden Leistungsaustausches (sporadisch oder permanent). Mit Abbildung 25 sei beispielhaft auf verschiedene Merkmale zur Beschreibung von Geschäftsbeziehungen nur hingewiesen.

---

[43] Vgl.: I. Kapitel, Abschnitt 2.2.

154

▸ nach Art des Marktpartners

z.B. Abnehmer, Kooperationspartner,
Consultants, Zulieferer

▸ nach Häufigkeit des Leistungsaustausches

- sporadisch
- permanent

▸ nach Industriezugehörigkeit
der beteiligten Unternehmen

- vertikal
- horizontal
- lateral

▸ nach Machtabhängigkeit

- symmetrische/asymmetrische Machtverteilung
- Verpflichtungen/institutionelle Abhängigkeiten

▸ nach Vertrauensbasis/
Atmosphäre

- harmonisch
- disharmonisch

▸ nach Anzahl der einge-
bundenen Marktpartner

- dyadisch
- mehrstufig

▸ nach Entwicklungsstadium
der Geschäftsbeziehung (GB)

- anzubahnende GB
- konsolidierte GB
- aufgelöste GB

▸ nach Art der ausgetauschten
Leistungen

- innovativ/konventionell
- Sachleistungen/Dienstleistungen/Kapital

Abb.25: Charakterisierungsmöglichkeiten von Geschäftsbeziehungen

Unternehmen unterhalten zumeist nicht nur eine Geschäftsbeziehung. Sollen Geschäftsbeziehungen näher analysiert werden, so ist die Betrachtung ihrer Einbettung im organisationalen Netzwerk,[44] d.h. im Beziehungsgeflecht der Unternehmen sinnvoll. Geschäftsbeziehungen können sich aus der Sicht eines Unternehmens gegenseitig ergänzen, sie unterliegen aber auch – je nach vorherrschender Konstellation des organisationalen Netzwerks –
unterschiedlichen Gefährdungsgraden durch den Wettbewerb. Abbildung 26 zeigt illustrativ ein organisationales Netzwerk, in dem Geschäftsbeziehungen zwischen Herstellern und
Abnehmern, Wettbewerbsbeziehungen sowie Kooperationsbeziehungen veranschaulicht
werden.

---

44 Vgl.: II. Kapitel, Abschnitt 2.5.

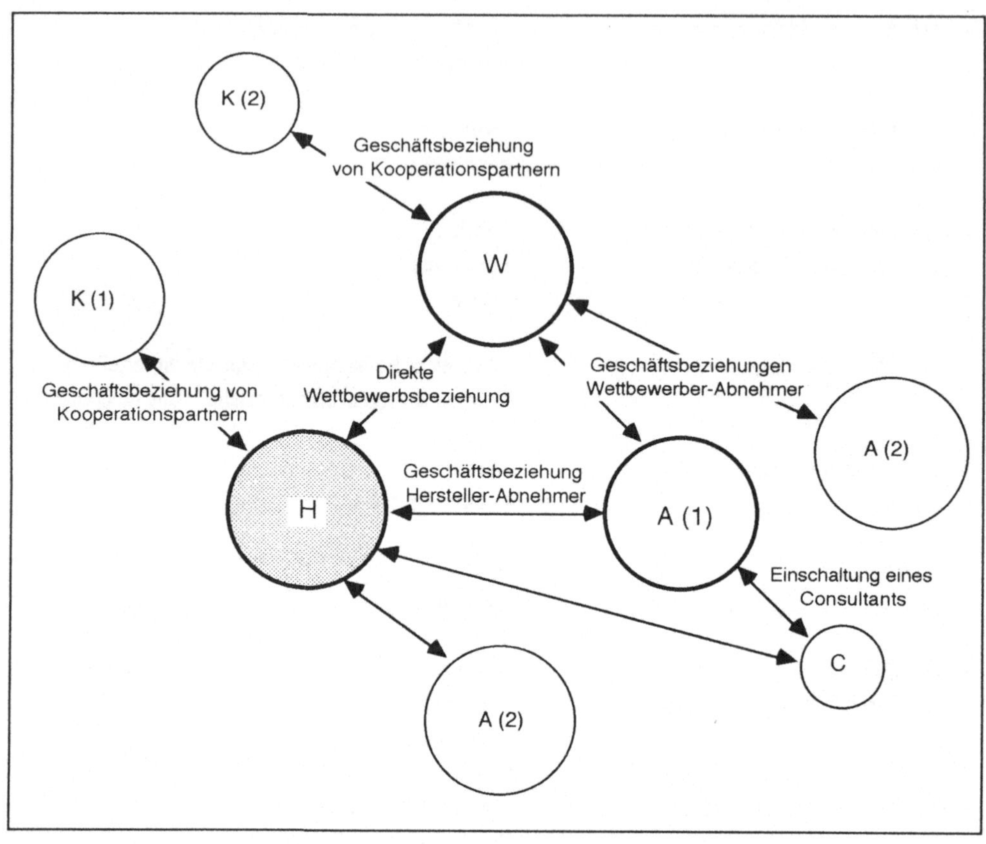

Abb. 26: Beispiel eines organisationalen Netzwerks

Anhand dieser Grafik läßt sich verdeutlichen, welcher Aufwand zur Beschreibung und Analyse organisationaler Netzwerkstrukturen erbracht werden muß. Die Theorie des Investitionsgütermarketing kann in diesem Zusammenhang nur die Notwendigkeit zur Analyse von Netzwerkstrukturen unterstreichen. Dabei sollten insbesondere auch die Industriezugehörigkeiten der einzelnen im Netzwerk positionierten Unternehmen berücksichtigt werden, um beispielsweise technologische Ungleichgewichte bzw. Potentialunterschiede sowie direkte und indirekte Wettbewerbsverhältnisse besser analysieren zu können. Es scheint jedoch notwendig, Netzwerkanalysen immer am jeweiligen Einzel- bzw. Praxisfall vorzunehmen, da sich Netzwerke von Unternehmen zu Unternehmen mutmaßlich unterscheiden werden. Die aus der jeweiligen Analyse verwertbaren Erkenntnisse können für die einzelnen Unternehmen von Wichtigkeit sein, da hiermit beispielsweise auch Fragen nach der Faktorversorgung des Wettbewerbs oder nach den Abnehmern der Kunden des eigenen Unternehmens zu bewerten sind.

Für die Theorie des Investitionsgüter- und Innovationsmarketing wird es schwierig sein, einzelne Typen von Netzwerken herauszubilden, die eine verfeinerte Richtlinie für die Praxis vorgeben könnten. Sie kann jedoch mit dem *organisationalen Netzwerkmodell* einen gültigen Analyserahmen vorgeben, in dem Interaktions- und Geschäftsbeziehungen nach einem »Schachtel in Schachtel«-Prinzip eingebettet sind. Um zu spezifischen wettbewerbsorientierten Aussagen zu gelangen, seien im folgenden – auf der Grundlage der Ausführungen von BACKHAUS und PLINKE – die Betrachtungen in Orientierung am sogenannten »Marketing-Dreieck« vorgenommen.

2.4 Transaktionsepisoden, Geschäftsbeziehungen und Wettbewerbseinfluß

Mit dem sogenannten »Marketing-Dreieck« lassen sich die Beziehungen zwischen einem Hersteller, Abnehmer und dem Wettbewerb darstellen. Es ist nachstehend um die möglichen Einflüsse der jeweiligen Akteure innerhalb dieser Triade erweitert (vgl. Abbildung 27).

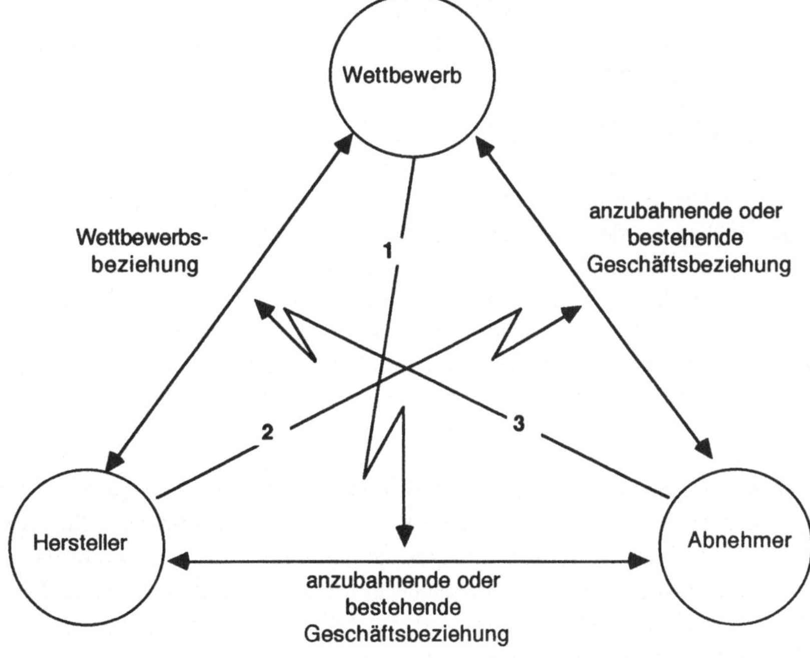

1: Störeinfluß des Wettbewerbs auf Geschäftsbeziehung H-A
2: Einlußmöglichkeit des Herstellers auf Geschäftsbeziehung W-A
3: Vorteilssuche des Abnehmers unter Nutzung der Wettbewerbsbeziehung W-H

Abb. 27: Die Marketing-Triade

An verschiedenen Stellen wurde schon hervorgehoben, daß aus der Sicht der Geschäftsbeziehung zwischen einem Hersteller und einem Abnehmer Wettbewerbseinbrüche vor allem in zwischengeschäftlichen Phasen, aber auch während der Entscheidungssuche zu befürchten sind. Darüber hinaus ist noch einmal auf die Möglichkeit der Wettbewerbsstörung in gekoppelten Transaktionsepisoden zu verweisen, wenn sie von einem Hersteller nicht – beispielsweise durch spezifische Hersteller-Standards – besonders geschützt werden. Die möglichen Wettbewerbseinflüsse sollen nun näher betrachtet werden.

Die Autoren KUTSCHKER und KIRSCH haben bereits darauf hingewiesen, daß nicht nur »einzelne« Entscheidungsprozesse betrachtet werden können, sondern darüber hinaus von zahlreichen, oftmals *parallel* verlaufenden Entscheidungsprozessen ausgegangen werden kann. Diese parallel verlaufenden Entscheidungsprozesse sollten stärker in das Zentrum der Marketingbetrachtungen gerückt werden und damit in Modellkonzeptionen Eingang finden. Wird das Augenmerk beispielsweise auf zwei – mit einem Hersteller und einem Wettbewerber – parallel verlaufende Verhandlungen eines Abnehmers gerichtet, so sind auf Modellebene zumindest diese beiden Prozesse zu berücksichtigen, um zu adäquaten Empfehlungen für das Marketing eines Herstellers zu gelangen. Ein besonderer Schwierigkeitsgrad ergibt sich jedoch aus der Tatsache, daß sich zwar rein theoretisch zwischen diesen beiden Prozeßtypen unterscheiden läßt, auf der anderen Seite jedoch beide »Verhandlungstypen« in der Realität in ein gemeinsames bzw. geschlossenes unternehmerisches Handeln des Abnehmers münden.

Aus übergeordneter geschäftsanalytischer Sicht lassen sich jedoch einige Betrachtungen vornehmen, die im Rahmen der »Marketing-Triade« Erklärungsmöglichkeiten bieten. Hierfür sollen die beiden zusammenhängenden Aspekte »Initialwirkung« und »Kompressionszeitraum« besprochen werden. Hinsichtlich des erstgenannten Aspekts kann grundsätzlich davon ausgegangen werden, daß die *Initialwirkung* für einen später verlaufenden »Prozeß der Entscheidungsverdichtung« zu unterschiedlichen Zeitpunkten im gesamten Kontinuum von Transaktionsepisoden und sich daraus potentiell ergebenden Geschäftsbeziehungen liegen kann. So können konkret Initialwirkungen durch einen beliebigen Hersteller bzw. Wettbewerber in zwischengeschäftlichen Phasen, aber auch während verlaufender Transaktionsepisoden auftreten.

Initialwirkungen können somit – vom theoretischen Standpunkt – zu ganz unterschiedlichen Zeitpunkten gesetzt werden. Sie können als Ergebnis die sofortige Einleitung konkreter Verhandlungen haben, Initialwirkungen können aber auch weit »vor« der eigentlichen Entscheidungssuche liegen bzw. für einen gewissen Zeitraum »ruhen« und dann später von einem Abnehmer wieder erinnert werden. Aus handlungsempfehlender Sicht ist es für einen Hersteller wichtig, im Rahmen seiner bestehenden oder auch im Zuge anzubahnender Geschäftsbeziehungen diese Initialwirkungen durch traditionell bekannte kommunikationspolitische Maßnahmen zu setzen. Umgekehrt sind von ihm natürlich auch stets potentiell mögliche wettbewerbliche Initialwirkungen im Laufe seiner bestehenden oder anzubahnenden Geschäftsbeziehungen in das Kalkül einzubeziehen.

Der zweite schon angedeutete Aspekt, auf den im Rahmen dieser erweiterten geschäfts-analytischen Betrachtung verwiesen sei, ist ein gewisser *»Kompressionszeitraum«*, in dem sich nicht nur alle bislang wahrgenommenen Leistungen und Initialwirkungen der anbietenden Wettbewerber bzw. Hersteller für einen später möglichen Kaufentscheid bei einem Abnehmer anhäufen und verdichten, sondern auch alle aus dem Betriebs- und Industriegeschehen des Abnehmers heraus resultierenden unternehmerischen Notwendigkeiten (z.B. das Erfordernis zur Einführung von Prozeßinnovationen wird unter dem Druck des Wettbewerbs in der eigenen Industrie zunehmend erkannt). Von Herstellerseite beeinflussende Ereignisse sowie unternehmerische Notwendigkeiten verdichten sich damit in einem Zeitraum, nach dessen Ablauf mit hoher Wahrscheinlichkeit konkrete, entscheidungssuchende bzw. -vorbereitende Maßnahmen – und damit Transaktionsepisoden – eingeleitet werden.

Idealtypisch wird dabei am Ende des beschriebenen Kompressionszeitraums von einem Abnehmer zwischen den im Zeitverlauf wahrgenommenen Leistungen und Kompetenzen der Wettbewerber schon ein »erster« Vergleich vorgenommen. Das wahrgenommene Leistungsspektrum der im Wettbewerb stehenden Hersteller entspricht in diesem Zeitpunkt dem »evoked set«[45]. Dabei werden die von einem Abnehmer wahrgenommenen Wettbewerbsunterschiede verglichen (KKV-Konzept) und u.U. – im Zuge seiner Vorteilssuche – parallele Verhandlungen aufgenommen.

Neben dem im gewissem Umfang schon zielorientierten Vergleich zum Ende des Kompressionszeitraums werden idealtypisch von einem Abnehmer die Leistungsunterschiede zwischen Wettbewerbern in den gesamten Phasen bestehender oder anzubahnender Geschäftsbeziehungen subjektiv wahrgenommen. Zunächst kann davon ausgegangen werden, daß es zwar besonders geeignete Phasen oder »Start-Fenster« für einen Hersteller bzw. Wettbewerber gibt, sich in der Wahrnehmung eines Abnehmers festzusetzen, daß auf der anderen Seite jedoch immer Möglichkeiten zum Setzen von Initialwirkung bestehen. Es ist deshalb anzunehmen, daß Kompressionszeiträume Geschäftsbeziehungen grundsätzlich überlagern können. Aus handlungsempfehlender Sicht ist von einem Hersteller somit zu jeder Zeit auf die »Ausstrahlung« von Sach- und Leistungskompetenz zu achten.

2.5 Transaktionsepisoden, Geschäftsbeziehungen und dynamische Ungleichgewichte

Bislang wurden die für das Innovationsmarketing relevanten Transaktionsepisoden nach Phasen und personalen Gesichtspunkten strukturiert vorgestellt und in ein System der Geschäftsbeziehungen eingebettet. Weitere Aufschlüsse für das Innovationsmarketing lassen sich aus einer Betrachtung der dynamischen Entwicklung ungleichgewichtig verteilter Know-how-Potentiale in interaktiv verlaufenden Transaktionsepisoden und Geschäftsbeziehungen erreichen. Bei Betrachtung des hierzu vorgestellten potentialorientierten, asymme-

---

[45] Vgl.: II. Kapitel, Abschnitt 2.3.

trischen Interaktionsansatzes[46] bietet es sich an, eine weitere Ausgestaltung der dort dargelegten Arbeitsergebnisse vorzunehmen.

Hierzu sei einleitend noch einmal darauf hingewiesen, daß sich Ausgangssituationen im innovationsbezogenen Interaktionsgeschehen mit einem asymmetrischen Interaktionstyp beschreiben lassen, der sich auf die in der Mehrzahl der Fälle ungleichgewichtig verteilten Know-how-Potentiale zwischen den Herstellern und Abnehmern von Innovationen bezieht.[47] Diese ungleich verteilten Know-how-Potentiale, die insbesondere zwischen Herstellern und Abnehmern unterschiedlicher Industriezugehörigkeit auftreten (z.B. der Hersteller gehört der High-Tech-Industrie und der Abnehmer einem traditionellen Industriezweig an) und mit abnehmerseitig auftretenden Unsicherheiten verbunden sind, sind das Ergebnis der von innovativen Herstellern durchgeführten Generierungsprozesse. Diese informationstechnologisch geprägten Generierungsprozesse großen Ausmaßes und schneller Abfolge werden mutmaßlich von den Herstellern informationstechnischer Innovationen solange immer wieder erneut vollzogen, wie sich eine vorherrschende Basistechnologie zur Erreichung von Innovationspositionen nutzen läßt.

Zur Handhabung ungleich verteilter Know-how-Potentiale wurde in dem genannten asymmetrischen Interaktionsansatz die *Strategie des Potentialausgleichs* vorgeschlagen. Sie soll von einem Hersteller mit dem Ziel verfolgt werden, Informations- und Qualifikationsdefizite der Abnehmer in bezug auf neue Technologien auszugleichen, um somit den aus Unsicherheiten resultierenden Investitionsbarrieren entgegenzuwirken, Harmonisierungen in den Gremien herbeizuführen und darüber hinaus – verbunden mit einer Vertrauensbildung – kompetente Entscheidungen bei den Abnehmern technischer und systemtechnischer Innovationen zu ermöglichen. Als Parallelstrategie ist die *Strategie der Potentialgenerierung* anzusehen, die darauf abzielt, im Wege gestalteter Generierungsprozesse Innovationspositionen im Wettbewerb zu erreichen.

Wenn in diesem Konzept von der Strategie des Potentialausgleichs gesprochen wird, so handelt es sich dabei um eine Handlungsempfehlung, die vor dem Hintergrund sich dynamisch entwickelnder Know-how-Potentiale der Unternehmen auf dem Wege ihrer »Bergwanderung«[48] zu betrachten und darüber hinaus im Zusammenhang mit den sich dadurch verändernden Industriestrukturen und Geschäftsbeziehungen zu sehen ist. Wenn anbietende Unternehmen die Strategie des Potentialausgleichs in ihr strategisches Kalkül einbeziehen, so kann es sich damit letztlich nur um den immer wieder zu erneuernden Versuch – und dies wäre eine Forderung – zur Annäherung sich dynamisch entwickelnder Know-how-Potentiale handeln. Diese handlungsempfehlenden Aspekte seien der nachfolgenden Modellerweiterung vorausgeschickt.

Technologische Know-how-Potentiale sind nicht nur innerhalb von Transaktionsepisoden einer dynamischen, sich im Wechselspiel zwischen den Interaktionspartnern ergebenden

---

[46] Vgl.: II. Kapitel, Abschnitt 2.4.

[47] Vgl.: II. Kapitel, Abschnitt 2.4; III. Kapitel, Abbildung 21.

[48] Vgl.: I. Kapitel, Abschnitt 2.1.

Veränderung unterworfen; konsequenterweise ist – vor dem Hintergrund der vorgestellten geschäftsanalytischen Sichtweise sowie der SCHUMPETERschen Analyse des Wettbewerbs – die Entwicklung von Know-how-Potentialen über einen längeren Zeitraum zu betrachten.

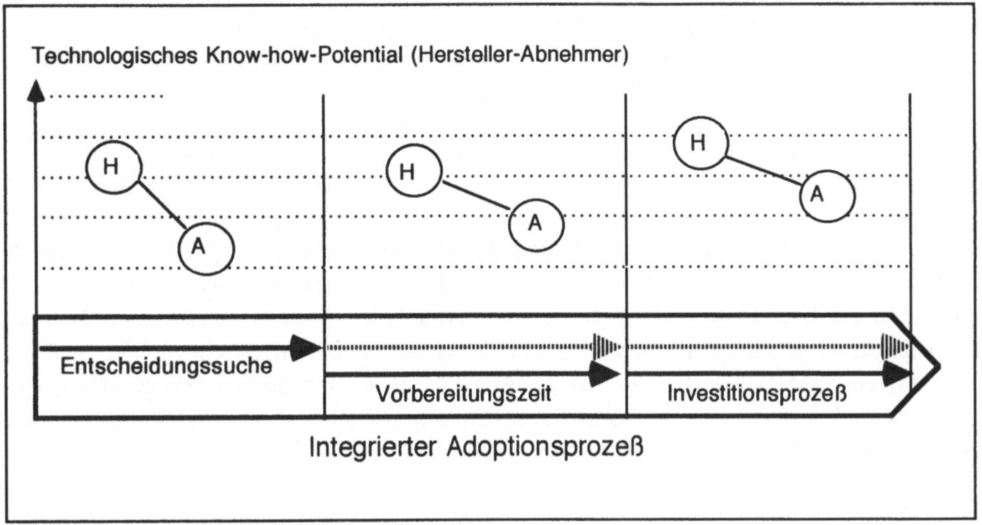

Abb. 28: Potentialentwicklung im integrierten
Adoptionsprozeß

Asymmetrisch verteilte Kompetenzpotentiale zwischen einzelnen Unternehmen unterliegen einer besonderen *Dynamik*: Bezogen auf den einzelnen Transaktionsprozeß kann bei der Einbringung von Informations- und Qualifizierungsarbeit durch einen Hersteller davon ausgegangen werden, daß sich in einzelnen Transaktionsprozessen die Kompetenzpotentiale annähern. Hierbei würden Abnehmer-Unternehmen mit mittlerer oder niedriger Technologiekompetenz die Vorsprünge des Anbieters einzuholen beginnen (vgl. Abbildung 28). Letzterer wird sich jedoch ständig durch den u.a. in seiner eigenen Industrie herrschenden Wettbewerbsdruck herausgefordert sehen, in Permanenz betriebliche Generierungsprozesse zu vollziehen, so daß letztlich gleichwertige Know-how-Potentiale zwischen Hersteller- und Abnehmer-Unternehmen kaum vorzufinden sein werden. Es ergeben sich bei beständigen Geschäftsbeziehungen »Bewegungen«, die einem nie ruhenden Pendel gleichen. In diesem Wechselspiel, das nahezu einer gestuften, »treppenähnlichen Bergwanderung«[49] entspricht, wird sich bei Unternehmen, die in geschäftlicher Verbindung zueinander ste-

---

[49] Vgl. hierzu: I. Kapitel, Abschnitt 2.1.

hen, insgesamt eine allmähliche »Aufwärtsbewegung« ergeben, bei der der »Taktgeber« und Gestalter der einzelnen Innovationsschritte zumeist auf der Herstellerseite angesiedelt sein wird. Abnehmer-Unternehmen können auch durch entsprechende Eigenleistung in gewissem Umfang selbständig Generierungsprozesse vollziehen und somit Abkopplungsprozesse zu verhindern suchen. Dies ist auch industrielle Realität. Auf der anderen Seite liegen jedoch in der Ausgestaltung »dynamischer Kompetenzlücken« für einen Hersteller erhebliche Möglichkeiten. Es gilt, diese Zeiten besser zu nutzen als der Wettbewerb und durch den Einsatz des Marketing Kompetenzlücken in Verkaufserfolge umzuwandeln. Die Anwendung entsprechender Informations- und Qualifizierungsinstrumente, die im Verbund mit technischen und systemtechnischen Innovationen bei einem Abnehmer eingebracht werden können, verspricht Wettbewerbsvorteile.

Eine derartige Sichtweise ermöglicht nicht nur die Erfassung potentieller »Abkopplungsprozesse« zwischen Herstellern und Abnehmern, sie eröffnet darüber hinaus eine bessere Betrachtung der wettbewerblichen Gestaltungsmöglichkeiten im längerfristigen Marktgeschehen: Gelänge es, im Rahmen der »Marketing-Triade« dynamische Entwicklungen von Know-how-Potentialen der einzelnen Marktakteure zu messen, so wären damit zumindest die Grundvoraussetzungen für einen Hersteller geschaffen, sich gegenüber der Konkurrenz zu positionieren und mögliche Generierungsaktivitäten einzuleiten, und auf der anderen Seite sich gegenüber seinen Abnehmern in erkanntem Ausmaß hinreichend qualifizierend einzubringen und damit Transaktionsepisoden mit höherer Wahrscheinlichkeit als der Wettbewerb zum Verkaufserfolg zu führen.

Insgesamt ist festzuhalten, daß die dynamischen Ungleichgewichte zwischen Herstellern und Abnehmern innovativer Erzeugnisse durchaus nicht nur im Rahmen einzelner Transaktionsepisoden zu interpretieren sind. Insbesondere bei der Betrachtung längerfristiger Geschäftsbeziehungen, wie sie auf Investitionsgütermärkten oft anzutreffen sind (aber nicht zwangsläufig vorhanden sind), zeigt sich, daß die Ausgestaltung und die damit verbundene Nutzbarmachung unterschiedlich verteilter Know-how-Potentiale eine permanente Aufgabe darstellt.

Die in den obigen Ausführungen eingeflochtenen handlungsempfehlenden Komponenten sollen die Möglichkeiten eines Ansatzes des Innovationsmarketing verdeutlichen, der auch dynamische Potentialentwicklungen in die Betrachtung einbezieht. Insgesamt ist nunmehr auf Modellebene ein Rahmen geschaffen, der nicht nur verschiedene, bereits vorliegende Partialmodelle nach einem »Schachtel in Schachtel«-Prinzip integriert, sondern der darüber hinaus auch »Schnittstellen« zu einer industrieökonomischen bzw. mesoökonomischen Betrachtung beinhaltet. Erst auf der Basis des letzteren Aspektes scheint es möglich, sinnvoll umfassendere Aussagen für das Innovationsmarketing treffen zu können. Inwiefern sich dieser Gesamtrahmen handlungsempfehlend für die Gestaltung des Innovationsmarketing umsetzen läßt, soll im nächsten Abschnitt geprüft werden.

3. Möglichkeiten für das Innovations-Marketing-Management

Bevor in den weiteren Ausführungen näher auf die Möglichkeiten eines Innovations-Marketing-Managements eingegangen wird, sei noch einmal grundsätzlich darauf verwiesen, daß in der bislang existierenden Literatur zu diesem Gebiet wettbewerbliche Aspekte zu wenig berücksichtigt werden und Innovationsmarketing insgesamt zu sehr als ein Agieren bezogen auf den Kunden bzw. die Abnehmerschaft verstanden wird. Vor diesem Hintergrund ist es nicht weiter erstaunlich, daß das Innovationsmarketing bislang auch sehr stark *umsetzungsorientiert*, d.h. mit hauptsächlichem Augenmerk auf die Steuerung der Vermarktungsaktivitäten konzipiert wurde.

Die Steuerung von Vermarktungsprozessen bzw. von Markterschließungsaktivitäten (incl. der damit verbundenen Steuerung von Adoptionsprozessen) stellt jedoch nur einen Aufgabenbereich des Innovationsmarketing dar. So ist es im Sinne einer *marktorientierten Unternehmensführung* ebenfalls Marketingaufgabe, zuvor auch die Leistungs- bzw. Umsetzungs*voraussetzungen* in Marktorientierung zu schaffen (z.B. Produktinnovationen) und dabei das Ziel zu verfolgen, bessere Leistungen als der Wettbewerb oder zumindest wettbewerbsfähige Leistungen hervorzubringen.

Die marktorientierte Schaffung wettbewerblicher Leistungsvorteile – damit auch komparativer Konkurrenzvorteile – und die Vermarktungsanstrengungen gegenüber den Abnehmern stehen dabei in einem engen Verbund zueinander: ersteres schafft die Leistungsvoraussetzungen (Generierung von Erfolgspotentialen), zweiteres setzt die Leistungen am Markt um (Umsetzung geschaffener Erfolgspotentiale).[50] Bei der Schaffung der Leistungsvoraussetzungen sollten dabei – um es noch einmal zu betonen – auch die von den Wettbewerbern am Markt eingebrachten Leistungen berücksichtigt werden – und nicht nur die Bedürfnisse der Abnehmer.

Wird auch Innovationsmarketing konsequent als marktorientierte Unternehmensführung verstanden, so ist die Berücksichtigung beider Aufgabenbereiche des Innovationsmarketing (Generierungs- und Umsetzungsaufgabe) unabdingbar. Als Beleg lassen sich die bereits erwähnten Entwicklungen der Theorie des Investitionsgütermarketing mit starker Ausrichtung am Konzept des komparativen Konkurrenzvorteils zitieren. Diesen grundlegenden Gedanken sei nachstehend gefolgt. Zuvor seien jedoch die beiden grundsätzlichen Aufgabenbereiche des Innovationsmarketing noch einmal tabellarisch zusammengefaßt (vgl. Abbildung 29).

---

[50] Vgl. hierzu auch die Marketingdefinition im III. Kapitel, Abschnitt 1.3 (Einbezug der Wettbewerbskomponente).

```
        Generierungsaufgabe                      Umsetzungsaufgabe


Marktorientierte Schaffung von Erfolgs-      Marktorientierte Umsetzung ge-
potentialen im Hersteller-Unternehmen        schaffener Erfolgspotentiale


- durch Anlegen von Innovations-             - durch kommunikations- und
  fähigkeit und Hervorbringung von             integrationspolitische Maß-
  Produktinnovationen                          nahmen


- und damit verbundene Steuerung der         - und damit verbundene Steuerung
  Generierungsprozesse der Hersteller-         von Adoptionsprozessen und
  Organisation                                 Geschäftsbeziehungen zu den
                                               Abnehmern


- unter Berücksichtigung der Gene-           - unter Berücksichtigung der tech-
  rierungsaktivitäten der Wettbe-              nologischen Know-how-Potentiale
  werber und der Anforderungen der             der Abnehmer und der möglichen
  Abnehmer-Organisationen                      Störeinflüsse des Wettbewerbs


Damit insgesamt Verfolgung der               Damit insgesamt Verfolgung der
Strategie der Potentialgenerierung           Strategie der Potentialumsetzung
```

Abb. 29: Aufgabenbereiche des Innovationsmarketing

3.1 Wettbewerbsorientierte Marktsegmentierung

Im Rahmen der vorliegenden Arbeit wurden wesentliche, bislang für das Investitionsgüter-
und Innovationsmarketing entwickelte Marktsegmentierungsansätze vorgestellt.[51] Die Konzeption der Marktsegmentierung soll auch bei dem hier formulierten Ansatz für das Innovations-Marketing-Management verwendet werden. Sie bietet grundlegende Möglichkeiten
zum Aufbau eines handlungsempfehlenden Rahmens.

> *Marktsegmentierung* wird hier als ein grundlegendes analytisches Instru-
> ment, d.h. *Basisinstrument* verstanden, das der unternehmerischen *Stra-
> tegiewahl* vorgeschaltet ist bzw. für diese die Voraussetzungen schafft
> und sich bei der Abgrenzung von Marktsegmenten auf *Daten der Markt-
> forschung* bezieht.

---

[51] Vgl.: II. Kapitel, Abschnitt 3.1.

Des weiteren soll die Notwendigkeit betont werden, Marktsegmentierung eher permanent zu betreiben, um strategische Reaktionen und Aktionen auf mögliche Segmentveränderungen und -verschiebungen zu ermöglichen.[52]

Ein weiterer Punkt zur inhaltlichen Beschreibung des hier verwendeten Begriffs der *wettbewerbsorientierten Marktsegmentierung* liegt neben den zuvor genannten Aspekten in der Betonung des Wortes *Markt* in dieser begrifflichen Zusammensetzung. Marktsegmentierung wird hiermit nicht nur als Abnehmer- oder Kundensegmentierung definiert, sondern als »echte« Abgrenzung von homogenen Teilmärkten aus dem Gesamtmarkt. Dies bedingt auch die Berücksichtigung wettbewerblicher Aspekte, denn Märkte sind nicht nur nach der Homogenitätsbedingung abgegrenzte Abnehmergruppen, Märkte setzen sich vielmehr aus Angebots- und Nachfragestrukturen zusammen. Erst der Blick auf die damit angesprochenen Austauschbeziehungen zwischen herstellenden und abnehmenden Unternehmen sowie die Wahrnehmung und Analyse möglicher *»Angebots/Kundennutzen-Gaps«* eröffnet Chancen für die Unternehmen, strategisch sinnvolle Wege in den Markt zu beschreiten. Mit dem Adjektiv »wettbewerbsorientiert« soll diese Bedeutungsverlagerung der Marktsegmentierung noch einmal unterstrichen werden.

Die vorstehende Argumentation bezieht sich grundsätzlich auf die in der Literatur als »erste Stufe der Marktsegmentierung« bezeichnete Ebene. Auch in dem hier dargelegten wettbewerbsorientierten Marktsegmentierungsansatz sei dem grundsätzlichen Vorschlag zur gestuften Vorgehensweise bei der Marktsegmentierung von WIND und CARDOZO gefolgt. Ein erstes »Screening« des Gesamtmarktes und damit das Aufspüren von erreichbaren gegenwärtigen oder künftigen Marktsegmenten und -nischen läßt sich auf dieser ersten Stufe wirksam durch die gekoppelte Sichtweise von (potentiellen) Abnehmergruppen und dem Grad der *Abdeckung durch das Wettbewerbsangebot* erreichen. Grundsätzlich sind dabei unterschiedliche Kriterien denkbar, und es kann an dieser Stelle nur noch einmal die Aussage von WIND und CARDOZO unterstrichen werden, die betonen, daß es im jeweiligen Einzelfall dem Marketing-Fachmann überlassen bleiben muß, aus der Fülle möglicher Segmentierungskriterien diejenigen auszuwählen, die eine sinnvolle Abgrenzung von Marktsegmenten erlauben.[53]

Für das Innovationsmarketing ergibt sich nun die besondere Schwierigkeit, die *möglichen Bedürfnisstrukturen* der Abnehmergruppen zu erkunden und den *Grad der Wettbewerbsabdeckung* zu messen. Zur Lösung der ersten Aufgabe kann auf das oben vorgestellte innovationsorientierte Marktsegmentierungsmodell verwiesen werden.[54] Um eine zielgerichtete Produkt- und Entwicklungspolitik zu gewährleisten, wird in diesem Modell nicht, wie in traditionellen Marktsegmentierungsansätzen üblich, von einem gegebenen Produkt ausgegangen, sondern es sollen vielmehr die Bedürfnisstrukturen innerhalb der abzugren-

---

[52] Vgl. hierzu: GÜNTER, B.: Markt- und Kundensegmentierung in dynamischer Betrachtungsweise, a.a.O.

[53] Vgl.: II. Kapitel, Abschnitt 3.1.

[54] Vgl. ebenda.

zenden Marktsegmente ermittelt und – in Orientierung an dem damit erhobenen technischen Datenmaterial – zielgerichtete Tätigkeiten im F&E-Bereich ermöglicht werden.

Zur Lösung des zweiten Problemkreises ist eine differenzierte Vorgehensweise erforderlich. Diese Differenzierung sollte sich dabei an dem Entwicklungsgrad der jeweilig betrachteten Märkte ausrichten. Zielen die Innovationsaktivitäten beispielsweise auf junge Märkte, so kann zu diesem Zeitpunkt zwar noch von relativ wenig Wettbewerbern ausgegangen werden, die bei der Analyse zu berücksichtigen wären. Jedoch entwickeln sich junge Märkte zumeist dynamisch, so daß in der Folge zukünftige Marktabdeckungen durch den Wettbewerb visionär zu antizipieren sind. Die hierfür erforderlichen Schätzungen müssen qualitativer Art sein und erfordern ein hohes Maß an Kreativität. Stoßen hingegen die Innovationsbemühungen eines Unternehmens auf sich langsam konsolidierende Märkte, so wird die Aufgabe, den Grad der Marktabdeckung durch die Konkurrenzangebote zu ermitteln, wesentlich erleichtert. In den beiden hier besprochenen Fällen ist jedoch immer darauf zu achten, daß – nach dem SCHUMPETERschen und PORTERschen Ansatz – stets potentiell mögliche Konkurrenzangebote aus anderen Industrien zu berücksichtigen sind.[55]

Auf der Grundlage einer derartigen gekoppelten Sichtweise einer Wettbewerbs-Kunden-Betrachtung lassen sich mögliche Chancen für Produktinnovationen der Unternehmen besser ermitteln. Dieses Modell berücksichtigt auch den zitierten Ansatz zur innovationsorientierten Marktsegmentierung im Systemgeschäft.[56] So kann auf der zweiten Stufe innerhalb der abgegrenzten Marktsegmente eine tiefergehende Segmentierung zur zielorientierten Ansteuerung der einzelnen Innovationsentscheider und -gruppen erfolgen. Allerdings müssen, wie die Ausführungen in dieser Arbeit zeigen, zur näheren Bestimmung dieser Vorgehensweise weitere Arbeiten der innovationsorientierten Typologieforschung abgewartet werden.[57]

In Ergänzung zu der vorstehend beschriebenen zweistufigen Marktabgrenzung sei noch auf zwei Aspekte hingewiesen: zunächst ist es möglich, daß sich nach der Abgrenzung auf der ersten Segmentierungsstufe auf der Basis der oben beschriebenen Gap-Analyse grundlegende Chancen für die Schaffung neuer Märkte abzeichnen. Ein Unternehmen, das diese Möglichkeiten nutzt, wäre dann als Pionier-Unternehmen zu bezeichnen. Zum zweiten wurden bislang diffusionsbezogene Aspekte[58] nur am Rande behandelt. Um auch für diesen Aspekt, der stets in das Aktionskalkül innovativer Unternehmen einzubeziehen ist, ·Anhaltspunkte zu gewinnen, wäre – dem innovationsorientierten Marktsegmentierungsansatz für das Systemgeschäft[59] folgend – auf der ersten Stufe eine weitere Abgrenzung der Unternehmen nach ihrem Innovationstyp notwendig. Eine Handlungsempfehlung, die aus

---

55 Vgl.: I. Kapitel, Abschnitt 2.2.

56 Vgl.: II. Kapitel, Abschnitt 3.1.

57 Vgl.: II. Kapitel, Abschnitt 2.2.

58 Vgl.: I. Kapitel, Abschnitt 1.1.

59 Vgl.: II. Kapitel, Abschnitt 3.1.

166

der HIP-MIP-NIP-Typologie ableitbar ist, könnte beispielsweise lauten, die Diffusion der Innovation zunächst in der Gruppe der HIP-Unternehmen voranzutreiben, da dort aufgrund der Aufgeschlossenheit gegenüber Innovationen verbesserte Durchsetzungsmöglichkeiten zu erwarten sind. Die Erschließung der weiteren Unternehmensgruppen würde sich hiernach sukzessive daran anschließen.

Insgesamt ist damit eine wettbewerbsorientierte Marktsegmentierung beschrieben, die praktizierbar scheint. Vier Segmentierungskriterien, die auf der ersten Marktsegmentierungsstufe anwendbar sind, seien noch einmal beispielhaft genannt; sie lassen sich durch weitere Kriterien ergänzen:

- Industriezugehörigkeit der Abnehmer

- technische Anforderungen der Abnehmerorganisationen

- Grad der Wettbewerbsabdeckung

- Innovationstypologie der Unternehmen

Aus der Abgrenzung nach dem Innovationstyp der Unternehmen sowie nach der Industriezugehörigkeit ergeben sich für das Innovations-Marketing-Management weitergehende Möglichkeiten. So ist hierbei nicht nur auf den Nutzen zur Steuerung der Diffusion von Innovationen am Markt zu verweisen, sondern insbesondere auch auf den Wert dieser Ergebnisse für die Gestaltung des Potentialausgleichs. Darüber hinaus läßt sich die wettbewerbsorientierte Marktsegmentierung auch für die Zwecke der betrieblichen Potentialgenerierung nutzen, da mit diesem analytischen Basisinstrument Ergebnisse offengelegt bzw. nutzbar werden, die dem betrieblichen Innovationsmanagement zumindest Anhaltspunkte für das Anlegen von Innovationsfähigkeit und die Hervorbringung von Produktinnovation geben können.[60] Hierauf soll im folgenden näher eingegangen werden.

3.2 Marktorientiertes Innovationsmanagement

Die nachstehenden Ausführungen sind im wesentlichen auf die im Bereich des Innovationsmarketing vorzunehmende Generierungsaufgabe ausgerichtet, die durch die Einbringung zielgerichteter und marktorientierter Managementleistungen zu lösen ist. Als theoretischer Hintergrund dient das vorgestellte Prozeßmodell der betrieblichen Generierung[61], das in die Analyse SCHUMPETERs zum dynamischen Innovationswettbewerb eingebunden ist.

In einem von der Unternehmensberatung Arthur D. Little Int. herausgegebenen Werk zum Innovationsmarketing und -management wird pointiert hervorgehoben:

---

[60] Vgl. hierzu: I. Kapitel, Abschnitt 2.4.

[61] Vgl.: I. Kapitel, Abschnitt 2.4.

»Innovation ist mit einem Staffelrennen vergleichbar, bei dem nur der gewinnen kann, der den Staffelwechsel zwischen Forschung, Entwicklung, Produktion und Vertrieb beherrscht. [...] Die verzögerte oder unkooperative Umsetzung von F&E-Ergebnissen in Produktentwicklung, Produktion und Vertrieb der Geschäftsbereiche hat folgenschwere Konsequenzen für den Markterfolg der Produkte.«[62]

Der innovative Erfolg eines Unternehmens hängt damit insbesondere von der engen Koordination der einzelnen betrieblichen Funktionsbereiche ab. Diese Koordinationsaufgabe fällt dem betrieblichen Innovationsmanagement zu. Betriebliches Innovationsmanagement verspricht allerdings nur dann Erfolg, wenn es die Gegebenheiten des Marktes, d.h. des Wettbewerbs und der Abnehmer, hinreichend berücksichtigt. Zum einen müssen *Produktinnovationen* beispielsweise den Kundenerwartungen optimal entsprechen, sie müssen darüber hinaus aber auch genügend Differenzierungspotential zum Wettbewerbsangebot aufweisen. Voraussetzung für die Schaffung von Produktinnovationen ist nach dem Modell des betrieblichen Generierungsprozesses das breite Anlegen von *Innovationsfähigkeit* im gesamten Unternehmen. Es wurde im Verlauf dieser Arbeit darauf verwiesen, daß das Anlegen von Innovationsfähigkeit auch als eine optimale Koordination der Wertaktivitäten eines Unternehmens – nach PORTER – verstanden werden kann.[63]

Vom Verfasser wurde in gemeinsamer Arbeit mit TOMCZAK das Modell der *integrierten Potentialanalyse* entwickelt, das neben wettbewerblichen und Kundenaspekten auch die Position des eigenen Unternehmens berücksichtigt und auf das gezielte Anlegen von Innovationsfähigkeit im gesamten Unternehmen ausgerichtet ist.[64] Durch eine verbesserte und sich von den Wettbewerbsaktivitäten differenzierende Koordination einzelner Wertaktivitäten sollen mit Hilfe dieses Managementmodells Möglichkeiten zur verbesserten Unternehmenspositionierung im industriellen Wettbewerb geschaffen werden. Abbildung 30 verdeutlicht die dabei mögliche Vorgehensweise:

Im Wege eines Prologs sind nach diesem Modell die relevanten Abnehmer, Konkurrenten und technologischen Entwicklungen zu erfassen und zweitens die Wertkette des eigenen Unternehmens zu strukturieren (vgl. Abbildung 30). »Die im Wege des Prologs separierten Aktivitäten der Wertkette sind den einzelnen externen Größen Schritt für Schritt gegenzuhalten bzw. werden an diesen äußeren Einflußfaktoren geprüft.«[65] Insgesamt ist zu klären, »... auf welchem Niveau die Konkurrenten diese Wertaktivität[en] durchführen, als auch welche Anforderungen die Abnehmer an diese Wertaktivität[en] haben und welche technologischen Möglichkeiten überhaupt zur Verfügung stehen [...]. Die relevanten Ansatz-

---

[62] Arthur D. Little. (Hrsg.): Innovation als Führungsaufgabe, a.a.O., S. 137.

[63] Vgl.: I. Kapitel, Abschnitt 2.4.

[64] Vgl. KLICHE, M./TOMCZAK, T.: Innovationspositionen im industriellen Wettbewerb, Teil 1, a.a.O.; dieselben: Innovationspositionen im industriellen Wettbewerb, Teil 2, a.a.O.

[65] KLICHE, M./TOMCZAK, T.: Innovationspositionen im industriellen Wettbewerb, Teil 2, a.a.O., S. 14.

punkte zur Verteidigung bzw. zum Aufbau von Innovationspotentialen in der Wertkette des jeweiligen Unternehmens können auf diese Weise sichtbar gemacht werden.«[66, 67]

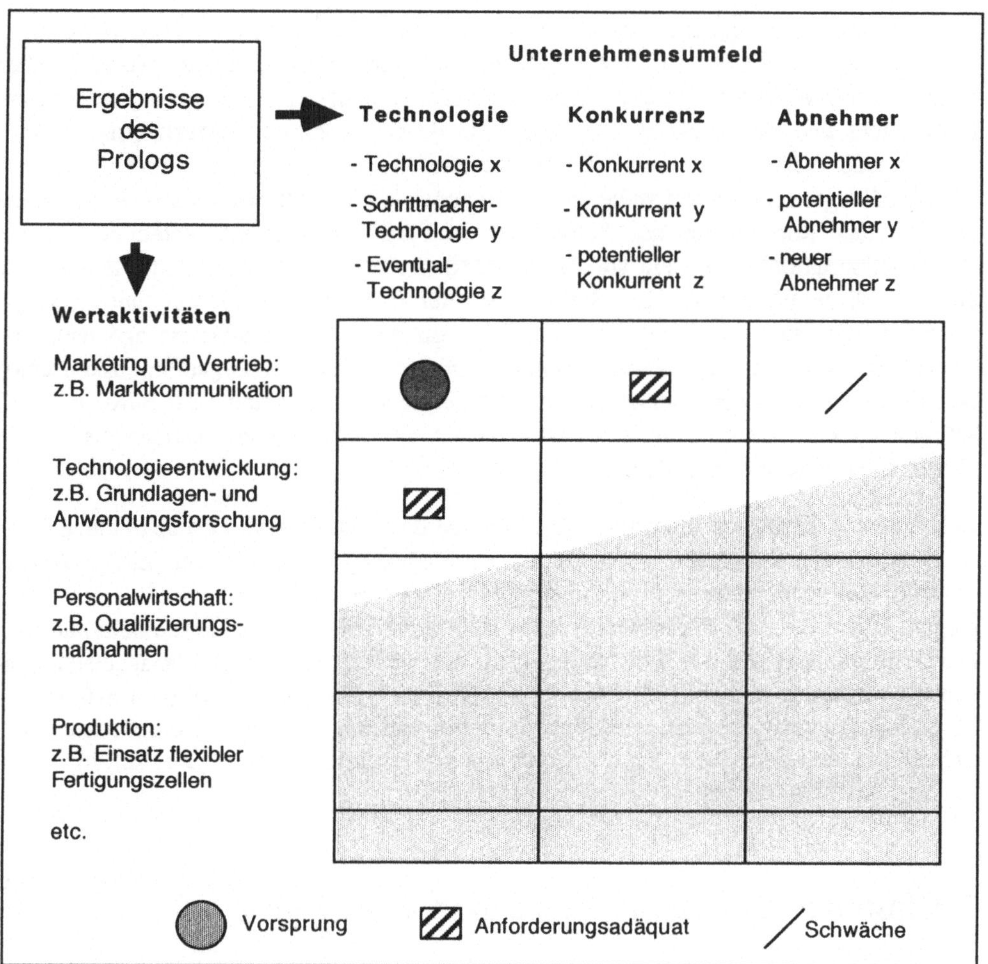

Abb. 30: Integrierte Potentialanalyse für das Innovations-Marketing-Management[68]

---

[66] KLICHE, M./TOMCZAK, T.: Innovationspositionen im industriellen Wettbewerb, Teil 2, a.a.O., S. 14.

[67] Vgl. zu den *primären und unterstützenden Aktivitäten* in der Wertkette: PORTER, M.E.: Wettbewerbsvorteile (Competitive Advantage), a.a.O., S. 66 f. und S. 67-71; sowie: KLICHE, M./TOMCZAK, T.: Innovationspositionen im industriellen Wettbewerb, Teil 2, a.a.O., S. 13.

[68] Quelle: KLICHE, M./TOMCZAK, T.: Innovationspositionen im industriellen Wettbewerb, Teil 2, a.a.O., S. 13.

Die integrierte Potentialanalyse wird als ein Instrument zur Identifizierung unternehmerischer Innovationsquellen verstanden. Sie erlaubt auf heuristischer Basis ein gezieltes Vorgehen des Managements beim Anlegen von Innovationsfähigkeit und soll als ein Leitfaden interpretiert werden.

Neben diesen grundlegenden Aktivitäten, die auf das Anlegen von Innovationsfähigkeit in Marktorientierung zielen, ist auch die erwähnte Koordination einzelner Wertaktivitäten Voraussetzung eines erfolgreichen Innovationsmanagements. Aus funktionsbereichs-orientierter Sicht sind die einzelnen Abteilungen, in denen, schnittstellenüberlappend, jeweils mehrere oder vereinzelte Wertaktivitäten angesiedelt sind, so zu koordinieren, daß die »Staffelstäbe gewinnbringend weitergereicht« werden können. Hierzu gehört beispielsweise eine optimale Koordination der Aktivitäten von F&E- und Marketingabteilung.[69] Diese Koordinationsanforderung stellt allerdings nur einen Ausschnitt aus den Anforderungen an die betriebliche Wirklichkeit dar. Insbesondere für Unternehmen, die auf innovationsgetriebenen Märkten agieren, ist eine hohe Effizienz eines Schnittstellenmanagements von besonderer Bedeutung. Die Zusammenarbeit sollte mit flexiblen Organisationskonzepten optimiert werden, wobei unterstützend informationstechnische Systeme der Bürokommunikation eingesetzt werden können.[70] Den Aufgaben des Schnittstellenmanagements wird in jüngerer Zeit eine höhere Bedeutung beigemessen.

Neben dem Anlegen von Innovationsfähigkeit und der Schaffung von Produktinnovationen ist es eine weitere Aufgabe, auch für die *Wahrnehmung* der durch betriebliche Wachstumsprozesse generierten *Innovationskompetenz* eines Anbieters *durch einen Abnehmer* zu sorgen. Dies wurde an anderer Stelle schon hervorgehoben.[71] Es sei hier deshalb nur noch einmal zusammenfassend betont, daß es nicht nur wichtig ist, interne Managementaufgaben zur Steuerung betrieblicher Generierungsprozesse vorzunehmen, sondern daß es darüber hinaus unabdingbar ist, die Strategie dieser Potentialgenerierung durch extern gerichtete Marketingaktivitäten kommunikationspolitisch zu unterstützen. Dies soll im weiteren berücksichtigt werden.

3.3 Instrumentarbereiche des Innovationsmarketing

Die weiteren Ausführungen dienen einer kurzen Leistungsbeschreibung der einzelnen Aufgaben, die für die Instrumente und Instrumentarbereiche des Innovationsmarketing gesehen werden. Der Bereich der Innovations-Marktforschung wurde im Rahmen dieser Arbeit ausgeklammert. Hierzu liegt jedoch ergänzende Literatur vor.[72]

---

[69] Vgl.: I. Kapitel, Abschnitt 2.4.

[70] Vgl.: I. Kapitel, Abschnitt 1.5.

[71] Vgl.: I. Kapitel, Abschnitt 2.4.

[72] Vgl. KLICHE, M./STROTHMANN, K.-H.: Marktforschung für technische Innovationen - Ansatzpunkte auf der Grundlage einer fraktionierten Informationsgewinnung, in: Jahrbuch der Industriewer-

Die Leistungspolitik

Unter dem Begriff der Leistungspolitik sollen grundsätzlich alle Aufgaben und Maßnahmen eines Herstellers zusammengefaßt werden, die auf die Hervorbringung technischer und systemtechnischer Innovationen, deren Weiterentwicklung sowie auf das Angebot funktionsbegleitender Dienstleistungen zielen. Ergebnisse der Leistungspolitik sind konkrete Angebote eines Herstellers am Markt, die einzeln oder in Kombination offeriert werden können.

Für den Bereich des Innovationsmarketing sind damit die beiden Geschäftsarten mit innovativen Komponenten oder innovativen Systemen angesprochen. Insbesondere innovative Systeme, die von einem Hersteller allein oder im Wege von Kooperationen[73] hervorgebracht werden können, sind häufig von integrationspolitischen Dienstleistungen begleitet. Diese Dienstleistungen, wie beispielsweise Qualifizierungsmaßnahmen, könnten in das Angebot eines Herstellers aufgenommen werden, sie werden aus marketingpolitischer Sicht jedoch nicht durch die Leistungspolitik am Markt umgesetzt, da sie spezifische Möglichkeiten zur Steuerung von Adoptionsprozessen bieten. Hierauf wird im Rahmen der Beschreibung integrationspolitischer Maßnahmen noch näher eingegangen.

Die Leistungspolitik umfaßt damit die traditionelle Produkt- und Entwicklungspolitik mit ihren dazugehörigen Instrumenten der Produktneuentwicklung und Produktweiterentwicklung, sie umschließt aber auch koordinierende Maßnahmen eines marktorientierten Innovationsmanagements und – insbesondere im Geschäft mit innovativer Systemtechnik – konzeptionelle Dienstleistungen, die beispielsweise auf die Konzeption einer spezifischen Systemarchitektur zielen. Insgesamt zählen zur Leistungspolitik alle diejenigen Marketingmaßnahmen eines Herstellers, die in die Gestaltung seiner betrieblichen Generierungsprozesse einzubringen sind. Die Leistungspolitik ist damit auf die Schaffung von Erfolgspotentialen ausgerichtet und wird instrumentarpolitisch ergänzt durch die umsetzungsorientierten Maßnahmen der Kommunikations- und Integrationspolitik.

Zur Kommunikationspolitik

Die Kommunikationspolitik kann in dem Umfang aufrecht erhalten werden, wie sie bereits für das Innovationsmarketing konzipiert ist.[74] Allerdings bietet sich für die Kommunikationspolitik eine Verfeinerung des Maßnahmenbündels an, die auf dem in dieser Arbeit vorgestellten geschäftsanalytischen Transaktionsepisodenkonzept[75] aufbaut. Hierzu wird

---

bung 1987, Wiesbaden 1987, S. 90 ff.; STROTHMANN, K.-H./KLICHE, M.: Innovationsmarketing, a.a.O., S. 49 ff.

[73] Zur Leistungspolitik gehört somit auch das Instrument der Steuerung von Kooperationen.

[74] Vgl. STROTHMANN, K.-H./KLICHE, M.: Innovationsmarketing, a.a.O., S. 115 ff.

[75] Vgl. Abschnitt 2.3 dieses Kapitels.

empfohlen, als Subkategorien für den Instrumentarbereich Kommunikationspolitik die beiden sich gegenseitig ergänzenden Bereiche *Marktkommunikation* und *Verhandlungskommunikation* einzuführen. Die Instrumente der Marktkommunikation, zu denen beispielsweise die Werbung und die Messe zählen, würden episodenübergreifend ein gewisses Vor- bzw. Umfeld für die interaktiv verlaufenden Verhandlungen in Transaktionsepisoden schaffen, um auf diese besser einwirken zu können. Zur Verhandlungskommunikation zählt beispielsweise das Instrument *Technischer Verkäufer*, dem es gelingen muß, die im Wege der Potentialgenerierung und der unterstützenden marktkommunikativen Maßnahmen geschaffene »Unternehmenskompetenz« wirksam in interaktiv bestrittenen Verhandlungssituationen umzusetzen.

Etwas schwieriger ist in diesem Zusammenhang die Erörterung, welches der genannten beiden »Paradigmen« für das Investitionsgütermarketing und hier speziell für das Innovationsmarketing wohl Gültigkeit besitze. Vor dem Hintergrund der geführten Argumentation[76] wird an dieser Stelle um so nachhaltiger deutlich, daß es sich im Prinzip nicht um differierende »Paradigmen« handelt, sondern vielmehr um sich einander ergänzende Sichtweisen des Investitionsgütermarketing. Dies wird bei näherer Betrachtung der Unterscheidung von Markt- und Verhandlungskommunikation, die ja letztlich eine Kopplung aufweist, deutlich.

Nach der vorliegenden Modellkonzeption für das Innovationsmarketing, das sich an einem transaktionsepisoden-übergreifenden, geschäftsanalytischen Konzept orientiert, wären insbesondere auch in den zwischengeschäftlichen Phasen kommunikationspolitische Leistungen zu erbringen. Damit wäre zu verhindern, daß Abnehmer im Laufe der Geschäftsbeziehung durch Störeinflüsse des Wettbewerbs aus der bestehenden Geschäftsbeziehung »herausbrechen«. Der Vor- und Nachkommunikation kommt dabei eine hohe Bedeutung zu. Dies belegt auch das in die geschäftsanalytische Sichtweise eingebundene Konzept des Kompressionszeitraums.[77]

Zur Integrationspolitik

Der neu geschaffene Instrumentarbereich Integrationspolitik kann ebenfalls im gewählten Umfang voll erhalten bleiben. Dieser Instrumentarbereich des Innovationsmarketing erfährt eine Erklärung durch das vorgestellte asymmetrische Interaktionskonzept, dessen Bedeutung dann umso wichtiger wird, wenn es sich um Verhandlungspartner aus technologisch stark differierenden Industrien handelt. Bezogen auf die Unterschiede der Know-how-Potentiale zwischen High-Tech-Unternehmen und ihren Abnehmern kann allgemein ausgesagt werden: je geringer der Neuartigkeitsgrad systemtechnischer Innovationen, desto kleiner werden die Potentialunterschiede. Informations- und Qualifikationsdefizite und somit »Kompetenzlücken« können schließlich im Bereich der Vermarktung einfacher kon-

---

[76] Vgl.: II. Kapitel, Abschnitt 4.

[77] Vgl. Abschnitt 3.1 dieses Kapitels.

ventioneller Produkt nahezu als abgebaut gelten. Beim Marketing für systemtechnische Innovationen haben sie jedoch grundlegende Bedeutung für den Geschäftserfolg. Darüber hinaus kann ausgesagt werden, daß die Potentialunterschiede innerhalb von Industrien (vertikale Potentialunterschiede) geringer sind als zwischen verschiedenen Industrien (horizontale Potentialunterschiede).

Die innerhalb singulärer oder gekoppelter Transaktionsepisoden zu verfolgende Strategie des Potentialausgleichs bzw. der Potentialannäherung, die ihre inhaltliche Ausgestaltung durch die Instrumente der Integrationspolitik erfahren kann, ist somit abhängig von dem Status der betrachteten Unternehmen auf ihrem Wege zum »Gipfel des Berges«.[78] Bezogen auf die Know-how-Unterschiede zwischen den einzelnen Unternehmen bedeutet Potentialausgleich die Grundlage für langfristige und von beiderseitiger Zufriedenheit getragene Geschäftsbeziehungen. Der Abbau abnehmerseitiger Unsicherheit und die deshalb erforderliche Kompetenzausstattung spielt hierbei eine wesentliche Rolle. In diesem Zusammenhang wurde das Stichwort einer *Harmonisierung der Geschäftsbeziehungen* in die Betrachtung eingeführt, die durch einen dynamischen Wissensausgleich zwischen den Marktpartnern erfolgen kann.

Die Strategie des Potentialausgleichs wird durch die Leistungen der Kommunikationspolitik und der Funktionspolitik ergänzt. Durch integrationspolitische Maßnahmen ist insgesamt dafür Sorge zu tragen, daß (potentielle) Abnehmer auf ein höheres »technologisches Kompetenzniveau« gehoben werden, damit sie sich gestaltend und kaufentscheidend in das Verhandlungsgeschehen einbringen können und Abkopplungsprozesse innerhalb der Geschäftsbeziehung verhindert werden. Die hierzu erforderlichen integrationspolitischen Dienstleistungen lassen sich aus marketingpolitischer Sicht in dem Instrumentarbereich Integrationspolitik bündeln, da dieser insbesondere auf die Steuerung der Vorbereitungszeit im integrierten Adoptionsprozeß abzielt. Integrationspolitische Dienstleistungen sind somit zum einen Bestandteil eines Systemangebots,[79] sie bilden zugleich aber auch ein steuerungspolitisches Maßnahmenbündel für das Innovationsmarketing.

---

[78] Vgl.: I. Kapitel, Abschnitt 2.1.

[79] Vgl.: I. Kapitel, Abschnitt 1.5.

Literaturverzeichnis

AAKER, D.A.: Kriterien zur Identifikation dauerhafter Wettbewerbsvorteile, in: SIMON, H. (Hrsg.), unter Mitarbeit von: BOHNENKAMP, J.: Wettbewerbsvorteile und Wettbewerbsfähigkeit, Stuttgart 1988, S. 37-46.

AAKER, D.A.: Strategisches Markt-Management, Wettbewerbsvorteile erkennen, Märkte erschließen, Strategien entwickeln, Wiesbaden 1989.

ALEXANDER, R.S./CROSS, J.S./CUNNINGHAM, R.M.: Industrial Marketing, Homewood Ill. 1961.

AREGGER, K.: Innovation in sozialen Systemen, Bd. 1, Einführung in die Organisationstheorie der Organisation, Bern-Stuttgart 1976.

ARTHUR D. LITTLE INT. (Hrsg.): Der strategische Einsatz von Technologien, Konzepte und Methoden zur Einbeziehung von Technologien in die Strategieentwicklung des Unternehmens, Wiesbaden o.J.

ARTHUR D. LITTLE INT. (Hrsg.): Innovation als Führungsaufgabe, Frankfurt a.M.-New York 1988.

BAAKEN, Th.: Besonderheiten des Technologiemarketing – Veränderungen im Marketing durch technologische Entwicklungen, in: BAAKEN, TH./SIMON, D. (Hrsg.): Abnehmerqualifizierung als Instrument des Technologie-Marketing, Personalentwicklung beim Kunden – eine Herausforderung für Anbieter innovativer Technologien, Berlin 1987, S.1-13.

BACKHAUS, K.: Direktvertrieb in der Investitionsgüterindustrie, Wiesbaden 1974.

BACKHAUS, K.: Bestimmungsfaktoren der Lieferantenauswahl als Basis einer Marktsegmentierung im internationalen Anlagengeschäft, in: ENGELHARDT, W.H./ LASSMANN, G. (Hrsg.): Anlagen-Marketing, Sonderheft der Zeitschrift für betriebswirtschaftliche Forschung, 7/1977, Opladen 1977, S. 57-72.

BACKHAUS, K.: Auftragsplanung im industriellen Anlagengeschäft, Stuttgart 1980.

BACKHAUS, K.: Investitionsgüter-Marketing, München 1982.

BACKHAUS, K.: Einsatzmöglichkeiten Neuer Medien bei der Vermarktung von Investitionsgütern, in: MEFFERT, H. (Hrsg.): Marktorientierte Unternehmensführung und Innovation, Neue Kommunikationstechnologien als Herausforderung an das Marketing, Vortragsdokumentation des 2. Münsteraner Marketing-Symposiums v. 13. Okt. 1984, Münster 1985, S. 101-115.

BACKHAUS, K.: Auslandsmarktstrategien, in: Technischer Vertrieb, hrsg. v. W. PLINKE, Projektgruppe Technischer Vertrieb, Freie Universität Berlin, Berlin 1986.

BACKHAUS, K.: Major Systems Marketing in Europe, Arbeitspapier Nr. 8/1987 des Betriebswirtschaftlichen Instituts für Anlagen und Systemtechnologien der Westfälischen Wilhelms-Universität Münster, Münster 1987.

BACKHAUS, K.: Grundbegriffe des Industrieanlagen- und Systemgeschäfts, 2. Aufl., München-Münster 1988.

BACKHAUS, K.: Zulieferer-Marketing – Schnittstellenmanagement zwischen Lieferant und Kunden, in: SPECHT, G./SILBERER, G./ENGELHARDT, W.H. (Hrsg.): Marketing-Schnittstellen – Herausforderungen für das Management, Stuttgart 1989, S. 287-304.

BACKHAUS, K.: Investitionsgütermarketing, 2. Aufl., München 1990.

BACKHAUS, K./GÜNTER, B.: A Phase-Differentiated Interaction Approach to Industrial Marketing Decisions, in: IMM, 5 (1976), S. 255-270.

BACKHAUS, K./MEYER, M: Integrierte Marketing-Logistik, in: Investitionsgütermarketing, Positionsbestimmung und Perspektiven, Festschrift für K.-H. STROTHMANN zum 60. Geburtstag, hrsg. v. M. KLICHE, Wiesbaden 1990, S. 241-268.

BACKHAUS, K./WEIBER, R.: Systemtechnologien, Herausforderung des Investitionsgütermarketing, in: HM, (1987), 4, S. 70-80.

BAGOZZI, R.P.: Marketing as an Organized Behavioral System of Exchange, in: JoM, 38 (1974), 4, S. 77-81.

BAILEY, A.D./GERLACH, J.H./WHINSTON, A.B.: Office systems technology and organizations, Reston, Virginia 1985.

BAIN, J.S.: Price and Production Policies, in: ELLIS, H.S. (Ed.): Survey of Contemporary Economics, Vol. I, Homewood, Ill. 1948.

BAIN, J.S.: Barriers to New Competition, Cambridge, Mass. 1956.

BAKER, M.J.: Marketing New Industrial Products, Bristol 1975.

BALKHAUSEN, D.: Die dritte industrielle Revolution – Wie die Mikrolektronik unser Leben verändert, 1. Aufl., Düsseldorf-Wien 1978.

BAUMBERGER, J./GMÜR, U./KÄSER, H.: Ausbreitung und Übernahme von Neuerungen, ein Beitrag zur Diffusionsforschung, Bd. I u. II, Bern 1973.

BELL, G.D.: Self-Confidence, Persuasibility, and Cognitive Dissonance Among Automobile Buyers, in: COX, D.F. (Ed.): Risk Taking and Information Handling in Consumer Behavior, Boston 1967, S. 442-468.

BENDER, H.: Das Marketing von Technologieprodukten, in: absatzwirtschaft, (1988), 5, S. 116-121.

BENKENSTEIN, M.: Forschung, Entwicklung und Marketing, Wiesbaden 1986.

BEREKHOVEN, L.: Die Werbung für Investitions- und Produktionsgüter, ihre Möglichkeiten und Grenzen, München 1961.

BEREKOVEN, L.: Internationales Investitionsgüter-Marketing, in: THEXIS, 4 (1987), 1, S. 7-8.

BIERFELDER, W.H.: Innovationsmanagement, München-Wien 1987.

BILLER, M./PLATZEK, A./WERNTGES, U.: Ein Modell des organisationalen Beschaffungsverhaltens bei »Teilautonomen Flexiblen Fertigungsstrukturen« (TFFS) im Rahmen einer CIM-Strategie, in: KLEINALTENKAMP, M./SCHUBERT, K. (Hrsg.): Entscheidungsverhalten bei der Beschaffung neuer Technologien, Arbeitspapier-Vortragssammlung, Ruhr-Universität Bochum, SFB 187, Teilprojekt K-1, Bochum 1990; auch als Sammelwerk: Berlin 1990, S. 9-39.

BLOIS, K.J.: Large Customers and Their Suppliers, in: EJoM, 11 (1977), S. 281-290.

BLOIS, K.J.: Matching New Manufacturing Technologies to Industrial Markets and Strategies, in: IMM, 14 (1985), S. 43-47.

BLOMEYER-BARTENSTEIN, H.P./BOTH, R.: Datenkommunikation und Lokale Computer-Netzwerke, Grundlagen und Einsatz der Telematik, 2. Aufl., Haar bei München 1985.

BONOMA, T.V.: Auf der Suche nach dem wirklichen Käufer, in: HM, (1984), 1, S. 80-88.

BONOMA, T.V./SHAPIRO, B.P.: Evaluating Market Segmentation Approaches, in: IMM, 13 (1984), S. 257-268.

BÖTTGER, Chr.: Wissenschaftstheoretische Grundlagen des Investitionsgütermarketing, Diplomarbeit am Institut für Marketing der Freien Universität Berlin, 1989.

BRADLEY, M.F.: Buying Behaviour in Ireland's Public Sector, in: IMM, 6 (1977), S. 251-258.

BRAND, G.T.: The Industrial Buying Decision, London 1972.

BROSE, P.: Planung, Bewertung und Kontrolle technologischer Innovationen, Berlin 1982.

BROWN, L.A.: Innovation Diffusion, A New Perspektive, London-New York 1981.

BÜHNER, R.: Technische Innovation in der Produktion durch organisatorischen Wandel, in: zfo, (1985), 1, S. 33-39.

BULLINGER, H.-J./NIEMEIER, J./HUBER, H.: Computer Integrated Business (CIB)-Systeme, in: CIM MANAGEMENT, 3 (1987), 3, S. 12-19.

BUNDESMINISTERIUM FÜR WISSENSCHAFT UND FORSCHUNG in Österreich (Hrsg.): Mikroelektronik, Anwendungen, Verbreitung und Auswirkungen am Beispiel Österreichs, Wien-New York 1981.

BUZELL, R.D.: An Agenda for Teaching and Research: Some Suggestions, in: BUZELL, R.D. (Ed.): Marketing in an Electronic Age, Boston, Mass. 1985, S. 11-25.

CARDOZO, R.: Situational Segmentation of Industrial Markets, in: Developments in Industrial Marketing, Sonderheft EJoM, 14 (1980), S. 264-276.

CHAKRABARTI, A.K./RUBENSTEIN, A.H.: Interorganizational Transfer of Technology, a Study of Adoption of NASA Innovations, Evanston, Ill. 1975.

CHÉRON, E.J./KLEINSCHMIDT, E.J.: A review of industrial market segmentation research and a proposal for an integrated segmentation framework, in: IJoRM, 2 (1985), S. 101-115.

CHOFFRAY, J.-M./LILIEN, G.: Assessing Response to Industrial Marketing Strategy, in: JoM, 42 (April 1978), S. 20-31.

CHOFFRAY, J.-M./LILIEN, G.: A New Approach to Industrial Market Segmentation, in: SMR, 3 (Spring 1978), S. 17-29.

CHOFFRAY, J.-M./LILIEN, G.: Industrial Market Segmentation by the Structure of the Purchasing Process, in: IMM, 9 (1980), S. 331-342.

COX, D.F.: Risk Handling in Consumer Behavior – an Intensive Study of Two Cases, in: COX, D.F. (Ed.): Risk Taking and Information Handling in Consumer Behavior, Boston 1967, S. 34-81.

COYNE, K.P.: Die Struktur dauerhafter Wettbewerbsvorteile, in: SIMON, H. (Hrsg.) u. Mitarb. v. BOHNENKAMP, J.: Wettbewerbsvorteile und Wettbewerbsfähigkeit, Stuttgart 1988, S.18-29.

CROW, L.E./LINDQUIST, J.D.: Impact of Organizational and Buyer Characteristics on the Buying Center, in: IMM, 14 (1985), S. 49-58.

CZEPIEL, J.A.: Word-of-Mouth Process in the Diffusion of a Major Technological Innovation, in: JoMR, 11 (1974), S. 172-180.

DAVIDOW, W.H.: In High-Tech Markets, »Slightly Better« is Dangerous, in: BM, 71 (June 1986), S. 58-70.

DAVIDOW, W.H.: High Tech Marketing, der Kampf um den Kunden – Erfahrungen und Rezepte eines Insiders, Frankfurt a.M. 1987.

DAVIS, K.R./WEBSTER, F.E. Jr.: Sales Force Management, New York 1968.

DWYER, F.R./SCHURR, P.H./SEJO OH: Developing Buyer-Seller Relationships, in: JoM, 51 (April 1987), S. 11-27.

EIGNER, M./MAIER, H.: Einstieg in CAD, Lehrbuch für CAD-Anwender, München 1985.

ENGELHARDT, W.H./GÜNTER, B.: Investitionsgüter-Marketing, Anlagen, Einzelaggregate, Teile, Roh- und Einsatzstoffe, Energieträger, Stuttgart-Berlin-Köln-Mainz 1981.

ENGELHARDT, W.H./WITTE, P.: Konzeptionen des Investitionsgüter-Marketing, eine kritische Bestandsaufnahme ausgewählter Ansätze, in: Investitionsgütermarketing, Positionsbestimmung und Perspektiven, Festschrift für K.-H. STROTHMANN zum 60. Geburtstag, hrsg. v. M. KLICHE, Wiesbaden 1990, S. 3-17.

EVANS, F.B.: Selling as A Dyadic Relationship – A New Approach, in: American Behavioral Scientist, 6 (May 1963), S. 76-79.

EYBL, D.: Instrumente und Orientierungsgrundlagen zur Planung wettbewerbsorientierter Unternehmensstrategien, Frankfurt a.M. 1984.

FARLEY, J.U./HOWARD, J.A./HULBERT, J.: An Organizational Approach to an Industrial Marketing Information System, in: SMR, 13 (1971), S. 35 ff.

FORD, D.: The Development of Buyer-Seller Relationships in Industrial Markets, in: EJoM, 14 (1980), 5/6, S. 339-353.

FORD, D./RYAN, C.: Taking technology to market, in: HBR, 59 (1981), 2, S. 117-126.

FOTILAS, P.: Mikroelektronik im Industriebetrieb, Betriebswirtschaftlich-organisatorische Auswirkungen auf Produktentwicklung und Produktionsprozeß, Berlin 1983.

FRANK, R.E./MASSY, W.E./WIND, Y.: Market Segmentation, Englewood Cliffs, N.J. 1972.

FREDERICK, J.: Industrial Marketing, Prentice Hall, New York 1934.

FREEMAN, Chr.: The Economics of Industrial Innovation, 2. Edition, London 1982.

FRIEBE, K.P./NEUMANN, B./TSCHIERSE, K.: Einführung in die Mikroelektronik, VDI-TECHNOLOGIEZENTRUM Informationstechnik (Hrsg.), Berlin 1980.

GABEL, J.: Vom Transistor zu Gate Array – Vor 35 Jahren begann die Mikroelektronik, in: etz, Bd. 104 (1983), 2, S. 59-63.

GALBRAITH, J.K.: American Capitalism, Boston 1952.

GEMÜNDEN, H.G.: Transaktionsmarketing, Diss. Saarbrücken 1979.

GEMÜNDEN, H.G.: Effiziente Interaktionsstrategien im Investitionsgütermarketing, in: Marketing ZFP, (März 1980), 1, S. 21-32.

GEMÜNDEN, H.G.: Innovationsmarketing, Interaktionsbeziehungen zwischen Hersteller und Verwender innovativer Investitionsgüter, Tübingen 1981.

GEMÜNDEN, H.G.: »Promotors« – Key Persons for the Development and Marketing of Innovative Industrial Products, in: BACKHAUS, K./WILSON, D.T. (Eds.): Industrial Marketing. A German-American Perspective, Berlin-Heidelberg-New York-Tokyo 1986, S. 134-166.

GERYBADZE, A.: Innovation, Wettbewerb und Evolution, eine mikro- und mesoökonomische Untersuchung des Anpassungsprozesses von Herstellern und Anwendern neuer Produzentengüter, Tübingen 1982.

GESCHKA, H.: Marketingkonzepte für Innovationen, in: HM, (1984), 4, S. 7-16.

GROCHLA, E.: Betriebswirtschaftlich-organisatorische Voraussetzungen technologischer Innovationen, in: ZfbF-Sonderheft 11/80, Neue Technologien – neue Märkte, Wiesbaden 1980, S. 30-42.

GRÖNE, A.: Marktsegmentierung bei Investitionsgütern, Analyse und Typologie des industriellen Kaufverhaltens als Grundlage der Marketingplanung, Wiesbaden 1977.

GUILLET DE MONTHEAUX, P.: Organizational Mating and Industrial Marketing Conservatism, in: IMM, 4 (1975), S. 25-36.

GÜNTER, B.: Anbieterkoalitionen bei der Vermarktung von Anlagegütern – Organisationsformen und Entscheidungsprobleme, in: ENGELHARDT, W.H./LASSMANN, G. (Hrsg.): Anlagen-Marketing, ZfbF- Sonderheft 7/1977, Opladen 1977, S. 155-172.

GÜNTER, B.: Das Marketing von Großanlagen – Strategieprobleme des Systems Selling, Berlin 1979.

GÜNTER, B.: Systemdenken und Systemgeschäft im Marketing, Ansatzpunkte und Schwierigkeiten für Konzeption und Umsetzung, in: Marktforschung & Management, (1988), 4, S. 106-110.

GÜNTER, B.: Markt- und Kundensegmentierung in dynamischer Betrachtungsweise, in: Investitionsgütermarketing, Positionsbestimmung und Perspektiven, Festschrift für K.-H. STROTHMANN zum 60. Geburtstag, hrsg. v. M. KLICHE, Wiesbaden 1990, S. 113-130.

GÜNTER, B./BACKHAUS, K.: Das Anlagen-Marketing in der betriebswirtschaftlichen Literatur – eine strukturierte Auswahl, in: ENGELHARDT, W.H./LASSMANN, G. (Hrsg.): Anlagen-Marketing, ZfbF-Sonderheft 7/77, Opladen 1977, S. 197-208.

GÜNTER, B./KLEINALTENKAMP, M.: Marketing-Management für neue Fertigungstechnologien, in: ZfbF, 39 (1987), S. 323-354.

GUPTA, A.K./RAJ, S.P./WILEMON, D.L.: R&D and Marketing Dialogue in High-Tech Firms, in: IMM, 14 (1985), S. 289-300.

HAEDRICH, G. (Hrsg.): Operationale Entscheidungshilfen für die Marketingplanung, Berlin-New York 1977.

HÅKANSSON, H. (Ed.): International Marketing and Purchasing of Industrial Goods – An Interaction Approach, Chichester-New York-Brisbane 1982.

HÅKANSSON, H.: Technical Exchange within Industrial Networks, in: TURNBULL, P.W./PALIWODA, S.J. (Eds.): Research in International Marketing, London-Sydney-Dover, New Hampshire 1986, S. 355 – 376.

HÅKANSSON, H./JOHANSON, J./WOOTZ, B.: Influence Tactics in Buyer-Seller Processes, in: IMM, 5 (1976), S. 319-332.

HÅKANSSON, H./ÖSTBERG, C.: Industrial Marketing: An Organizational Problem?, in: IMM, 4 (1975), S. 113-124.

HALFMANN, J.: Die Entstehung der Mikroelektronik zur Produktion technischen Fortschritts, Frankfurt 1984.

HAMMANN, P.: Marktsegmentierung – theoretische Grundlagen, in: Technischer Vertrieb, hrsg. v. W. PLINKE, Projektgruppe Technischer Vertrieb, Freie Universität Berlin, 1987.

HANSEN, H.R.: Wirtschaftsinformatik I, Einführung in die betriebliche Datenverarbeitung, 4. Aufl., Stuttgart 1983.

HASELOFF, O.W.: Marketing für Innovationen, Ausbreitung, Akzeptierung und strategische Durchsetzung des Neuen in Wirtschaft und Gesellschaft, Savosa 1989.

HEINLEIN, M.: Die mesoökonomische Perspektive des Investitionsgütermarketing als Grundlage für einen Segmentierungsansatz, Diplomarbeit am Institut für Marketing der Freien Universität Berlin, 1990.

HILL, R.M./ALEXANDER, R.S./CROSS, J.S.: Industrial Marketing, 4. Edition, Homewood, Ill. 1975.

HIPPEL, E.v.: Has a Customer Already Developed Your next Product?, in: SMR, 18 (Winter 1977), S. 63-74.

HIPPEL, E.v.: Sucessfull Industrial Products from Customer Ideas, in: JoM, 42 (Jan. 1978), S. 39-49.

HIPPEL, E.v.: Get new Products from Customers, in: HBR, 60 (1982), 3/4, S. 117-122.

HIPPEL, E.v.: Lead User: A Source of Novel Product Concepts, in: Management Science, 32 (July 1986), S. 791-805.

HLAVACEK, J.D./REDDY, N.M.: Identifying and qualifying industrial market segments, in: EJoM, 20 (1986), S. 8-22.

HOMANS, G.C.: The Human Group, New York 1950.

HOMANS, G.C.: Elementarfaktoren sozialen Verhaltens, Köln 1968.

HOWARD, J.A./SHETH, J.N.: The Theory of Buyer Behavior, New York 1969.

HUGHES, G.D.: The Measurement of Changes in Attitude Induced by Personal Selling, in: GREYSER, S.A. (Ed.): Toward Scientific Marketing, AMA-Proceedings, Chicago 1964, S. 175-185.

HUTT, M.D./SPEH, T.W.: Industrial Marketing Management, A Strategic View of Business Markets, 2. Edition, Chicago etc. 1985.

INDUSTRIE- UND HANDELSKAMMER ZU KOBLENZ (Hrsg.): Mikroelektronik, ein Buch mit sieben Siegeln, Die Anwendung der Mikroelektronik in kleinen und mittleren Unternehmen, Koblenz 1984.

JACKSON, D.W. Jr./KEITH, J.E./BURDICK, R.K.: Purchasing Agents' Perceptions of Industrial Buying Center Influence: A Situational Approach, in: JoM, 48 (Fall 1984), S. 75-83.

JEWKES, J./SAWERS, D./STILLERMAN, R.: The Sources of Invention, 1. Edition 1958, 2. Edition London 1969.

JOHANSON, J./MATTSSON, L.G.: International Marketing and Internationalization Processes – A Network Approach, in: TURNBULL, P.W./PALIWODA, S.J. (Eds.): Research in International Marketing, London-Sydney-Dover, New Hampshire 1986, S. 234-265.

JOHANSON, J./MATTSSON, L.G.: Interorganizational Relations in Industrial Systems: A Network Approach Compared with the Transaction-Cost Approach, in: International Studies of Management and Organization, 17 (Spring 1987), 1, S. 34-48.

JOHNSTON, W.L./BONOMA, T.V.: Purchase Process for Capital Equipment and Services, in: IMM, 10 (1981), S. 253-264.

KAISER, W.: Hardware und Software: Entwicklungslinien, in: AFHELDT, H./MARTIN, H.-E./SCHRAPE, K. (Hrsg.): Neue Techniken der Bürokommunikation, Landsberg a. Lech 1986, S. 23-30.

KARCHER, H.-B.: Büro der Zukunft, Einflußfaktoren der Marktentwicklung für innovative Bürokommunikations-Terminals, 2. Aufl., Gräfelfing bei München 1982.

KAUFER, E.: Industrieökonomik, eine Einführung in die Wettbewerbstheorie, München 1980.

KERN, E.: Der Interaktionsansatz im Investitionsgüter-Marketing, Arbeitspapier Nr. 9/1987 des Betriebswirtschaftlichen Instituts für Anlagen und Systemtechnologien der Westfälischen Wilhelms-Universität Münster, hrsg. v. K. BACKHAUS, Münster 1987.

KESSLER, C.: Marketing für Informationssysteme, in: Siemens-Zeitschrift, 59 (1985), 4, S. 2-6.

KING, C. W./SUMMERS, J.O.: Dynamics of Interpersonal Communication: The Interaction Dyad, in: COX, D.F. (Ed.): Risk Taking and Information Handling in Consumer Behavior, Boston 1967, S. 240-264.

KIRSCH, W./KUTSCHKER, M.: Investitionsgütermarketing, in: Marketing-Enzyklopädie, Bd. 1, München 1974, S. 1027-1042.

KIRSCH, W./KUTSCHKER, M.: Das Marketing von Investitionsgütern, Theoretische und empirische Perspektiven eines Interaktionsansatzes, aus: Schriftenreihe der ZfB, hrsg. v. E. GUTENBERG, Wiesbaden 1978.

KIRSCH, W./KUTSCHKER, M./LUTSCHEWITZ, H.: Ansätze und Entwicklungstendenzen im Investitionsgütermarketing, 2. Aufl., Stuttgart 1980.

KIRZNER, I.M.: Competition and Entrepreneurship, Chicago 1973.

KLAIBER, U.: Der Erkenntniswert theoretischer Ansätze zur Beschreibung von Geschäftsbeziehungen, Diplomarbeit am Institut für Marketing der Freien Universität Berlin, 1989.

KLEINALTENKAMP, M.: Der Einfluß der Normung und Standardisierung auf die Diffusion technischer Innovationen, Arbeitspapier und Ergebnisbericht, Ruhr-Universität Bochum, SFB 187, Teilprojekt K-2, Bochum 1990.

KLICHE, M.: Marktsegmentierung für technische Innovationen, dargestellt am Beispiel des Industrieroboters, VDI Fortschritt-Berichte Reihe 16, Nr. 28, Düsseldorf 1985.

KLICHE, M.: Zum Interaktionsansatz im Innovationsmarketing, in: Investitionsgütermarketing, Positionsbestimmung und Perspektiven, Festschrift für K.-H. STROTHMANN zum 60. Geburtstag, hrsg. v. M. KLICHE, Wiesbaden 1990, S. 53-76; auch unter dem Titel: Asymmetrische Interaktion und Potentialausgleich im Innovationsmarketing, Arbeitspapier Nr. 27/1989, Institut für Markt- und Verbrauchsforschung, Freie Universität Berlin, 1989.

KLICHE, M./PÖRNER, R.: Qualifizierung und Personalschulung als Instrumente des Technologie-Marketing – Ansatzpunkte auf dem Wege zu einer Integrationspolitik, in: BAAKEN, Th./SIMON, D. (Hrsg.): Abnehmerqualifizierung als Instrument des Technologie-Marketing, Personalentwicklung beim Kunden – eine Herausforderung für Anbieter innovativer Technologien, Berlin 1987, S. 237-250.

KLICHE, M./STROTHMANN, K.-H.: Marktforschung für technische Innovationen – Ansatzpunkte auf der Grundlage einer fraktionierten Informationsgewinnung, in: Jahrbuch der Industriewerbung 1987, Wiesbaden 1987, S. 90-96.

KLICHE, M./TOMCZAK, T.: Innovationspositionen im industriellen Wettbewerb, Teil 1: Innovationswettbewerb: Orientierungsbasis für High-Tech-Unternehmen, in: Der Betriebsleiter, 29 (1988), 5, Sonderteil: Fabrik der Zukunft, S. 18-22.

KLICHE, M./TOMCZAK, T.: Innovationspositionen im industriellen Wettbewerb, Teil 2: Porter's Wertkette: Ausgangspunkt zur Gestaltung unternehmerischer Innovationsaktivitäten, in: Der Betriebsleiter, 29 (1988), 9, Sonderteil: Fabrik der Zukunft, S. 12-14.

KNETSCH, W.: Organisations- und Qualifizierungskonzepte bei CAD/CAM-Einführung, Voraussetzungen erfolgreicher Anwendung flexibler Automatisierungssysteme, Berlin 1987.

KNETSCH, W./BAAKEN, Th.: Veränderungen der beruflichen Qualifikation durch neue Technologien am Beispiel von CAD/CAM, hrsg. vom VDI-Technologiezentrum Informationstechnik, Forschungsprojekt im Auftrag des Hessischen Sozialministeriums, Berlin 1983.

KNETSCH, W./LESTAPIS, B./NORTHCOTT, J.: Die industrielle Anwendung der Mikroelektronik in der Bundesrepublik Deutschland, Frankreich, Großbritannien – Ein internationaler Vergleich, Haar bei München 1985.

KNETSCH, W./KLICHE, M.: Die industrielle Mikroelektronik-Anwendung im Verarbeitenden Gewerbe der Bundesrepublik Deutschland, VDI-Technologiezentrum Informationstechnik (Hrsg.) Berlin, Haar bei München 1986.

KÖHLER, R./UEBELE, H.: Marktsegmentierung in der Industrieelektronik, eine empirische Untersuchung von Kaufentscheidungskriterien beim Kauf von Produkten der Industrieelektronik, Würzburg 1983.

KONDRATJEW, N.: The Major Economic Cycles, in: Voprosy Konjunktury, 1 (1925), S. 28-79, englische Übersetzung nachgedruckt in: Lloyd's Bank Review, (1978), No. 129.

KOSIOL, E.: Modellanalyse als Grundlage unternehmerischer Entscheidungen, in: Zeitschrift für handelswissenschaftliche Forschung, 1961, S. 31 ff.

KOTLER, PH.: Marketing Management, Analysis, Planning and Control, 5. Edition, Englewood Cliffs, N.J. 1984.

KRATZ, J.: Der Interaktionsprozeß beim Kauf von einzeln gefertigten Investitionsgütern, Diss. Bochum 1975.

KRAUS, A.: Interaktionsprozesse bei der Vermarktung von Investitionsgütern, eine Analyse am Beispiel von Verdichtungsgeräten, Diss., Mainz 1986.

KUHN, Th: Die Entstehung des Neuen, Frankfurt a.M. 1977.

KUHN, Th: Die Struktur wissenschaftlicher Revolutionen, 3. Aufl., Frankfurt a.M. 1978.

KUß, A.: Marketingmodelle in der Praxis, Anwendungsstand und Gestaltungsprinzipien von Marketingmodellen, Diss., Berlin 1978.

KUß, A.: Entscheider-Typologien und das Buying Center-Konzept, in: Investitionsgüter-marketing, Positionsbestimmung und Perspektiven, Festschrift für K.-H. STROTH-MANN zum 60. Geburtstag, hrsg. v. M. KLICHE, Wiesbaden 1990, S. 21-37.

KUTSCHKER, M.: Verhandlungen als Elemente eines verhaltenswissenschaftlichen Bezugsrahmens des Investitionsgütermarketing, Diss. Mannheim 1972.

KUTSCHKER, M.: Feldtheoretische Perspektiven eines Interaktionsansatzes des Investitionsgütermarketing, Habil.schrift, München 1980.

KUTSCHKER, M.: The Multi-Organizational Interaction Approach to Industrial Marketing, in: JoBR, 13 (1985), S. 383-403.

KUTSCHKER, M./KIRSCH, W.: Verhandlungen in multiorganisationalen Entscheidungsprozessen, München 1978.

LEHMANN, M.A./CARDOZO, R.N.: Product or Industrial Advertisements, in: JoAR, (April 1973), S. 43 ff.

LITTOW, E.D.: Die Planung des Technologietransfers bei Produktionsverlagerungen in der Investitionsgüterindustrie, VDI-Fortschritt-Berichte, Reihe 16, Nr. 9, Düsseldorf 1981.

LUCAS, G.H. JR./BUSH, A.J.: Guidelines for Marketing a New Industrial Product, in: IMM, 13 (1984), S. 157-161.

LUTSCHEWITZ, H./KUTSCHKER, M.: Die Diffusion von innovativen Investitionsgütern, München 1977.

MAHAJAN, V./WIND, Y.: Innovation Diffusion Models of New Product Acceptance: A Reexamination, in: MAHAJAN, V./WIND, Y. (Eds.): Innovation Diffusion Models of New Product Acceptance, Cambridge, Mass. 1986, S. 3-25.

MAIER-ROTHE, Chr./BUSSE, K.L./THIELE, R.H.: Mut zur Integration, in: manager magazin, (1983), 10, S. 158-169.

MARCHETTI, C.: Die magische Entwicklungskurve, in: bild der wissenschaft, (1985), 10, S. 115-128.

MARR, R.: Innovation, in: GROCHLA, E. (Hrsg.): HWO, 2. Aufl., Stuttgart 1980, Sp. 947-959.

MARTILLA, J.A.: Word-of-Mouth Communication in the Industrial Adoption Process, in: JoMR, 8 (1971), S. 173-178.

MARTIN, H.-E.: Einführung, in: AFHELDT, H./MARTIN, H.-E./SCHRAPE, K. (Hrsg.): Neue Techniken der Bürokommunikation, Landsberg a. Lech 1986, S. 11-21.

MATTSSON, L.-G.: Systems Selling as a Strategy on Industrial Markets, in: IMM, 3 (1973), S. 107-120.

MATTSSON, L.-G.: Impact of Stability in Supplier-Buyer Relations on Innovative Behavior of Industrial Markets, in: FISK/ARNDT/GRøNHAUG (Eds.): Future Direction for Marketing, Marketing Science Institute, 1978, S. 211 ff.

MAYER, D./STOLZ, A.: Mitwirkung des Nutzers am Neuerungsprozeß, Kapitel in: BIERFELDER, W.: Innovationsmanagement, München-Wien 1987, S. 69-81.

McCABE, D.L.: Buying Group Structure: Constriction at the Top, in: JoM, 51 (Oct. 1987), S. 89-91.

McKELVEY, J.P.: Science and Technology: The Driven and the Driver, in: TechR, 88 (1985), 1, S. 38-47.

MEFFERT, H.: Marketing, Grundlagen der Absatzpolitik, 7. Aufl., Wiesbaden 1986, Nachdruck 1989.

MEFFERT, H./REMMERBACH, K.-U.: Marketingstrategien in jungen Märkten – Wettbewerbsorientiertes High-Tech-Marketing, in: DBW, 48 (1988), 3, S. 331-346.

MEISSNER, H.G.: Marketing für Innovationen, in: WiSt, (1979), 8, S. 359-364.

MENSCH, G.: Basisinnovation und Verbesserungsinnovation, in: ZfB, 42 (1972), 4, S. 291-297.

MENSCH, G.: Das technologische Patt, Innovationen überwinden die Depression, Frankfurt a.M. 1975, Taschenbuchausg. Frankfurt a.M. 1977.

MEYER, J. v.: Die Implementierung eines Innovationsmarketing unter besonderer Berücksichtigung der Integrationspolitik für CIM-Technologien, Diss., Freie Universität Berlin, 1990.

MIDGLEY, D.F.: Innovation and New Product Marketing, London 1977.

MILLMAN, A.F.: Understanding Barriers to Product Innovation at the R&D/Marketing Interface, in: EJoM, 16 (1982), 5, S. 22-34.

MITTAG, H.: Technologiemarketing, die Vermarktung von industriellem Wissen unter besonderer Berücksichtigung des Einsatzes von Lizenzen, Bochum 1985.

MOHR, H.-W.: Bestimmungsgründe für die Verbreitung von neuen Technologien, Berlin 1977.

MUELLER, R.K./DESCHAMPS, J.-P.: Die Herausforderung Innovation, in: ARTHUR D. LITTLE INT. (Hrsg.): Management der Geschäfte von morgen, Wiesbaden 1986, S. 27-38.

NEFIODOW, L.A.: Der fünfte Kondratieff, Strategien zum Strukturwandel in Wirtschaft und Gesellschaft, Frankfurt a.M.-Wiesbaden 1990.

NEIPP, G.: Einführung von CAD/CAM als Teil der Unternehmensstrategie, in: VDI-Berichte 492, Datenverarbeitung in der Konstruktion '83, Kongreß München, Düsseldorf 1983, S. 421 ff.

NEUMANN, M.: Industrial Organization, ein Überblick über die quantitative Forschung, in: ZfB, 49 (7/1979), S. 645-660.

NORDHAUS, W.D./TOBIN, J.: Is Growth Obsolete?, in: GORDON, R. (Ed.): Economic Research: Retrospect and Prospect, Economic Growth, New York 1972, S. 2 ff.

NORTHCOTT, J.: Microelectronics in Industry, Promise and Performance, PSI – POLICY STUDIES INSTITUTE (Ed.), London 1986.

NOYCE, R.N.: Microelectronics, in: FORESTER, T. (Ed.): The Microelectronics Revolution, Oxford 1982, S. 29-41.

o.V.: Phasen des Wirtschaftswandels, Interview mit Prof. Gerhard O. Mensch, in: bild der wissenschaft, (1985), 1, S. 66.

OTT, A.: Industrieökonomik, in: BOMBACH, G.: Industrieökonomik: Theorie und Empirie, Tübingen 1985, S. 319-331.

OZANNE, U.B./CHURCHILL, G.A. Jr.: Five Dimensions of the Industrial Adoption Process, in: JoMR, 8 (1971), S. 322-328.

PAGE, A./SIEMPLENSKI, M.: Product Systems Marketing, in: IMM, 12 (1983), S. 89-99.

PARKINSON, S.T./BAKER, M.J./MOLLER, K.: Organizational Buying Behaviour, London u.a. 1986.

PARSONS, G.L.: Information Technology: A New Competitive Weapon, in: SMR, (Fall 1983), S. 3-14.

PATTON, W.E. III/PUTO, C.P./KING, R.H.: Which Buying Decisions are made by Individuals and not by Groups?, in: IMM, 15 (1986), S. 129-138.

PENNINGTON, A.L.: Customer-Salesman Bargaining Behavior in Retail Transactions, in: JoMR, 5 (1968), S. 255-262.

PETERS, H.-R.: Grundlagen der Mesoökonomie und Strukturpolitik, Stuttgart 1981.

PETERS, M.P./VENKATESAN, M.: Exploration of Variables Inherent in Adopting an Industrial Product, in: JoMR, 10 (1973), S. 312 ff.

PLANK, R.E.: A Critical Review of Industrial Market Segmentation, in: IMM, 14 (1985), S. 79-91.

PLINKE, W.: Die Geschäftsbeziehung als Investition, in: SPECHT, G./SILBERER, G./ENGELHARDT, W.H. (Hrsg.): Marketing-Schnittstellen – Herausforderungen für das Management, Stuttgart 1989, S. 305-325.

PLINKE, W.: Einführung in das industrielle Marketing, in: Technischer Vertrieb, hrsg. v. W. PLINKE, Projektgruppe Technischer Vertrieb, Freie Universität Berlin, Berlin 1989.

PLINKE, W./FLIEß, S.: Das industrielle Kaufverhalten, Teil I, in: Technischer Vertrieb, hrsg. v. W. PLINKE, Projektgruppe Technischer Vertrieb, Freie Universität Berlin, Berlin 1986.

PLINKE, W./FLIEß, S.: Das industrielle Kaufverhalten, Teil II, in: Technischer Vertrieb, hrsg. v. W. PLINKE, Projektgruppe Technischer Vertrieb, Freie Universität Berlin, Berlin 1986.

PÖRNER, R.: Strategisches Management für innovative technologieorientierte Gründerunternehmen, Diss., Frankfurt a.M.-Bern-New York-Paris 1989.

PORTER, M.E.: Wettbewerbsstrategie (Competitive Strategy), Methoden zur Analyse von Branchen und Konkurrenten, dt. 2. Aufl., Frankfurt a.M. 1984.

PORTER, M.E.: Wettbewerbsvorteile (Competitive Advantage), Spitzenleistungen erreichen und behaupten, dt. Übersetzung, Frankfurt a.M. 1986.

PORTER, M.E./MILLAR, V.E.: How Information Gives You Competitive Advantage, in: HBR, (Jul-Aug 1985), S. 149-160.

PRÜSER, S.: Management der Schnittstelle F&E/Marketing, Diplomarbeit am Institut für Marketing der Freien Universität Berlin, 1989.

RAO, S./RABINO, S.: Product-Market Strategies in the Minicomputer Industry, in: IMM, 9 (1980), S. 325-330.

RAVEN, M. v.: Numerische Steuerungen (CNC), Technischer Stand, Auswahlkriterien, in: VDI-Z, 123 (1981), 15/16, M 241-246.

ROBERTSON, T.S.: Innovative Behavior and Communication, New York u.a. 1971.

ROBERTSON, T.S./GATIGNON, H.: Competitive Effects on Technology Diffusion, in: JoM, 50 (July 1986), S. 1-12.

ROBINSON, P.J./FARIS, C.W./WIND, Y.: Industrial Buying and Creative Marketing, Boston 1967.

ROGERS, E.M.: Diffusion of Innovations, New York 1962.

ROGERS, E.M.: Diffusion of Innovations, 3. Edition, New York 1983.

ROSENBERG, N.: Perspectives on Technology, Cambridge-London-New York-Melbourne 1976.

ROST, D.: Aspekte der Werbung für Investitionsgüter in der Praxis, in: Investitionsgütermarketing, Positionsbestimmung und Perspektiven, Festschrift für K.-H. STROTHMANN zum 60. Geburtstag, hrsg. v. M. KLICHE, Wiesbaden 1990, S. 153-167.

ROST, D./STROTHMANN, K.-H. (Hrsg.): Handbuch Werbung für Investitionsgüter, Wiesbaden 1983.

ROTH, W.: Anwendungsspezifische IC, Herausforderung und Aufgabe, in: etz, 105 (1984), 20, S. 1070-1073.

RUMPF, H./REMPP, H./WIESINGER, M.: Technologische Entwicklung, Bd. 2, Göttingen 1976.

RÜSING, E.: ISDN, Schritt für Schritt in die Zukunft der Telekommunikation, in: Office Management, (1987), 6, S. 42-50.

SAMLI, A.C./WILLS, J.: Strategies for Marketing Computers and Related Products, in: IMM, 15 (1986), S. 23 ff.xx

SASS, W.: Marketing-Kultur für High-Tech-Märkte, in: absatzwirtschaft, (1988), 4, S. 55 ff.

SCHANZ, G.: Einführung in die Methodologie der Betriebswirtschaftslehre, Köln 1975.

SCHEER, A.-W.: CIM – Der computergesteuerte Industriebetrieb, Berlin-Heidelberg-New York-London-Paris-Tokyo 1987.

SCHEER, A.-W: CIM: Organisation und Implementierung, in: HM, (1987), 1, S. 84-95.

SCHERER, F.M.: Stand und Perspektiven der Industrieökonomik, in: BOMBACH, G. (Hrsg.): Industrieökonomik: Theorie und Empirie, Tübingen 1985, S. 3-19.

SCHEUCH, F.: Die Organisation des Kundenkontakts beim Absatz von Investitionsgütern, in: IO, 43 (1974), S. 549 ff.

SCHEUCH, F.: Investitionsgüter-Marketing, Grundlagen-Entscheidungen-Maßnahmen, Opladen 1975.

SCHMALEN, H./PECHTL, H.: Erweiterungen des dichotomen Adoptionsbegriffes in der Diffusionsforschung, ein Fallbeispiel aus dem Bereich der kommerziellen PC-Software-Anwendung, in: JbAV, 35 (1989), 1, S. 92-120.

SCHOCH, R.: Der Verkaufsvorgang als sozialer Interaktionsprozeß, Winterthur 1969.

SCHULTE, D.: Die Bedeutung des F&E-Prozesses und dessen Beeinflussbarkeit hinsichtlich technologischer Innovationen, Bochum 1978.

SCHULTZ, D.E./DEWAR, R.D.: Technology's Challenge to Marketing Management, in: BM, 69 (March 1984), S. 30-41.

SCHULTZ-WILD, R.: An der Schwelle zur Rechnerintegration, zur Verbreitung von CIM-Techniken in der Investitionsgüterindustrie, in: VDI-Z, 130 (1988), 9, S. 40-45.

SCHULZ, K.R.: Verkaufsförderung für Investitionsgüter, in: Marketing-Enzyklopädie, München 1974, Bd. 3, S. 493 ff.

SCHUMPETER, J.: The Instability of Capitalism, in: Economic Journal, 38 (1928), S. 361-386, nochmals erschienen in: ROSENBERG, N. (Ed.): The Economics of Technological Change, Harmondsworth 1971, S. 13-42.

SCHUMPETER, J.: Theorie der wirtschaftlichen Entwicklung, 3. Aufl., Berlin-München 1934.

SCHUMPETER, J.: Kapitalismus, Sozialismus und Demokratie, dt. 2. erw. Aufl., München 1950.

SEGLER, K.: Basisstrategien im internationalen Marketing, Frankfurt a.M.-New York 1986.

SEL-Stiftung für technische und wirtschaftliche Kommunikationsforschung im Stifterverband für die Deutsche Wissenschaft (Hrsg.) (1987): Zusammenwirken von Mensch und Technik, Ein Diskussionsprotokoll von Wolf Rauch, SEL-Stiftungs-Reihe 3, 1987.

SHANKLIN, W.L./RYANS, J.K. Jr.: Organizing for High-Tech Marketing, in: HBR, (Nov/Dec 1984), 164-171.

SHAPIRO, B.P./BONOMA, T.V.: How to segment industrial markets, in: HBR, (1984), 3, S. 104-110.

SHETH, J.N.: A Model of Industrial Buyer Behavior, in: JoM, 37 (Oct. 1973), S. 50-56.

SHETH, J.N./RAM, S.: Bringing Innovation to Market, How to Break Corporate and Customer Barriers, New York-Chichester-Brisbane-Toronto-Singapore 1987.

SIMON, H.: Management strategischer Wettbewerbsvorteile, in: SIMON, H. (Hrsg.) u. Mitarb. v. BOHNENKAMP, J.: Wettbewerbsvorteile und Wettbewerbsfähigkeit, Stuttgart 1988, S. 1-17.

SMITH, W.: Product Differentiation and Market Segmentation as Alternative Strategies, in: JoM, 21 (July 1956), S. 3-8.

SOMMERLATTE, T.: Verstrickt und vernetzt, in: manager magazin, (1985), 2, S. 56-86.

SOMMERLATTE, T.: Die Veränderungsdynamik, die uns umgibt. Ist das Unternehmen ausreichend darauf eingestellt? in: ARTHUR D. LITTLE INT. (Hrsg.): Management der Geschäfte von morgen, Wiesbaden 1986, S. 1-15.

SOMMERLATTE, T.: Technologiemarketing, Neue Märkte gezielt erschließen, in: HM, (1987), 1, S. 22-26.

SOMMERLATTE, T./DESCHAMPS, J.-P.: Der strategische Einsatz von Technologien, Konzepte und Methoden zur Einbeziehung von Technologien in die Strategieentwicklung des Unternehmens, in: ARTHUR D. LITTLE INT. (Hrsg.): Management im Zeitalter der strategischen Führung, 2. Aufl., Wiesbaden 1986, S. 39-76.

SOMMERLATTE, T./LAYNG, B. J./VAN OENE, F.: Innovationsmanagement – Schaffen einer innovativen Unternehmenskultur, in: ARTHUR D. LITTLE INT. (Hrsg.): Management der Geschäfte von morgen, Wiesbaden 1986, S. 55-74.

SPEKMAN, R.E.: Segmenting Buyers in Different Types of Organizations, in: IMM, 10 (1981), 1, S. 43-48.

SPIEGEL-Verlag (Hrsg.): Entscheidungsprozesse und Informationsverhalten in der Industrie, Hamburg 1972.

SPIEGEL-Verlag (Hrsg.): Innovatoren – eine Pilotstudie zum Innovationsmarketing in Maschinenbau und Elektroindustrie, Hamburg 1988.

SPUR, G./KRAUSE, F.-L.: Die Weiterentwicklung der CAD-Technik, Perspektiven aus der Forschung, in: CIM MANAGEMENT, (1986), 1, S. 48-57.

STEFFENHAGEN, H.: Industrielle Adoptionsprozesse als Problem der Marketingforschung, in: MEFFERT, H. (Hrsg.): Marketing heute und morgen, Wiesbaden 1975, S. 107-125.

STREBEL, H./STROTHMANN, K.-H./BAAKEN, Th.: Auswirkungen der Mikroelektronik auf die industrielle Fertigung, Untersuchungsbericht im Rahmen des Forschungsprojektschwerpunkts: Die Auswirkungen der Mikroelektronik auf Industriebetrieb und Investitionsgütermarketing, Freie Universität Berlin 1981.

STROTHMANN, K.-H.: Das Informations- und Entscheidungsverhalten einkaufsentscheidender Fachleute der Industrie als Erkenntnisobjekt der industriellen Markt- und Werbeforschung, in: REMBECK, M./EICHHOLZ, G.P. (Hrsg.): Der Markt als Erkenntnisobjekt der empirischen Wirtschafts- und Sozialforschung, Berlin-Stuttgart 1968, S. 174-187.

STROTHMANN, K.-H.: Produktionsgüter: Verkauf als Informationsproblem, in: Marketing Journal, 1 (1968), 1, S. 15-17.

STROTHMANN, K.-H.: Marktforschung für Investitionsgüter, in: OTT, W. (Hrsg.): Handbuch der praktischen Marktforschung, München 1972, S. 787-795.

STROTHMANN, K.-H.: Die Bedeutung der Preispolitik im Investitionsgütermarketing, in: HAEDRICH, G. (Hrsg.): Operationale Entscheidungshilfen für die Marketingplanung, Berlin-New York 1977, S. 133-142.

STROTHMANN, K.H.: Investitionsgütermarketing, München 1979.

STROTHMANN, K.-H.: Innovationsmarketing – Herausforderung für Theorie und Praxis, in: BAAKEN, Th./SIMON, D. (Hrsg.): Abnehmerqualifizierung als Instrument des Technologie-Marketing, Personalentwicklung beim Kunden – eine Herausforderung für Anbieter innovativer Technologien, Berlin 1987, S.181-200.

STROTHMANN, K.-H./BAAKEN, Th./KLICHE, M./PÖRNER, R.: Der Einsatz von CAD/CAM-Systemen in der Investitionsgüter-Industrie, Ergebnisse einer Primärerhebung, Würzburg 1987.

STROTHMANN, K.-H./BAAKEN, Th./KLICHE, M./PÖRNER, R./STIEFEL-RE-CHENMACHER, R.: Merkmale innovativer Unternehmen der Investitionsgüter-Industrie, Ergebnisse einer Primärerhebung, Würzburg 1987.

STROTHMANN, K.-H./BAAKEN, Th./KLICHE, M./PÖRNER, R./STIEFEL-RE-CHENMACHER, R.: Integrationspolitik und Technologie-Beobachtung im Innovationsmarketing, Ergebnisse einer Primärerhebung, Würzburg 1988.

STROTHMANN, K.-H./CLEMENS, B./ZIEGLER, R.: Auswirkung der Mikroelektronik auf das Investitionsgüter-Marketing, eine Untersuchung bei Marketing-Leitern mit Mikroelektronik-Erfahrung, Berlin 1981.

STROTHMANN, K.-H./KLICHE, M.: Die Auswirkungen des technischen Entwicklungsprozesses auf den Handel im Investitionsgüterbereich, in: TROMMSDORFF, V. (Hrsg.): Handelsforschung 1986, Jahrbuch der FfH Berlin, Bd. 1, Heidelberg 1986, S. 17-34.

STROTHMANN, K.-H./KLICHE, M.: Innovationsmarketing, Markterschliessung für Systeme der Bürokommunikation und Fertigungsautomation, Wiesbaden 1989.

STROTHMANN, K.-H./KLICHE, M.: Marktsegmentierung für High-Tech-Anbieter, in: Marktforschung & Management, 33 (1989), 3, S. 82-88.

STROTHMANN, K.-H./KLICHE, M.: Integrationspolitik im Innovationsmarketing, in: KLEINALTENKAMP, M./SCHUBERT, K. (Hrsg.): Entscheidungsverhalten bei der Beschaffung neuer Technologien, Arbeitspapier-Vortragssammlung, Ruhr-Universität Bochum, SFB 187, Teilprojekt K-1, Bochum 1990; auch als Sammelwerk: Berlin 1990, S. 139-155.

STROTHMANN, K.-H./KUß, A./ZIEGLER, R.: Marktorientierte Konstruktions- und Entwicklungspolitik in der Investitionsgüter-Industrie, Berlin 1979.

STROTHMANN, K.-H./STREBEL, H./BAAKEN, Th./BÖHME, J.: Auswirkungen der Mikroelektronik auf den Export von Investitionsgütern, eine empirische Untersuchung, Würzburg 1983.

STROTHMANN, K.-H./STREBEL, H./BÖHME, J.: Anwendung der Mikroelektronik in kleinen und mittleren Unternehmen, Ergebnisse einer Primärerhebung, Würzburg 1984.

TILTON, J.E.: International Diffusion of Technology: The Case of Semiconductors, Washington, D.C. 1971.

TOSI, H.L.: The Effects of Expectation Levels and Role Consensus on the Buyer-Seller Dyad, in: JoB, 39 (Oct. 1966), S. 516-529.

TROMMSDORFF, V./TRIMTER, R./SCHNEIDER; P.: Innovation und Marketing, in: THEXIS, 5 (1988), 2, S. 8-11.

TUCKER, W.T.: The social Context of Economic Behavior, New York 1964.

TURNBULL, P.W./PALIWODA, S.J. (Eds.): Research in International Marketing, London-Sydney-Dover, New Hampshire 1986.

UHLMANN, L.: Der Innovationsprozeß in westeuropäischen Industrieländern, Bd. 2: Der Ablauf industrieller Innovationsprozesse, aus: Schriftenreihe des IFO-Instituts für Wirtschaftsforschung, Nr. 98, Berlin-München 1978.

USHER, A.P.: A History of Mechanical Inventions, revised edition, Cambridge, Mass. 1954.

VDI (Hrsg.): VDI-Richtlinie 2860, Montage- und Handhabungstechnik, Handhabungsfunktionen, Handhabungseinrichtungen, Begriffe, Definitionen, Symbole, Düsseldorf 1982, Blatt 1.

WARNECKE, H.J./SCHRAFT, R.D.: Industrieroboter, 2. Aufl., Mainz 1979.

WEBSTER, F.E. Jr.: Modelling the Industrial Buying Process, in: JoMR, 2 (1965), S. 170-176.

WEBSTER, F.E. Jr.: Industrial Marketing Strategy, New York-Chichester-Brisbane-Toronto 1979.

WEBSTER, F.E. Jr./WIND, Y.: Organizational Buying Behavior, Englewood Cliffs, N.J., 1972.

WEBSTER, F.E.Jr./WIND, Y.: A General Model for Understanding Organizational Buying Behavior, in: JoM, 36 (April 1972), S. 12-19.

WERNER, J.: Das Verhältnis von Theorie und Geschichte bei J. Schumpeter, in: MONTANER, A. (Hrsg.): Geschichte der Volkswirtschaftslehre, Köln-Berlin 1967, S. 277-295.

WILDEMANN, H.: Strategische Investitionsplanung für neue Technologien in der Produktion, in: Strategische Investitionsplanung für neue Technologien, Schriftleitung: ALBACH, H./WILDEMANN, H., ZfB-Ergänzungsheft, 1/1986, Wiesbaden 1986, S. 1-48.

WILLET, R.P./PENNINGTON, A.L.: Customer and Salesmen: The Anatomy of Choice and Influence in a Retail Setting, AMA-Proceedings, Chicago 1966, S. 598-602.

WILSON, D.T.: Industrial Buyers' Decision-Making Styles, in: JoMR, 8 (1971), S. 433-436.

WILSON, D.T.: Dyadic Interactions, in: WOODSIDE, A.G./SHETH, J.N./BENNETT, P.D. (Eds.): Consumer and Industrial Buying Behavior, New York-Amsterdam-Oxford 1977, S. 355-365.

WIND, Y.: Issues and Advances in Segmentation Research, in: JoMR, 15 (1978), S. 317-337.

WIND, Y./CARDOZO, R.: Industrial Market Segmentation, in: IMM, 3 (1974), S. 153-166.

WIND, Y./THOMAS, R.: Conceptual and Methodological Issues in Organisational Buying Behaviour, in: EJoM, 14 (1980), S. 239-263.

WITTE, E.: Phasen-Theorem und Organisation komplexer Entscheidungsverläufe, in: ZfbF, (1968), S. 625-647.

WITTE, E.: Organisation für Innovationsentscheidungen – Das Promotorenmodell, Göttingen 1973.

ZAHN, E.: Mikroelektronik in der Informationsgesellschaft, die Auswirkungen der Computerisierung aus der Sicht des Unternehmens, in: HM, (1983), 2, S. 7-13.

ZALTMAN, G./DUNCAN, R./HOLBEK, J.: Innovations and Organizations, New York-Chichester-Brisbane-Toronto 1973.

ZIEGLER, R.: Die Relevanz feldtheoretischer Erkenntnisse für die Erklärung des interpersonellen und interorganisationalen Entscheidungsverhaltens bei Investitionen, Diss. Berlin 1981.

ZIEGLER, R.: Psychologische Aspekte des Interaktionsansatzes im Investitionsgüter-Marketing, in: Investitionsgütermarketing, Positionsbestimmung und Perspektiven, Festschrift für K.-H. STROTHMANN zum 60. Geburtstag, hrsg. v. M. KLICHE, Wiesbaden 1990, S. 77-90.

ZIMMERMANN, A.: High-Tech-Marketing, eine neue Dimension, in: THEXIS, 4 (1987), 1, S. 17-18.

Stichwortverzeichnis

nbf neue betriebswirtschaftliche forschung

(Fortsetzung von S. II)

Band 28 Dr. Peter Wesner
Bilanzierungsgrundsätze in den USA

Band 29 Dr. Hans-Christian Riekhof
**Unternehmensverfassung und
Theorie der Verfügungsrechte**

Band 30 Dr. Wilfried Hackmann
**Verrechnungspreise für Sachleistungen
im internationalen Konzern**

Band 31 Prof. Dr. Günther Schanz
**Betriebswirtschaftslehre
und Nationalökonomie**

Band 32 Dr. Karl-Heinz Sebastian
Werbewirkungsanalysen für neue Produkte

Band 33 Dr. Mark Ebers
**Organisationskultur:
Ein neues Forschungsprogramm?**

Band 34 Dr. Axel v. Werder
Organisationsstruktur und Rechtsnorm

Band 35 Dr. Thomas Fischer
Entscheidungskriterien für Gläubiger

Band 36 Prof. Dr. Günter Müller-Stewens
Strategische Suchfeldanalyse

Band 37 Prof. Dr. Reinhard H. Schmidt
Modelle in der Betriebswirtschaftslehre

Band 38 Prof. Dr. Bernd Jahnke
Betriebliches Recycling

Band 39 Dr. Angela Müller
**Produktionsplanung und Pufferbildung
bei Werkstattfertigung**

Band 40 Dr. Rudolf Münzinger
**Bilanzrechtsprechung der
Zivil- und Strafgerichte**

Band 41 Dr. Annette Hackmann
**Unternehmensbewertung
und Rechtsprechung**

Band 42 Dr. Kurt Vikas
**Controlling im Dienstleistungsbereich
mit Grenzplankostenrechnung**

Band 43 Dr. Bernd Venohr
**„Marktgesetze" und
strategische Unternehmensführung**

Band 44 Dr. Hans-Dieter Krönung
Kostenrechnung und Unsicherheit

Band 45 Dr. Theodor Weimer
Das Substitutionsgesetz der Organisation

Band 46 Dr. Hans-Joachim Böcking
Bilanzrechtstheorie und Verzinslichkeit

Band 47 Dr. Ulrich Frank
**Expertensysteme:
Neue Automatisierungspotentiale
im Büro- und Verwaltungsbereich?**

Band 48 Dr. Bernhard Heni
Konkursabwicklungsprüfung

Band 49 Dr. Rudolf Schmitz
**Kapitaleigentum, Unternehmensführung
und interne Organisation**

Band 50 Dr. Ralf Michael Ebeling
**Beteiligungsfinanzierung
personenbezogener Unternehmungen.
Aktien und Genußscheine**

Band 51 Dr. Diana de Pay
**Die Organisation von Innovationen. Ein
transaktionskostentheoretischer Ansatz**

Band 52 Dr. Michael Wehrheim
**Die Betriebsaufspaltung
in der Finanzrechtsprechung**

Betriebswirtschaftlicher Verlag Dr. Th. Gabler GmbH, Postfach 15 46, 6200 Wiesbaden

nbf neue betriebswirtschaftliche forschung

Band 53 Privatdozent
Dr. Jürgen Freimann
**Instrumente sozial-ökologischer
Folgenabschätzung im Betrieb**

Band 54 Privatdozent Dr. Thomas Dyllick
Management der Umweltbeziehungen

Band 55 Dr. Michael Holtmann
**Personelle Verflechtungen
auf Konzernführungsebene**

Band 56 Dr. Jobst-Walter Dietz
Gründung innovativer Unternehmen

Band 57 Dr. Jürgen Müller
Das Stetigkeitsprinzip im neuen Bilanzrecht

Band 58 Dr. Johannes Reich
Finanzierung der nuklearen Entsorgung

Band 59 Dr. Bernhard Schwetzler
**Mitarbeiterbeteiligung und
Unternehmensfinanzierung**

Band 60 Dr. Peter Seng
**Informationen und Versicherungen.
Produktionstheoretische Grundlagen**

Band 61 Dr. Reinhard Lange
**Steuern in der Preispolitik und
bei der Preiskalkulation**

Band 62 Dr. Richard Lackes
EDV-gestütztes Kosteninformationssystem

Band 63 Dr. Winfried Weigel
**Steuern bei Investitionsentscheidungen.
Ein kapitalmarktorientierter Ansatz**

Band 64 Privatdozent
Dr. Edgar Saliger
Entscheidungstheoretische Planung

Band 65 Dr. Joachim Gebhard
Finanzierungsleasing, Steuern und Recht

Band 66 Dr. Thomas Knobloch
Simultane Anpassung der Produktion

Band 67 Dr. Martin Zieger
**Gewinnrealisierung bei
langfristiger Fertigung**

Band 68 Privatdozent Dr. Hans A. Wüthrich
Neuland des strategischen Denkens

Band 69 Dr. Klaus Rabl
**Strukturierung strategischer
Planungsprozesse**

Band 70 Dr. Henry W. Leimer
Vernetztes Denken im Bankmanagement

Band 71 Privatdozent
Dr. Wolfram Scheffler
Betriebliche Altersversorgung

Band 72 Privatdozent Dr. Kurt Vikas
Neue Konzepte für das Kostenmanagement

Band 73 Dr. Walter Berger
**Financial Innovations in
International Debt Management**

Band 74 Privatdozent Dr. Jan Pieter Krahnen
**Sunk Costs und
Unternehmensfinanzierung**

Band 75 Dr. Andreas Grünbichler
**Betriebliche Altersvorsorge
als Principal-Agent-Problem**

Band 76 Dr. Martin Kirchner
**Strategisches Akquisitionsmanagement
im Konzern**

Band 77 Dr. Bernd Wolfrum
Strategisches Technologiemanagement

Betriebswirtschaftlicher Verlag Dr. Th. Gabler GmbH, Postfach 15 46, 6200 Wiesbaden